Lebendige Konstruktionen – Technisierung des Lebendigen

Bernd Giese, Arnim von Gleich,
Stefan Koenigstein, Christian Pade,
Jan C. Schmidt, Henning Wigger

Lebendige Konstruktionen – Technisierung des Lebendigen

Potenziale, Grenzen und Entwicklungspfade der Synthetischen Biologie

Die Deutsche Nationalbibliothek verzeichnet diese Publikation in der Deutschen Nationalbibliografie; detaillierte bibliografische Daten sind im Internet über http://dnb.d-nb.de abrufbar.

ISBN 978-3-8487-2516-8 (Print)
ISBN 978-3-8452-7132-3 (ePDF)

edition sigma in der Nomos Verlagsgesellschaft

1. Auflage 2015

Umschlagillustration: © Bernd Giese

Druck: Rosch-Buch, Scheßlitz

Inhalt

Vorbemerkung

Das vorliegende Buch fasst Ergebnisse einer Innovations- und Technikanalyse zusammen, in deren Rahmen das Fachgebiet für Technikgestaltung und Technologieentwicklung im Fachbereich Produktionstechnik der Universität Bremen eine umfassende Untersuchung der Synthetischen Biologie durchführte. Dieses Projekt wurde mit Mitteln des Bundesministeriums für Bildung und Forschung unter dem Förderkennzeichen 16I1611 gefördert. Die Verantwortung für den Inhalt dieser Veröffentlichung liegt bei den Autoren.

Parallel zum Projekt wurde eine internationale Ringvorlesung organisiert.[1]

Die Veröffentlichung der Projektergebnisse in Form des vorliegenden Buches wurde durch eine Förderung der *Kellner & Stoll Stiftung für Klima und Umwelt* ermöglicht.

Damit können unsere Erkenntnisse zu diesem neuen Forschungs- und Technologiefeld einer breiteren Öffentlichkeit zugänglich gemacht werden. Der Kellner und Stoll Stiftung gilt deshalb neben dem Bundesministerium für Bildung und Forschung unser ganz besonderer Dank!

Zudem danken wir dem Büro für Technikfolgenabschätzung beim Deutschen Bundestag (TAB) für die exzellente Zusammenarbeit in den letzten Jahren, deren fruchtbare Erkenntnisse ebenfalls in dieses Buch eingeflossen sind.

1 Videomitschnitte der meisten Vorträge sind unter folgender Internetadresse zugänglich: http://mlecture.uni-bremen.de/ml/index.php?option=com_content&view=article&id=196 [letzter Zugriff am 05.11.2015].

1 Einleitung

Zu Beginn des neuen Jahrtausends schien die Zeit gekommen, einen grundlegenden Wandel in der Biologie – oder genauer: bei den biologischen Experimenten und Anwendungen – zu erproben. Vor allem durch die rasante Entwicklung in der Rechentechnik und Datenverarbeitung sind in den vorangegangenen Jahren große quantitative und qualitative Fortschritte erzielt worden, was vor allem in der gestiegenen DNA-Sequenzierungs- und -Synthesefähigkeit sowie entsprechenden Großansätzen, wie dem Humangenomprojekt, deutlich wurde. Die apparativen Fortschritte und die erweiterte Wissensbasis legten den Schluss nahe, an die Veränderung oder gar die Neusynthese biologischer Materie die gleichen planerischen und gestalterischen Ansprüche stellen zu können, wie sie in den Ingenieurwissenschaften verinnerlicht sind.

Entsprechend kühne Ansprüche hat die Synthetische Biologie als neues Forschungs- und Technologiefeld gleich in ihren ersten Jahren formuliert. Spätestens seit Craig Venter mit seinem Team im Mai 2010 vor die Presse trat und den Durchbruch verkündete[2] – aus „vier Flaschen Chemikalien" könne man „Leben erzeugen"[3] – ist die Zukunftsrelevanz der Synthetischen Biologie offenkundig. Venter behauptete, das sei nicht nur wissenschaftlich interessant, sondern auch wirtschaftlich relevant. Eine „neue industrielle Revolution"[4] stehe vor der Tür. Schaut man genauer hin, so relativiert sich der Anspruch des Revolutionären. Venter hat lediglich ein modifiziertes Genom der Bakterienart *Mycoplasma mycoides* synthetisiert, das dann in das Bakterium der Spezies *Mycoplasma capricolum* eingeschleust wurde. Außer der eigenen Vermehrung, verbunden mit den dazu nötigen Stoffwechselprozessen, kann das Bakterium jedoch nichts Neues leisten.

Nicht nur für Außenstehende ist verwirrend, dass die Konturen des Feldes vor allem in den ersten Jahren nicht klar erkennbar waren. Denn die neue Herangehensweise ließ sich nicht sofort umsetzen und in der Praxis wurde deshalb zum größten Teil zunächst auf alte Routinen zurückgegriffen, was auch heute noch in weiten Teilen des Feldes der Fall ist und die Abgrenzung der Synthetischen Biologie zu anderen Bereichen der Biologie erschwert. Viel eher lässt sich die Synthetische Biologie über die Zielvorstellungen ihrer Akteure erkennen.

---

2 Siehe Interview von Victoria Gill mit Craig Venter: http://www.thenakedscientists.com/HTML/interviews/interview/1332/ [zuletzt aufgesucht am 17.9.2015]

3 Siehe News-Beitrag von Kathy Wren: http://www.aaas.org/news/science-researchers-are-first-"boot-up"-bacterial-cell-synthetic-genome [zuletzt aufgesucht am 17.9. 2015]

4 Siehe den „New York Times"-Artikel von Andrew Pollack vom 4. September 2010: http://www.nytimes.com/2010/09/05/business/05venter.html?_r=0 [zuletzt aufgesucht am 17. 9.2015]

Doch wie nähern sie sich diesen Zielen an? Welche Paradigmen bestimmen ihr Handeln und welche Modelle, Methoden und Experimente werden entsprechend gewählt? Vielleicht ist man geneigt, diese Fragen schnell als theoretischen Ballast abzutun. Das wäre jedoch vorschnell geurteilt, denn tatsächlich ergeben sich aus der jeweiligen methodischen Herangehensweise und den damit zugleich ausgeschlossenen anderen Möglichkeiten auch die Grenzen dieser Ansätze. Darüber hinaus ist ein Blick auf die – meist noch in der Entwicklung befindlichen – Anwendungen der Synthetischen Biologie zentral. Sie bestimmen das Forschungs- und Entwicklungshandeln und damit den gesamten Charakter des Feldes.

Was die Anwendungen betrifft, so stehen fast seit den Anfängen des Gebietes in den frühen 2000er Jahren eine Reihe von mittlerweile sehr prominenten Beispielen im Vordergrund. Dazu gehören die Synthese des Malariamedikaments Artemisinin oder die Produktion von Treibstoffen. Neben sehr innovativen Anwendungen für medizinische Zwecke, die teilweise sogar auf dem Einsatz lebender Zellen als Agenten basieren, werden mit zukünftigen Leistungen der Synthetischen Biologie speziell in der chemischen Industrie und für die Energiegewinnung hohe Erwartungen verbunden. In der Synthetischen Biologie zeichnet sich schon seit mehreren Jahren ab, dass einige dieser auch mit Hilfe starker finanzieller Förderung unterstützten Entwicklungen dazu dienen, Energie und Stoffe in unseren Produktionsprozessen zu ersetzen, die bisher aus fossilen Rohstoffen erzeugt wurden. Craig Venter brachte es bei einem Interview mit der New York Times im Jahr 2010 sehr deutlich auf den Punkt: „The goal is to replace the entire petrochemical industry.“[5]

Prinzipiell wird die biologisch basierte Technologie dabei als Mittel betrachtet, das Bekannte auf einer anderen Basis zu produzieren. Die Natur wird dabei unter zumeist großem Aufwand als eingeschränktes Element in bestehende Prozesse und Produkte eingepasst. Dieser Anpassung entsprechen die im Feld kursierenden Begriffe, wenn beispielsweise eine Zelle als „Maschine“ (Cook 2010) bezeichnet wird , die Treibstoffe für Autos, Polymere für Verpackungen sowie Medikamente produzieren soll – um nur einige Beispiele zu nennen.[6] Unabhängig von der Ernüchterung, die sich einige Jahre nach der anspruchsvollen Zielsetzung Venters aufgrund des nicht wie erwartet gestiegenen Ölpreises unter jenen Firmen breit gemacht hat, welche Treibstoffe und andere ölbasierte Massenpro-

5 Siehe vorangegangene Fußnote.

6 Mit der angestrebten Verlagerung der Energie- und Rohstoffquellen von Kohle, Uran, Öl und Gas hin zu Pflanzen, wie z.B. Zuckerrohr und Mais, tauchen neue Probleme auf. Das hat die viel diskutierte Problematik der Biotreibstoffe in den vergangenen Jahren bereits gezeigt. In ihrem Bedarf an landwirtschaftlicher Fläche werden die ungeheuren Mengen an Rohstoffen deutlich, die unsere Produktions- und Transportformen sowie die Strom- und Wärmeversorgung in ihrer bisherigen, zu einem großen Teil immer noch aus fossilen Quellen stammenden Form verschlingen.

dukte durch Erzeugnisse auf biologischer Grundlage ersetzen wollten (Check Hayden 2014), stellt sich die Frage, ob wir uns auf diesem Weg wirklich dem vollen Potenzial der biologischen Materie annähern.

Über eine generelle Einführung in Struktur und Charakter der Synthetischen Biologie hinaus soll deshalb in diesem Buch anhand von Anwendungsbeispielen der Blick auf die Potenziale biologischer Materie erweitert werden. Hier lässt sich an einen Zweig der anwendungsorientierten Wissenschaft anknüpfen, der dieses Potenzial durch den Nachbau biologischer Lösungen im klassisch-technischen Bereich bereits zu erschließen suchte: der Bionik oder auch Biomimetik. In diesem Bereich wurde jedoch eine Schwelle noch nicht überschritten: Die bionischen Ansätze beschränken sich auf Herstellungsverfahren, bei denen die angestrebten Strukturen mit Hilfe von Werkzeugen aus der unbelebten technischen Sphäre erzeugt werden.

Angesichts der in den letzten Jahren stark erweiterten Kenntnis biologischer Prozesse – aus welcher die Synthetische Biologie das Selbstvertrauen schöpft, ihren Anspruch einer umfassenden Neukonstruktion biologischer Prozesse und Organismen zu formulieren – liegt es nahe zu fragen, ob nicht auch bei der Nutzung biologischer Prinzipien die bisherigen Werkzeuge in den Bereich des Biologischen erweitert werden könnten, um von den spezifisch biologischen Potenzialen wie Selbstorganisation, Wachstum und Anpassungsfähigkeit zu profitieren. Dies ist eine der Fragen, denen wir im Folgenden – aufbauend auf einer Charakterisierung der Synthetischen Biologie, mit deren Hilfe wir ihre Paradigmen und ihre Methoden darstellen – nachgehen.

Bereits seit den Anfängen der Gentechnik gibt es eine breite Debatte um die Risiken, die mit der Manipulation genetischer Information verbunden sind. Erst recht müssen angesichts der Gestaltungsansprüche der Synthetischen Biologie die damit potenziell verbundenen Gefahren untersucht werden. Doch bei einer Analyse der risikobestimmenden Elemente wollen wir nicht stehen bleiben. Mit dem vorliegenden Band wollen wir vielmehr auch darüber hinausreichende Vorschläge für risikomindernde Entwicklungspfade in der Synthetischen Biologie vorstellen, die es ermöglichen, die Vorteile der Synthetischen Biologie nachhaltig und verantwortlich zu nutzen.

Zum Aufbau des Buches: Die vorliegende Studie nimmt vor diesem Hintergrund zunächst eine Charakterisierung der Synthetischen Biologie vor und geht dabei der Frage nach, welche Einflüsse in ihr wirksam sind (Kapitel 3). Ziel ist es, eine „Wissenschaftscharakterisierung" der Synthetischen Biologie im Hinblick auf eine vorsorgeorientierte prospektive Bewertung von technischen Möglichkeiten sowie von Nutzen- und Gefährdungspotenzialen vorzunehmen. Der Fokus liegt dabei auf der Analyse von Visionen, Versprechungen und Definitionen sowie Traditionslinien und Paradigmen der Synthetischen Biologie.

Die Untersuchungen zum Charakter und vor allem auch zur Frage, was die Akteure der Synthetischen Biologie anstreben und was dieses neue Feld tatsächlich vermag, konzentrieren sich auf diejenigen Elemente, die im frühen Innovationsprozess schon am ehesten bekannt sind: Auf die *Methoden* der Synthetischen Biologie, auf die synthetisch-biologischen *Konstrukte* und auf die mittels dieser Methoden und Konstruktionen sich eröffnenden Möglichkeiten zur Verbesserung bestehender oder zur Erzielung völlig neuer technischer Leistungen (*Funktionalitäten*) der Synthetischen Biologie. Diese *Methoden, Konstruktionen und Funktionalitäten* (Kapitel 4) betrachten wir als entscheidende Quellen sowohl für die Nutzen- als auch für die Gefährdungspotenziale. Anhand von drei Fallstudien in ausgewählten Anwendungsfeldern sowie der Untersuchung der Bedeutung der Synthetischen Biologie für die biologische Grundlagenforschung werden anschließend ihre konkreten Möglichkeiten beschrieben (Kapitel 5).

Damit gehen wir zur Frage über, was wir in diesem noch frühen Stadium des Innovationsprozesses über Chancen- und Risikopotenziale wissen können. Dem vielfältigen Charakter der Synthetischen Biologie entsprechend sind die mit ihrer Entwicklung verbundenen Erwartungen und Befürchtungen sehr breit gestreut. Mit den Anwendungen der Synthetischen Biologie werden Befürchtungen vor erheblichen unerwünschten Neben- und Folgewirkungen auf Mensch und Umwelt verbunden, insbesondere dann, wenn diese Konstrukte zur Vermehrung fähig sind und freigesetzt werden. Gefährdungspotenziale werden, neben den bereits aus der Risikodiskussion der synthetischen Chemie und der Gentechnik bekannten Eigenschaften und Wirkungen (z.B. Persistenz, Bioakkumulation, horizontaler Gentransfer, Störung ökologischer Gleichgewichte bis hin zu Verdrängungen), vor allem in den hinsichtlich ihrer potenziellen Wirkungen unkalkulierbaren neuen Eigenschaften biologischer Materie und ihrer Kombinationsmöglichkeiten gesehen (Kapitel 6).

Mit den Gefährdungspotenzialen ist die Grundlage für die Beantwortung der abschließenden Frage dieses Buches gelegt: Wie können im Sinne des Vorsorgeprinzips die Chancen der Synthetischen Biologie realisiert und gleichzeitig ihre Risiken minimiert werden? Im Sinne einer dem Vorsorgeprinzip verpflichteten Nutzung der Synthetischen Biologie werden zwei Ansätze vorgestellt, die eine Basis für möglichst gefährdungsarme Entwicklungspfade darstellen können (Kapitel 7).

Mit der Umsetzung des Vorsorgeprinzips in der anwendungsorientierten Forschung der Synthetischen Biologie eröffnet sich ein Konfliktfeld, dessen Ursache im frühen Untersuchungsstadium liegt: Maßnahmen nach dem Vorsorgeprinzip können in frühen Innovationsphasen als Formen des Umgangs mit Nichtwissen verstanden werden. Wenn die Unsicherheiten mit Blick auf mögliche Folgen sehr groß sind, empfiehlt sich daher zunächst ein sehr behutsames, also in kleinen Schritten erprobendes Vorgehen – und wenn dieses nicht ausreicht, weil die Eingriffe eben nicht behutsam, sondern sehr drastisch sind, ein Vorgehen nach dem Vorsorgeprinzip. Empfehlungen für ein behutsames Vorgehen können sich auf den Hinweis gründen, dass etwas neu ist und die Forschung daher mit vielen unbekannten Folgen des eigenen Handelns rechnen muss, deren Auswirkungen ebenfalls unbekannt sind. Doch für weitreichende Maßnahmen, angefangen vom Containment bis hin zu einem Moratorium, genügt ein solcher Hinweis auf die *Neuheit* allerdings nicht: Wenn nämlich allein die Tatsache, dass etwas „neu" ist und man aus diesem Grund die Auswirkungen des eigenen Handelns nicht kennt, als Begründung nicht nur für ein behutsames Vorgehen, sondern für weit reichende Vorsorgemaßnahmen bis hin zu einem Moratorium ausreichen würde, bestünde die Gefahr, dass sämtliche Innovationen blockiert würden.

Ein Ausweg im Sinne der Umsetzung des Vorsorgeprinzips besteht auch hier darin, nach Erkenntnissen zur Begründung von Vorsorgemaßnahmen zu suchen, die schon vor der breiten Anwendung zugänglich sind. Dieser Fokus ist ein Spezifikum des hier verfolgten Ansatzes der Wissenschafts- und Technikfolgenabschätzung bzw. -bewertung (von Gleich 1989, 1999a, 1999c; Liebert/Schmidt 2010). Zur Begründung weitreichender Vorsorgemaßnahmen geht es darum, Hinweisen nachzugehen und Indizien zu suchen, die darauf hindeuten, dass von der jeweils zur Debatte stehenden Innovation tatsächlich *besonders große (weitreichende) Gefährdungspotenziale* ausgehen und dass somit gute Gründe für eine „große Besorgnis" vorliegen.[7] Nicht nur ausgehend von den technischen Möglichkeiten, sondern auch ausgehend von gesellschaftlichen Zielen und Problemen sollten die Möglichkeiten der Synthetischen Biologie diskutiert werden. Es gilt, diejenigen Funktionalitäten hervorzuheben und im Rahmen von Förderstrategien zu unterstützen und weiter zu entwickeln, mit denen besonders vielversprechende Beiträge der Synthetischen Biologie zu einer Nachhaltigen Entwicklung realisiert werden können.

Bevor wir uns in diesem Sinne der Synthetischen Biologie zuwenden, soll zunächst auf die Bedeutung einer früh einsetzenden, breiten gesellschaftlichen Diskussion der Potenziale und Risiken besonders wirkmächtiger Technologien hingewiesen werden.

---

7 Dabei geht es um überprüfbare Indizien, also um eine Wissensform zwischen bewiesenen Wirkungen und bloßen unbegründeten Spekulationen. Der entscheidende Wechsel in der Blickrichtung besteht darin, dass die gesuchten Indizien und zugrunde liegenden Tatsachen sich nicht auf vermutete Wirkungen, sondern auf das Gefährdungspotenzial des Bewirkenden, also auf die physikalisch-chemischen Eigenschaften oder die biologischen Fähigkeiten der Konstrukte der Synthetischen Biologie beziehen (nicht zuletzt auf die Fähigkeit zur Selbstvermehrung) und damit auf durchaus intersubjektiv überprüfbare Tatsachen.

2 Vorsorgeorientierung

In den vergangenen Jahrzehnten haben moderne Gesellschaften beim Umgang mit „Neuen Technologien" einen beträchtlichen Lernprozess durchlaufen. Die gesellschaftliche Debatte und Einflussnahme beginnt immer früher im Innovationsprozess.

Während bei der Gentechnik erst kurz vor Markteinführung der gentechnisch modifizierten Produkte gesellschaftliche Vorbehalte artikuliert wurden, ist im Bereich der Nanotechnologie durch die NanoKommission in den Jahren 2006 bis 2011 in Deutschland schon frühzeitig ein Stakeholderdialog initiiert worden. Bei der Synthetischen Biologie werden erste Überlegungen bereits im Forschungsstadium formuliert und diskutiert. Diese frühe Auseinandersetzung markiert ohne Zweifel einen Meilenstein, insbesondere wenn man in die Geschichte zurückschaut.

Das erste bundesdeutsche Chemikaliengesetz wurde 1980 verabschiedet, knapp hundert Jahre nach Beginn der Synthetischen Chemie. Das Atomgesetz, das die „friedliche Nutzung der Kernenergie" regelt, trat 1960 in Kraft, zeitgleich mit der Inbetriebnahme des Atomkraftwerks Kahl. Das Gentechnikgesetz trat 1990 in Kraft und damit schon zu einem Zeitpunkt, an dem nur wenige gentechnisch hergestellte Produkte auf dem Markt waren. Die großen technologiepolitischen Auseinandersetzungen der 1970er und 80er Jahre über Atomkraftwerke und weite Bereiche der Synthetischen Chemie wurden seinerzeit u.a. dadurch verschärft, dass sich die gesellschaftliche Wahrnehmung und der Protest erst intensivierten, als zahlreiche Investitionsentscheidungen schon längst gefallen waren und konkrete Anlagen gebaut waren oder gebaut werden sollten. In dieser Phase des Innovationsprozesses sind allerdings für Unternehmen Korrekturen und das Beschreiten alternativer Entwicklungspfade nur noch mit hohen Kosten möglich (*sunk costs*).

Der aktuelle Umgang mit den Nanotechnologien zeigt demgegenüber eine andere, vielversprechendere Lösungsperspektive, nämlich Ansätze für eine dialogorientierte *reflexive Modernisierung*. Für diesen Schritt waren die bisherigen Erfahrungen aus den technologiepolitischen Auseinandersetzungen wichtig, wahrscheinlich in dieser Form sogar notwendig. Wohl wissend, dass zivilgesellschaftliche Akteure in der Lage sind, mit gesamtgesellschaftlicher Unterstützung ganze Technologielinien zu blockieren (z.B. Grüne Gentechnik), wurde von der Bundesregierung zu einem gesellschaftlichen Dialog in die NanoKommission eingeladen, und zwar bereits zu einem Zeitpunkt, an dem noch vergleichsweise wenige auf Nanotechnologien (genauer Nanomaterialien) basierende Produkte auf dem Markt waren. Beteiligt waren Vertreterinnen und Vertreter von Unternehmen, von Unternehmensverbänden, von Gewerkschaften, Umwelt- und Verbraucherschutzverbänden und Kirchen, von den einschlägigen Bundes- und Länderbehörden (UBA, BfR, BAUA etc.), von Ministerien (Umwelt, Forschung, Verbraucher) sowie aus der Wissenschaft.

Diese „Neue Innovationskultur" (so der Kommissionsvorsitzende Wolfgang Catenhusen, vgl. auch NanoKommission 2008, 2011), das Einbeziehen relevanter Stakeholder und zivilgesellschaftlicher Akteure, kann als vorbildlich bezeichnet werden für zukünftige gesellschaftlich reflektierte Einführungen neuer Technologielinien – und zwar sowohl was den frühen Zeitpunkt des Dialogs, als auch was dessen ergebnisoffene Durchführung, den nicht abreißenden rationalen Diskurs und die Aufrechterhaltung einer konsensorientierten Atmosphäre anbelangt.[8] Entscheidende Fortschritte konnten dabei mit Blick auf einen vorsorgenden Umgang mit Nichtwissen erzielt werden, anstelle des unfruchtbaren Hin- und Herschiebens nicht erfüllbarer Beweislasten (sowohl mit Blick auf die Chancen als auch auf die Risiken) und auf die Umsetzung des Vorsorgeprinzips.

Neben dem weiter entwickelten und früher einsetzenden Dialog hat sich also auch der Umgang mit Nichtwissen und Unsicherheiten verändert – das Vorsorgeprinzip gewinnt an Bedeutung. Dies war beispielhaft schon bei der europäischen Gesetzgebung zur Zulassung von Chemikalien zu erkennen, welche vorschreibt, neue Substanzen in Abhängigkeit von ihrer Produktionsmenge und bestimmter Eigenschaften wie Persistenz und Bioakkumulation in einem Zulassungsverfahren zu untersuchen, auch wenn noch keine gefährdenden Wirkungen bekannt sind (EEA 2001; Hansen et al. 2007; Williams et al. 2009).

Moderne Gesellschaften sind damit der von Ulrich Beck und Anthony Giddens geforderten *Reflexiven Modernisierung* (Beck et al. 1996)[9] näher gekommen. Beck und Giddens sind sich einig, dass in modernen Gesellschaften eine vertiefte Reflexion über Modernisierungsprozesse nötig ist. Sie streichen heraus, dass sich diese Reflexion vor allem auch auf die nicht erwarteten Neben- und Folgewirkungen von Veränderungen, nicht zuletzt bei der Einführung neuer

---

8 Hilfreich war hierbei sicher auch die Gesprächsbereitschaft und die große Offenheit, mit welcher alle beteiligten Akteure in den Dialog hineingingen. Ein deutlicher Wermutstropfen war allerdings die unzureichende Rückwirkung der Kommissionsergebnisse in die Gesellschaft. So wurde der Leitfaden für einen verantwortungsvollen Umgang mit Nanomaterialien in dieser Form nur von wenigen Unternehmen und Unternehmensverbänden aufgegriffen, eine Initiative zur Ausarbeitung von OECD-Guidelines für ein „preliminary assessment" wurde von den deutschen Vertreterinnen und Vertretern bisher nicht gestartet, und die Bundesregierung präsentierte ihr Nanotechnologieprogramm völlig ohne Bezugnahme auf die Ergebnisse der NanoKommission.

9 Vgl. weiterführend zu Ansätzen für einen verantwortungsvollen Umgang mit Nichtwissen Böschen et al. (2010), Böschen/Wehling (2004), Wehling (2011) sowie J. C. Schmidt (2012a).

Technologien beziehen muss. Dabei kann die Einführung neuer Technologien nicht nur auf der Basis des aktuellen wissenschaftlichen Wissens erfolgen. Stattdessen muss das damit immer zwangsläufig auch verbundene Nichtwissen, also die noch nicht ermittelten Neben- und Folgewirkungen bzw. die vollkommene Ahnungslosigkeit über mögliche Folgen, eine ähnlich hohe Aufmerksamkeit erfahren. Vor allem gelte es, eine bestimmte Form von Großrisiken bei der Einführung neuer Technologien von Beginn an in Betracht zu ziehen. Konstitutiv für solche Großrisiken sind Beck zufolge Merkmale wie Entgrenzung, Unkontrollierbarkeit, Nichtkompensierbarkeit und ein großes Ausmaß an Nichtwissen. Auch Günter Anders, Niklas Luhmann und Hans Jonas hatten schon früher auf einen bestimmten Typ von sogenannten „Risikotechnologien“ wie Atomtechnik oder Gentechnik hingewiesen, deren erwünschte und unerwünschte Wirkungen sich durch räumliche und zeitliche Entgrenzung charakterisieren lassen (Anders 1958; Jonas 1979; Luhmann 2003 [1991]).[10] Damit sind zwei Themen angesprochen, auf die gerade auch angesichts der technologischen Möglichkeiten der Synthetischen Biologie näher eingegangen werden muss:

1) Die Wirkmächtigkeit von Technologien und die damit verbundene Reichweite ihrer Eingriffe in komplexe Systeme, die als *Eingriffstiefe*[11] bezeichnet werden soll (vgl. Kapitel 6).
2) Das Ausmaß des mit der Eingriffstiefe erzeugten *Nichtwissens* über mögliche Folgen. Dies ist verbunden mit der Frage nach einem verantwortbaren Umgang mit dem Nichtwissen bzw. mit der Frage nach einer angemessenen Berücksichtigung des Vorsorgeprinzips.

Ein entsprechend früh ansetzender Diskurs im Innovationsprozess über Folgeprobleme und Gestaltungsoptionen hat mit einer ganz spezifischen *trade-off*-Situation zu kämpfen: Früh im Innovationsprozess sind viele grundlegende Richtungsentscheidungen noch offen und wesentliche Investitionen sind noch nicht getätigt. Je früher man also im Innovationsprozess ansetzt, desto größer sind die Handlungsspielräume für Änderungen und Vorsorgemaßnahmen (vgl. Abb. 1). Die Kehrseite der Medaille ist, dass die Erkenntnisprobleme einer Innovations- bzw. Technikfolgenabschätzung so früh im Innovationsprozess extrem groß sind (Collingridge 1980).

---

10 Die Wirkungen solcher *entgrenzenden Technologien*, wie beispielsweise die Nutzung der Kernenergie, breiten sich global aus und werden schnell irreversibel, was im Falle auftretender Probleme korrigierende Maßnahmen erschwert oder sogar unmöglich macht.

11 Aus einer hohen Eingriffstiefe resultiert eine hohe Wirkmächtigkeit des Eingriffs und damit eine weitreichende Unüberschaubarkeit etwaiger Wirkungen. Die Kluft zwischen der Reichweite des Eingriffs und der Reichweite unseres Wissens über mögliche Folgen wird deutlich größer (vgl. Kapitel 6 sowie: Anders 1958; Jonas 1985a, 1985c; von Gleich 1998, 1999a, 1999b).

Abb. 1: Trade-off zwischen Handlungsspielräumen und Erkenntnisproblemen in der früh ansetzenden Wissenschafts- und Technikbewertung[a]

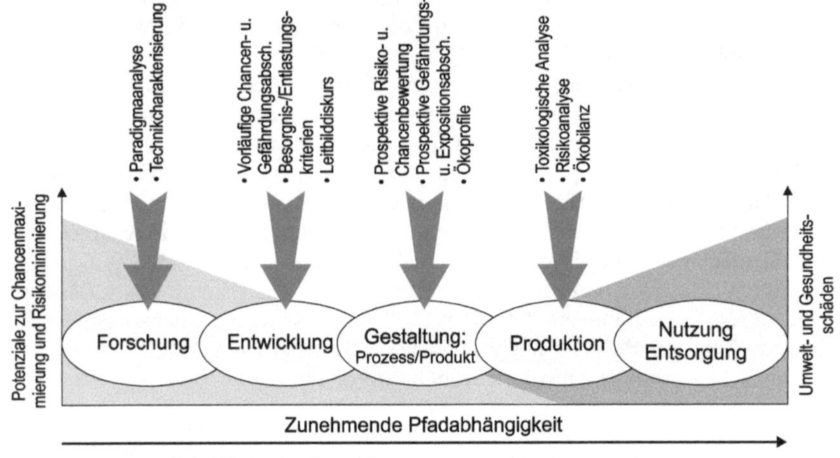

a – Ansatzpunkte und Methoden der Wissenschafts- und Technikbewertung sind den einzelnen Innovationsphasen zugeordnet.

Technologische Prozess- und Produktinnovationen können definiert werden als das erfolgreiche Zusammentreffen von neuen oder verbesserten technischen Möglichkeiten mit gesellschaftlichen Bedarfen (Hübner 2002). Dementsprechend konstituieren sich sowohl die mit diesen Innovationen verbundenen Chancen als auch die Risiken zum einen aus dem Beitrag der Technologien und zum anderen aus den spezifischen Anwendungsmöglichkeiten und Bedingungen im gesellschaftlichen Kontext. In der Technikfolgenabschätzung wird diesbezüglich oft von direkten und indirekten Wirkungen gesprochen. So kann beispielsweise eine direkte Wirkung der Verbesserung der frühkindlichen Diagnostik darin liegen, dass schon im Mutterleib genetische Schäden erkannt werden können. Als indirekte Folge muss aber damit gerechnet werden, dass sich viele Eltern für eine Abtreibung entscheiden, und dass sich eventuell sogar die gesellschaftliche Haltung gegenüber (nun plötzlich als vermeidbar erscheinenden) körperlichen oder geistigen Behinderungen verändert. Auch die nicht sachgemäße oder gar missbräuchliche Verwendung von Technologien bzw. auf ihnen basierenden Prozessen und Produkten erzeugt indirekte Wirkungen.

Wenn der Diskurs hingegen schon sehr früh im Innovationsprozess beginnt, verschiebt sich notwendigerweise der Fokus. Über Chancen und Risiken kann nur wenig ausgesagt werden, solange die konkreten Produkte und Prozesse sowie deren Einsatzbedingungen noch wenig bekannt sind. Auf der anderen Seite weiß man schon recht viel über die technologischen Potenziale, also über die neuen oder verbesserten Möglichkeiten, die eine neue Technologielinie eröffnet. Die Analyse von Chancen und Risiken konzentriert sich also sehr früh im Innovationsprozess auf die neuen bzw. verbesserten *technologischen Funktionalitäten*. Dabei sollte jedoch eher von *Nutzen- und Gefährdungspotenzialen* gesprochen werden, denn tatsächliche Chancen und tatsächliche Risiken ergeben sich erst aus dem Anwendungskontext: Erst wenn die neuen technologischen Möglichkeiten mit gesellschaftlichen Bedarfen verbunden werden, ergeben sich Chancen, und erst wenn die Gefährdungspotenziale mit einer realen Exposition, also dem Ausgesetztsein von Menschen und Organismen gegenüber dem Gefährdungspotenzial, einhergehen (bzw. mit einer bestimmbaren Eintrittswahrscheinlichkeit belegt werden können), entstehen stoffliche bzw. technische Risiken. Da es im Fall einer Exposition nicht immer möglich ist, diese ungeschehen zu machen, ist es angebracht, die Expositionspotenziale vorsorglich so gering wie möglich zu halten – selbst wenn noch kein Verdacht auf bestimmte Gefährdungspotenziale vorliegt.

Zu dem Erkenntnisproblem früh ansetzender Technikfolgenabschätzung gesellt sich ein zweites, methodisches Hindernis: Während eine vergleichsweise spät im Innovationsprozess einsetzende Technikfolgenabschätzung auf ein ganzes Set von Abschätzungsmethoden zurückgreifen kann, befinden sich Abschätzungsmethoden für eine sehr frühe Innovationsphase – also Methoden einer prospektiven Technikbewertung[12] – erst in der Entwicklung (auch dies ist in Abb. 1 ersichtlich). Eine toxikologische Gefährdungsanalyse (meist auf der Basis von Tierversuchen) lässt sich durchführen, sobald der Stoff oder das Material bekannt sind. Da das Risiko jedoch als eine Funktion von Gefährdungspotenzial und Exposition definiert wird, lässt sich eine umfassende toxikologische Risikoanalyse erst durchführen, wenn die Technologien im gesellschaftlichen Einsatz und die Produkte auf dem Markt sind. Erst dann können reale Expositionen gemessen und Expositionswahrscheinlichkeiten bestimmt werden. Auch lässt sich eine umfassende Lebenszyklusanalyse, also die Modellierung der mit der Herstellung, Nutzung und Entsorgung von Produkten verbundenen Stoff- und Energieströme im Rahmen einer Ökobilanz nur durchführen, wenn Technologien in Produkten oder Prozessen zur Anwendung kommen bzw. ihre Anwendungen hinreichend bekannt sind. Und erst wenn die Produkte obsolet werden, können präzise Aussagen über ihre Entsorgung oder ihr Recycling gemacht werden. Umso wichtiger wird somit die Entwicklung von Methoden und Verfahren einer *prospektiven* Chancen- und Risikoanalyse sowie -bewertung.

12 Vgl. zur Prospektiven Technikfolgenabschätzung und Wissenschaftsbewertung: Liebert/ Schmidt (2010); von Gleich (2013).

Da sich die Synthetische Biologie noch größtenteils im Forschungsstadium befindet, musste in der vorliegenden Arbeit der Schritt von der Technikfolgenabschätzung zur Wissenschaftsfolgenabschätzung gewagt werden (von Gleich 1989; Liebert/Schmidt 2010). Im Fokus der Abschätzungen und Bewertungen stehen damit die neuen Funktionalitäten, welche die Synthetische Biologie gesellschaftlich so interessant werden lassen; also diejenigen im weitesten Sinne wissenschaftlich-technischen Leistungen, welche die Synthetische Biologie einerseits technologisch attraktiv machen und andererseits die Grundlage von Besorgnis darstellen. Im Mittelpunkt der Analyse stehen somit die „neuen und verbesserten Funktionalitäten", aber auch der Forschungsprozess, der diese hervorbringt bzw. hervorgebracht hat. Damit geraten auch die Experimente und Modelle bzw. noch allgemeiner: die wissenschaftlichen Paradigmen der Synthetischen Biologie als Grundlagen bzw. Quellen der darauf aufbauenden technisch nutzbaren Funktionalitäten in den Blick. Darüber hinaus stehen schließlich neben den ersten bereits bestehenden Anwendungen vor allem die potenziellen, zukünftigen Anwendungen der Synthetischen Biologie im Fokus.

3 Paradigmen und Visionen

In frühen Phasen der Entwicklung und Etablierung neuer Wissenschafts- und Technologiefelder gibt es oftmals kein klares und einheitliches Verständnis dessen, was Kern und Ränder eines neuen Feldes kennzeichnet – vieles ist offen. Dies gilt auch für die Synthetische Biologie.

Diese Uneinheitlichkeit ist für eine frühzeitige Gestaltung der Synthetischen Biologie jedoch alles andere als belanglos. Definitionen – und die ihnen zugrundeliegenden Visionen und Verständnisweisen, was Synthetische Biologie ist und sein soll – legen fest, schließen ein oder aus, nähren Hoffnungen oder Ängste, erschließen oder verschließen neue Forschungs- und Entwicklungskorridore. Definitionen sind stets normativ. Sie bilden nicht nur die Grundlage für wissenschaftliches Arbeiten, sondern den Hintergrund für öffentliche Debatten und politische Entscheidungen. Damit prägen sie die Risiko- und Chancenwahrnehmung. Für gesellschaftliche Diskurse, die auf eine frühzeitige Antizipation von technischen Möglichkeiten und darauf basierenden Chancen und Risiken zielen, sind Definitionen sensitiv: Sie prägen das Denken, Handeln und Gestalten in jedem neuen Wissenschafts- und Technologiefeld.

Die Analyse der Definitionen und Visionen zur Charakterisierung eines Wissenschafts- und Technologiefelds stellt den ersten Schritt jeder Technikfolgenabschätzung und Technikgestaltung dar. Was wird unter Synthetischer Biologie in der *scientific community* verstanden?

3.1 Visionen und Definitionen

Seit im Jahre 2000 der Begriff „Synthetische Biologie" durch Eric Kool auf dem Jahrestreffen der American Chemical Society geprägt (Rawis 2000) und damit ein fast 100 Jahre alter Terminus wieder aufgenommen wurde, wird die Frage, was Synthetische Biologie ist, unterschiedlich beantwortet. Vier Definitionen stechen heraus – jeweils basierend auf Visionen und Versprechungen, was technisch möglich sei oder sein könne. Sie sind nicht trennscharf, sondern stehen partiell in einem gegenseitigen Ergänzungsverhältnis.

Erstens – die *Ingenieursdefinition*: Eine High-Level-Expert-Group der Europäischen Kommission hat im Jahre 2005 eine Definition vorgelegt, die zeitweise als Konsens galt und bis heute einen kleinsten gemeinsamen Nenner darstellt:

> „Synthetic biology is the engineering of biology: the synthesis of complex, biologically based (or inspired) systems, which display functions that do not exist in nature. This engineering perspective may be applied at all levels of the hierarchy

> of biological structures – from individual molecules to whole cells, tissues and organisms. In essence, synthetic biology will enable the design of 'biological systems' in a rational and systematic way." (NEST 2005, S. 5)

Das entspricht dem, was die deutsche Akademie der Technikwissenschaften ausführt, nämlich: Synthetische Biologie als „Geburt einer neuen Technikwissenschaft" (Pühler et al. 2011). Diese Verständnisweise basiert auf Abgrenzungen relativ zur Biologie, nicht zur Biotechnologie: Nicht Theorie (wie in der Biologie), sondern Technik (wie in den Technikwissenschaften) sei Ziel der Synthetischen Biologie („divergence from biology").

Zweitens – die *Künstlichkeitsdefinition*: Weniger auf Ziele als auf Objekte bezieht sich eine weitere Definition, die mit der obigen verwandt ist. Biologische oder chemische Bausteine sollen künstlich zusammengefügt werden, so dass neue komplexere Systeme mit gewünschten Funktionalitäten synthetisch entstehen. „Synthetische Biologie" wurde im Rahmen eines EU-Projekts über neuartige Biotechno-Objekte definiert „that do not exist as such in nature." (TESSY 2008; vgl. NEST 2005, S. 5) Synthetische Biologie habe mit der Erschaffung und Hervorbringung von nichtnatürlichen Biosystemen zu tun. So heißt es auch in einer gemeinsamen Stellungnahme der Deutschen Forschungsgemeinschaft mit den nationalen Akademien acatech und Leopoldina: „Dabei können Eigenschaften entstehen, wie sie in natürlich vorkommenden Organismen bisher nicht bekannt sind" (DFG et al. 2009, S. 7). Die Anhänger der Künstlichkeitsdefinition verfolgen die Vision, Grundbausteine des Lebens (DNA, RNA, Aminosäuren, Proteine) zu erweitern, sie neu zu kombinieren oder sogar einfachste Lebensformen aus unbelebten Komponenten zu erschaffen: „Life from scratch", verbunden mit einer umfassenden de-novo-Planung.[13] Die Gensynthese beispielsweise stellt eine chemische Synthese mehrerer Gene aus Einzelbausteinen (Nukleotiden) und deren Zusammenbau zu einem in-vivo funktionierenden künstlichen Teilgenom dar. Synthetische Biologie ist damit gerade durch die Nichtnatürlichkeit oder Künstlichkeit der Objektsysteme definiert („divergence from nature"). Das belege die Hypothese eines Epochenbruchs.

Drittens – die *Extreme-Biotechnologie-Definition*: Jene, die die Kontinuität der Synthetischen Biologie mit der bisherigen Biotechnologie und Molekularbiologie belegen wollen, beziehen sich auf Verfahren und Methoden. Von einer „expansion of biotechnology" spricht Drew Endy (2005, S. 449). Eine „extreme Gentechnik" sieht die Action Group on Erosion, Technology and Concentration in der Synthetischen Biologie (ETC Group 2007). Denn sie basiere auf etablierten Methoden der Gen- und Zelltechnologien, wie Nukleotidsynthese, Poly-

---

13 Dazu sollen künstliche, wechselwirkungsfreie, orthogonale Komponenten in standardisierter Form verwendet werden.

merasekettenreaktion oder Rekombinantes Klonen, und erweitere diese. Die verwendeten Gensynthese-Technologien gibt es im Prinzip seit den 1970er Jahren.[14]

Alle drei Definitionen – die Ingenieurs-, Künstlichkeits- sowie Extreme-Biotechnologie-Definition – eint, dass Synthetische Biologie geradezu als ein Paradebeispiel für eine Technowissenschaft angesehen werden kann, also für eine Konvergenz von Technik- und Naturwissenschaften. Lebende Systeme werden in ihrem modularen technischen Funktionszusammenhang gesehen.[15] Das spiegelt sich auch in der Verwendung einer technomorphen Sprache wider: Nukleosome werden als Datenspeicher bezeichnet, Membrane als elektrische Zäune, Adenosintriphosphat-Synthase als Generator oder Polymerase als Kopiermaschine. Mechanistische Metaphern wie Biolegobausteine („biobricks") oder Biogestelle („chassis") sind gängig.[16] Die sich in allen drei Definitionen – der Ingenieurs-, Künstlichkeits- sowie Extreme-Biotechnologie-Definition – artikulierende allgemeine Vision einer vertieften Technisierung von (Bio-)Natur ist somit für die Synthetische Biologie kennzeichnend. Nun weist jede Definition eine je eigene Plausibilität auf; sie ergänzen sich partiell. Doch, so wäre zu fragen, sind sie spezifisch genug, um das Besondere der Synthetischen Biologie verständlich werden zu lassen? Und sind sie allgemein genug, um den zentralen Entwicklungstrend der Technozukünfte zu erfassen?

Das ist zweifelhaft. Zwei blinde Flecken rücken ins Blickfeld. Zunächst eine disziplinäre Engführung: Ein Biologie-Bias scheint angesichts der interdisziplinären Breite der Synthetischen Biologie als unterkomplex. Immerhin sind neben Biologen auch Informatiker, Chemiker, Materialwissenschaftler, Mediziner und Physiker beteiligt. Insbesondere sollte der Beitrag der Biochemie sowie der System- und Strukturwissenschaften nicht unterschätzt werden. Findet sich hier nicht eine weitaus größere interdisziplinäre Welle der Technowissenschaften als das, was sich in einer akademischen Disziplin, der Biologie, alleine abspielt? – Sodann eine Engführung des Technikverständnisses: Synthetische Biologie scheint ganz im Horizont dessen zu stehen, was sich schon bei der Nanotechnologie angedeutet hat. Sie würde demnach dem folgen, was man als technologischen Reduktionismus bezeichnen kann.[17] Dieser Reduktionismus zielt auf eine rational durchgeplante Technik. Der Anspruch eines „rational design" kam nirgends so pro-

---

14 Quantitativ sei man vorangekommen, nicht aber qualitativ. Es gelang 2008, ganze Genome zu synthetisieren, nicht nur einzelne kurze DNA-Abschnitte, etwa das vollständige Genom von *Mycoplasma genitalium* mit seinen 580.000 Bausteinen.

15 Unterstellt wird ein deterministischer, hinreichend stabiler Struktur- Funktions-Zusammenhang.

16 In durchaus kritischer Absicht haben Pottage und Sherman (2007, S. 545) von einer „Instrumentalisierung der belebten Natur" und einer „Verwandlung von Organismen zu Produktionseinrichtungen" gesprochen.

17 Der Begriff des „technologischen Reduktionismus" wurde in J. C. Schmidt (2004) geprägt.

minent zum Ausdruck wie in der Programmatik der US National Nanotechnology Initiative: „Shaping the world atom by atom." Aber ist mit dem Verweis auf den technologischen Reduktionismus eines rational durchgeplanten Technikverständnisses schon alles gesagt? Wohl kaum. Nimmt man die Protagonisten der Synthetischen Biologie ernst, so verfolgen sie einen Zugang, der über den reduktionistischen hinausgeht, nämlich einen holistischen, verbunden mit Systemdenken.

Zur Überwindung der zwei blinden Flecken kann eine weitere, vierte Definition der Synthetischen Biologie identifiziert werden. Um diese zu erschließen, ist ein anderer Zugang zu wählen. Dieser bezieht sich nicht auf Ziele, Objekte (Ontologie) oder Verfahren (Methodologie). Vielmehr verfolgt er die Prinzipien, Konzepte und Theorien (Epistemologie), die die Kernprinzipien des Forschungs-, Wissenschafts- und Technologiefeldes ausmachen. Was ist der wissenschaftlich-technische Kern der Synthetischen Biologie? Was erscheint als technisch realisierbar, was sind die wissenschafts- und technikimmanenten Grenzen, die den großen Versprechungen entgegenstehen? Grundlegender noch, um welchen Techniktyp handelt es sich?

Viertens – die *systemisch-selbstorganisationsbasierte Definition*: Eine weitere prominente Definition stellt die Vision einer technischen Nutzbarmachung von Selbstorganisationsprinzipien in den Mittelpunkt.[18] Damit ist zunächst ein allgemeiner Trend emergenter Technologiefelder gekennzeichnet: „The paradigm of complex, self-organizing systems is stepping ahead at an accelerated pace, both in science and in technology" (J.-P. Dupuy 2004, S. 78)[19] Dieser Trend artikuliert sich auch in Visionen der Synthetischen Biologie, wie im Rahmen der Projekte zu Minimal-Zellen bzw. zum Minimal-Genom, etwa bei Pier Luigi Luisi und Pasquale Stano (2011, S. 755):

> „Synthetic cells [...] are relevant for investigating the self-organizing abilities and emergent properties of chemical systems – for example, in origin-of-life studies and for the realization of chemical autopoietic systems that continuously self-replicate – and can also have biotechnological applications."

Analog heißt es in einem von der Science and Technology Options Assessment Unit (STOA) des Europäischen Parlaments in Auftrag gegebenen Bericht in Bezug auf Synthetische Biologie und Nanobiotechnologie:

> „Sophisticated 'smart' technological systems in the future are expected to have characteristics such as being self-organizing, self-optimizing, self-assembling, self-healing, and cognitive." (ETAG 2009, S. 4)

Es sind Funktionalitäten von Biosystemen, die technisch attraktiv sind und die genutzt werden sollen: Funktionalitäten wie Reproduktion, Replikation, Regula-

18 Im Rahmen der Analyse und Bewertung der Möglichkeiten, Chancen und Risiken der Synthetischen Biologie ist diese Definition selten diskutiert worden.

19 Siehe auch Eickenbusch et al. (2003, S. 5f), ETAG (2009, S. 4f) und Schwille (2011).

tion, Metabolismus, Wachstum und Evolution. Grundlegende Bedingung für diese Funktionalitäten ist die Möglichkeit zur Selbstorganisation, wie insbesondere die Systembiologie zeigt (Schwille 2011). Die Systembiologie gilt aus dieser Perspektive zu Recht als Fundament der Synthetischen Biologie.

3.2 Traditionslinien und Paradigmen

Die Pluralität der vier Definitionen, was Synthetische Biologie ist und sein soll, ist nicht alleine darauf zurückzuführen, dass sich die Synthetische Biologie noch in einer frühen Phase ihrer Entwicklung befindet. Vielmehr hat die Pluralität einen historisch-systematischen Hintergrund.

Die rapide Entwicklung der Lebenswissenschaften innerhalb der letzten dreißig Jahre hat zur Entstehung und Etablierung der Synthetischen Biologie beigetragen: von der Molekularbiologie und Gentechnik über die Biochemie bis hin zur Systembiologie und Bioinformatik, in enger Verbindung mit interdisziplinären System- und Strukturwissenschaften. Schaut man in die Entstehungsgeschichte zurück, finden sich damit drei Traditionslinien, auf welche die Synthetische Biologie aufbaut und die in ihr zusammenfließen. Neben der gentechnisch-molekulargenetischen Traditionslinie[20] stehen die biochemische[21] sowie die systemische (systembiologisch-bioinformatische) Traditionslinie. So kann von einem gentechnischen, einem biochemischen und einem systemischen Paradigma gesprochen werden (siehe Abb. 2, in Anlehnung an Westerhoff/Palsson 2004).

Die unterschiedlichen Paradigmen spiegeln sich auch in den vier Definitionen wider. Während das *gentechnisch-molekulargenetische* Paradigma vor allem in der Extremen-Biotechnologie-Definition der Synthetischen Biologie vorherrscht, ist das *biochemische* Paradigma für die Künstlichkeitsdefinition leitend und das *systemische* Paradigma ist für die systemisch-selbstorganisationsbasierte Definition prägend. In der Ingenieursdefinition kommen vor allem das biochemische und das gentechnisch-molekulargenetische Paradigma zusammen, mit Abstrichen auch das systemische. In gewisser Hinsicht stellt diese Definition den kleinsten gemeinsamen Nenner dar.[22]

---

20 Wobei das gentechnische Paradigma im Kern mit einer Art softwaretechnischem verbunden ist: Gene werden als „Informationselemente" oder „Programme" angesehen, die herausgeschnitten und neu kombiniert werden können. An derartigen Vorstellungen knüpft auch die sogenannte Bio-Hacker-Szene an.

21 Siehe hierzu grundlegende Arbeiten von Hoesl und Budisa (2011) oder Benner et al. (2011). Die biochemische Traditionslinie wird vielfach unterschätzt und selten explizit reflektiert.

22 Für eine Analyse und Bewertung der Synthetischen Biologie ist jedoch die alleinige Reflexion der Ziele, wie in der Ingenieursdefinition, keineswegs hinreichend.

Abb. 2: Darstellung der in der Synthetischen Biologie grundlegenden wissenschaftlich-technischen Paradigmen

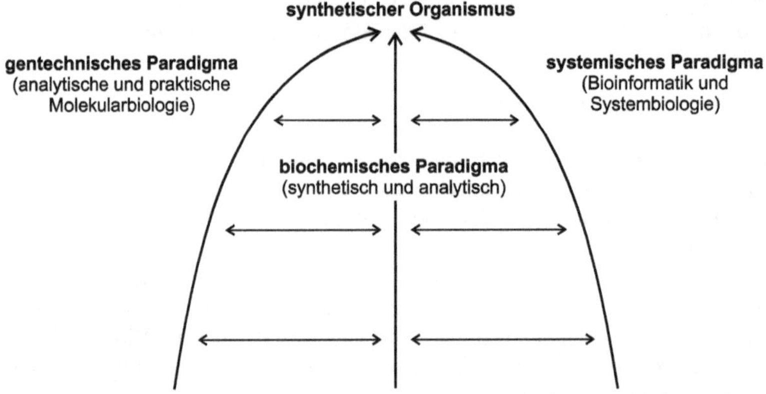

Die Synthetische Biologie ist also zusammengenommen durch die drei Paradigmen gekennzeichnet. Ob indes eine Integration der Paradigmen – sowie der vier Definitionen – möglich ist und sich die Uneinheitlichkeit der Synthetischen Biologie reduzieren lässt, daran sind Zweifel angebracht. Zumindest zwischen dem systemischen Paradigma einerseits und dem gentechnischen sowie dem biochemischen Paradigma anderseits liegt ein Spannungsverhältnis. Während im Rahmen des systemischen Paradigmas – dem Anspruch nach – ein Nichtreduktionismus oder gar ein Holismus verfolgt wird,[23] findet sich im gentechnischen sowie im biochemischen Paradigma jeweils zunächst ein zerlegender (analytischer) und sodann ein aufbauend-konstruktiver (synthetischer) technologischer Reduktionismus. Dieser bezieht sich reduktiv auf einzelne Elemente oder Komponenten, was sich auch terminologisch niederschlägt: in der technomorphen Rede von „biobricks“ oder „chassis“.

Das Spannungsverhältnis zwischen den Paradigmen zeigt sich noch in einer anderen Hinsicht: nämlich in der Präferierung von unterschiedlichen Typen von Interdisziplinarität.[24] Nach dem gentechnischen sowie dem biochemischen Paradigma wird Interdisziplinarität als notwendig angesehen, da man es mit interdis-

23 Etwa durch Prozesse der gerichteten Selbstorganisation („bottom-up“- Ansatz).

24 Ihrem Selbstverständnis nach ist die Synthetische Biologie hochgradig interdisziplinär. So heißt es beispielsweise: „In einem interdisziplinären Umfeld von Biologie, Chemie, Physik, Mathematik, Ingenieurwissenschaften, Biotechnologie und Informationstechnik verstärkt sich seit wenigen Jahren eine Forschungsrichtung, die als Synthetische Biologie bezeichnet wird.“ „Sie [die Synthetische Biologie; Anm. d. Aut.] führt ein weites Spektrum an naturwissenschaftlichen Disziplinen zusammen.“ (DFG et al. 2009, S. 12 bzw. 18)

ziplinären Objekten zu tun habe. Aufgrund ihrer komplexen biomateriellen Struktur sowie der damit verbunden Funktionalität liegen die Gegenstände der Synthetischen Biologie im Schnittfeld unterschiedlicher Disziplinen. Die Gegenstände sind von diesen aus zugänglich, allerdings jeweils nur teilweise. Das legt einen Bedarf an einer gewissen Konvergenz der Disziplinen nahe, einer vertikalen Konvergenz, die als *objektorientierte Interdisziplinarität* bezeichnet werden kann.[25] Doch die Synthetische Biologie ist, was Interdisziplinarität angeht, vielschichtiger. Ein anderer Interdisziplinaritätstyp ist mit dem systemischen Paradigma verbunden. Interdisziplinär ist demnach die Synthetische Biologie, insofer n sie interdisziplinäre Konzepte, Theorien oder Modelle verwendet. Im Zentrum stehen struktur- und systemwissenschaftliche Konzepte wie das der Selbstorganisation; von Nichtlinearität, Chaos und Komplexität ist die Rede. Hier konvergieren – unabhängig von jeweils spezifischen disziplinären oder interdisziplinären Gegenständen – Konzepte, Theorien oder Modelle: Eine horizontale Konvergenz, die man auch *theorie- und konzeptorientierte Interdisziplinarität* nennen kann.[26]

Wenn nun eine letzte Integration der Paradigmen, Definitionen und Interdisziplinaritätstypen unwahrscheinlich erscheint, sind sie doch alle in der Synthetischen Biologie präsent – freilich mit unterschiedlich starker Ausprägung in den jeweils verschiedenen Forschungs- und Entwicklungsprojekten. Es sieht so aus, als ob sich die unterschiedlichen Denkstile, wie sie in den Paradigmen, Definitionen und Interdisziplinaritätstypen auftreten, gegenseitig gut ergänzen. Obwohl sie sich im Detail widersprechen, werden sie zumeist nicht als widersprüchlich wahrgenommen. Das ist bemerkenswert, schließlich bilden sie zweifelsohne den Hintergrund für die große Heterogenität des jungen Wissenschafts- und Forschungsfeldes, das mit dem Klammerbegriff der Synthetischen Biologie bezeichnet ist.

Paradigmen sind jedoch nicht nur in historischer Hinsicht interessant, vielmehr sind sie im Hinblick auf zukünftige Wissenschafts- und Forschungsentwicklungen relevant: Sie prägen die Zukunft und werden als Leitbilder zukunftsprägend. So gilt es für eine hier vorzunehmende prospektiv-antizipative Technikfolgenabschätzung, Paradigmen vertieft zu untersuchen.

---

25 Eine Analyse und Bewertung unterschiedlicher Typen von Interdisziplinarität findet sich in J. C. Schmidt (2008b).

26 Nun koexistieren in der Synthetischen Biologie die beiden Interdisziplinaritätstypen. Charakteristisch für die Synthetische Biologie ist indes nicht allein, dass diese beiden Formen der Konvergenz jeweils einzeln vorliegen. Vielmehr strebt die Synthetische Biologie eine Integration an: Vertikale und horizontale Konvergenz sollen ihrerseits konvergieren, so lassen sich programmatische Versprechungen der Synthetischen Biologie verstehen. Ob indes eine solche Integration unterschiedlicher Interdisziplinaritätstypen gelingen kann, ist zweifelhaft. Schließlich artikulieren sich in den beiden Typen differente Denkstile, die jeweils etwas anderes im Blick haben: Hier Objekte, dort Konzepte – auch wenn sie beide auf die Herstellung biotechnischer Systeme zielen.

3.3 Nachmoderne Technik

Herausragend zum Verständnis dessen, was Synthetischen Biologie ist und sein soll, ist insbesondere das systemische Paradigma und die vierte Definition: Die technische Anwendung systemischer Denkstile und die technische Nutzbarmachung gerichteter Selbstorganisationsprozesse stellt ein zentrales Novum dar. Sollte sich das systemische Paradigma, wie es sich andeutet, in der Synthetischen Biologie etablieren, könnte man davon sprechen, dass eine *nachmoderne Technik* im Entstehen ist (J. C. Schmidt 2012b, 2012a, 2015b). Nachmoderne Technik basiert auf Prozessen der technisch induzierten Selbstorganisation. Sie entstand, historisch betrachtet, nach der modernen Technik, also im Anschluss an letztere. Dabei ersetzt und verdrängt nachmoderne Technik nicht den modernen Typ der Technik, sondern ergänzt und erweitert ihn.

Nun findet sich freilich nicht allenthalben, wo von Synthetischer Biologie die Rede ist, der Begriff der Selbstorganisation. Vielmehr stellt dieser Begriff eine Rekonstruktion des Kerns des Trends zu einem veränderten Techniktyp dar. Begrifflich findet sich eine ganze Familie verwandter Bezeichnungen: Neben Selbstorganisation ist die Rede von Selbstreplikation, Selbstreproduktion, Selbstregulation und „Self-Assembly", von Wachstums-, Evolutions- und Emergenzprozessen. Diese Begriffe werden verbunden mit Komplexität, Nichtlinearität, Autopoiesis, Sensitivität, Informationalität, Interaktivität, Flexibilität, Adaptivität, Rauschen, Stochastizität, Fluktuationen und gesetzmäßiger Zufall. Es wird von neuronalen Netzen, genetischen Algorithmen oder zellulären Automaten gesprochen, allgemein von evolutionären Prozessen. Im Horizont dieser umfassenden Begriffsfamilie artikuliert sich das systemische Paradigma – und mit ihm ein system- und strukturwissenschaftlich getriebener Wandel im Technikverständnis. Ähnliches deuten Richard Jones (2004) mit dem Stichwort „Soft Machines" und Erik Drexler (1986) mit „Engines of Creation" an. Die im vorliegenden Buch vorgenommene Untersuchung nimmt das auf und stellt den analog gefassten Begriff der „lebendigen Konstruktionen" in den Mittelpunkt.

Phänomenologisch erscheint nachmoderne Technik – in Erweiterung und Ergänzung zur modernen Technik – weder produkt- noch prozessseitig als Technik, sondern als (Bio-)Natur: Sie ist lebend oder stellt sich als lebendig dar, sie verfügt über Eigenaktivität, mitunter wird ihr gar Autonomie zugeschrieben. Ihre inneren Dynamiken und Wachstumsphänomene scheinen die Spuren, Signaturen und Siegel des (äußerlich) Technischen, wie sie moderner Technik anhaften, längst abgestreift zu haben (vgl. Karafyllis 2003; Hubig 2006; J. C. Schmidt 2012a). Nachmoderne Technik hat, wie Aristoteles über Natur sagte, das Moment der Ruhe und Bewegung offenbar von innen her, nicht von außen. Da liegt es nahe, die nachmoderne, selbstorganisationsbasierte Technik gar selbst als handelnd anzusehen – wobei ein Handlungsstatus nicht nur dem jeweiligen technischen System, sondern auch der zugrunde liegenden Natur, entgegen dem Teleologieverdikt der neuzeitlichen Ideengeschichte, anthropomorphisierend zugeschrieben wird: Nachmoderne Technik scheint demnach schöpferisch am Werk zu sein, zweckrational Mittel zu wählen und mit Entscheidungsfähigkeit ausgestattet zu sein. Was Kant und Schelling einst über Natur sagten, gilt heutzutage offenbar auch für Technik: Nachmoderne Technik ist „nicht primitiv".

Wie weit diese *phänomenologische* (Bio-)Naturalisierung der Technik und die damit einhergehende phänomenologische Konvergenz – die Hybridisierung und Amalgamierung von Technik und Biosystemen (bzw. Bionatur) – bereits fortgeschritten ist und überhaupt fortschreiten kann, ist offen. Treibend ist ein weiterer, weitaus grundlegenderer Konvergenztyp, der leitend für das systemische Paradigma ist und im gesetzeshaften Kern liegt: die nomologische Konvergenz von Technik und Biosystemen, die auf Strukturprinzipien der Selbstorganisation basiert – und die zu einer weitergehenden, nämlich *nomologischen Naturalisierung der Technik* beitragen könnte.[27] Ein solch nomologischer Zugang ist systemisch ausgerichtet und identifiziert in unterschiedlichen Gegenstandsfeldern ähnliche Strukturen: „Advanced technologies and biology are far more alike in systems level organization than is widely appreciated." (Csete/Doyle 2002, S. 1664) Technikwissenschaften, Informatik, Biologie, Physik, Chemie und Medizin rücken noch näher zusammen als bisher – auch wenn sie unterschiedlichen Traditionslinien entstammen. Sie bilden ein kaum entwirrbares interdisziplinäres Geflecht, das verspricht, die Grenze zwischen Biosystemen und Technik wie zwischen Organischem und Anorganischem aus Perspektive der Strukturgesetze der Selbstorganisation, also nomologisch, aufzulösen. Die Synthetische Biologie, verbunden mit dem systemischen Paradigma, steht im Zentrum der hiermit verbundenen Visionen und Versprechungen.

Wegbereiter für die nomologische Naturalisierung der Technik sind die interdisziplinären System- und Strukturwissenschaften (von Weizsäcker 1974, S. 22–23), die Strukturen und Funktionalitäten unabhängig von ihren jeweiligen materiellen Manifestationen untersuchen. Diese wurden in den 1940er Jahren im Rahmen der Kybernetik und Informationstheorie vorbereitet (erste Phase: Bertalanffy, Wiener, Shannon, von Neumann) und ab den 1960er Jahren in den exakten Naturwissenschaften (zweite Phase: Prigogine, Haken, Maturana/Varela, Foerster, Li/Yorke, Ruelle) ausformuliert. Mit letzteren sind Konzepte wie Dissipative Strukturbildung, Synergetik, Autopoiesistheorie und Chaos- und Komplexitätstheorien verbunden (J. C. Schmidt 2008a, 2015a). Diese zweite Phase der System- und Strukturwissenschaften ist stark durch die Computerentwick-

27 Die Formulierung eines „Newtons des Grashalms", die Kant in seiner berühmten Kritik der Urteilskraft verwendet und damit die Frage nach gesetzeshaften (nomologischen) Fundamenten der Biologie berührt, wird von Boldt und Müller (2008) in kritischer Absicht aufgenommen.

lung und die Informatik beschleunigt worden, etwa durch die Möglichkeit der Simulation von komplexen Systemen sowie durch den pragmatischen Umgang mit großen Datenmengen („big data").

Die System- und Strukturwissenschaften haben allgemein zur Erweiterung und Ergänzung der methodischen Zugänge der Einzeldisziplinen beigetragen – auch in der Biologie. Das Forschungsprogramm der Systembiologie, das grundlegend für die Synthetische Biologie ist, ist maßgeblich hiervon geprägt:

> „A transition is occurring in biology from the molecular level to the system level that promises to revolutionize our understanding of complex biological regulatory systems and to provide major new opportunities for practical application of such knowledge." (Kitano 2002, S. 1664)

Wegweisend für das nachmoderne Technikverständnis des systemischen Paradigmas war das bereits erwähnte visionäre Werk „Engines of Creation" von Eric Drexler (1986): „Nanobots" und „molecular assemblers" werden als Kern einer „bio-based molecular machinery" oder von „soft machines" verstanden (vgl. Jones 2004).[28]

Mit der Versprechung der technischen Anwendung der System- und Strukturwissenschaften rücken Selbstorganisationsprinzipien ins Zentrum des Diskurses um Zukunftstechnologien: Technik nicht am Vorbild der Bionatur allgemein, sondern am Vorbild der Selbstorganisationsprinzipien der Bionatur zu entwickeln.

> „Als eine Methode, die die Unzulänglichkeiten der konventionellen Herstellungsmethoden umgeht, könnte sich die technische Nutzung der Selbstorganisation erweisen. [...] Nach dem Vorbild der Natur werden in diesem Ansatz größere Einheiten aus einzelnen Bausteinen aufgebaut. [...] Der Herstellungsprozess läuft dann von alleine ab, sobald die Bausteine zusammengeführt und sich selbst überlassen werden. Die Intervention von außen beschränkt sich auf die Kontrolle der Umgebungsbedingungen." (Eickenbusch et al. 2003, S. 5f.)

Was sich in der Synthetischen Biologie zeigt, scheint also nur die Speerspitze eines allgemeinen Trends verschiedener Zukunftstechnologien zu sein. Das systemische Paradigma spielt eine Rolle

(a) in der Robotik, im Ubiquitous Computing und in Softwareagentensystemen,
(b) in den Nano-, Nanobio- und Mikrosystemtechnologien und
(c) in den Kognitions-, Neuro-, Medizin- und Pharmakotechnologien.

Es dient als visionäres Leitbild der Konvergenz unterschiedlicher Bereichstechnologien („converging technologies") sowie der Integration von Natur- und Technikwissenschaften („technoscience"). Eine „unification of science and en-

---

28 Eigendynamische Selbstorganisationsprozesse sind produktiv am Werke, von „Nanobio-Getrieben" über Proteinsynthesen bis hin zu Zellen, Organismen und Organen.

gineering" wird angestrebt: „using the concept of self-organized systems, chaos, [...] and complex systems" (Roco 2002, S. 83f.).

Die Synthetische Biologie scheint herausgehoben, weil das systemische Paradigma der Selbstorganisation in keinem anderen Feld der Zukunftstechnologien so prominent und prävalent ist – und so deutlich die Vision einer „Breaking the Limits on Design Complexity" verfolgt wird:

> „We think that in order to design products 'of biological complexity' that could make use of the fantastic fabrication abilities [...], we must first liberate design by discovering and exploiting the principles of automatic self-organization that are seen in nature." (Pollack 2002, S. 161)

Es sind also die Prinzipien der Selbstorganisation, die in der Natur beobachtet werden, die die visionäre Versprechung einer veränderten Technik befeuern.[29]

3.4 Selbstorganisation

Wenn von „Selbstorganisation" die Rede ist, scheint eine begriffliche Präzisierung unabdingbar. Schließlich ist der Begriff äußerst schillernd. Als „sich selbst organisierende Wesen" von Immanuel Kant (1996 [1790], §65) eingeführt, wurden Begriff und Grundgedanken von Friedrich Wilhelm Joseph Schelling aufgegriffen. Schelling nahm gar – ganz in der Denktradition seit der griechischen Antike stehend – eine harte Gegenüberstellung von Natur und Technik/Kunst vor: Die Natur „organisiert sich selbst, ist nicht etwa nur ein Kunstwerk" (Schelling 1994 [1797], S. 94).

---

29 Einige weitere Beispiele seien angefügt. Noireaux et al. (2011, S. 3473) meinen: „The problem of a self-replicating artificial cell is a long-lasting goal that might imply evolution experiments." Es geht ihnen um eine de-novo-Konstruktion einer Zelle. „The main goal of an artificial cell built up from the bottom is its ability to self-replicate" (ebd.) Sarah Elizabeth Maurer und Pierre-Alain Monnard (2011) heben die konstitutive Rolle von Selbstorganisation im Übergang von unbelebten zu belebten Systemen sowie zur Aufrechterhaltung lebender Systeme hervor: „All contemporary living cells are composed of a collection of self-assembled molecular elements that by themselves are non-living but through the creation of a network exhibit the emergent properties of self-maintenance, self-reproduction, and evolution." (Ebd., S. 466) Dabei gehen nach Maurer und Monnard Erkennen und Erzeugen Hand in Hand: Ihr Zugang behandelt „the on-going research that aims at either understanding how life emerged on the early Earth or creating artificial cells assembled from a collection of small chemicals." (ebd.) Ferner seien noch einmal Pier Luigi Luisi und Pasquale Stano (2011) zitiert, welche von „self-reproduction" schreiben. Sie untersuchen die „self- reproduction of a giant lipid vesicle [that] has been linked to the replication of encapsulated DNA." Ihre Arbeit liefere „a proof-of-principle that a complex dynamic system, involving molecular transformations and supramolecular structures, can be artificially constructed by exploiting chemical reactions and self-organizing patterns." (Ebd., S. 755)

Seither hat der Begriff der Selbstorganisation einige Bedeutungsverschiebungen durchgemacht und die bei Schelling prominente Natur-Technik/Kunst-Dualität weithin eliminiert. Trotz dieser Bedeutungsverschiebungen kann ein bleibender semantischer Kern von Selbstorganisation identifiziert werden. Dieser bezieht sich auf den Prozess der Entstehung von etwas, meistens von etwas Neuem („Emergenz"). Kein Konstrukteur steuert diesen Prozess direkt; er setzt lediglich Anfangs- und Randbedingungen, weshalb von „gerichteter" Selbstorganisation gesprochen wird (Köchy 2011). Der Prozess selbst ist ihm sogar partiell entzogen – entweder aus prinzipiellen (ontologischen) oder aus pragmatischen (methodologischen) Gründen. So umfasst *Selbstorganisation:*

(a) Entstehung von Neuem/Anderem,
(b) Eigendynamik des Systems sowie
(c) Entzogenheit relevanter Details.

In Begriffen der Synthetischen Biologen: Produktivität, Prozessualität und Autonomie.

Nun zielt eine recht verstandene, prospektiv-antizipative Technikfolgenabschätzung auf eine Analyse des wissenschaftlich-technischen Kerns des neuen Technologiefeldes. Ein wesentlicher Kern der Synthetischen Biologie ist, wie er im systematischen Paradigma auftritt, die technische Nutzung von Selbstorganisationsprinzipien. Doch ist weiter zu fragen: Was ist der Kern von Selbstorganisation? Was ermöglicht all die Prozesse der Selbstorganisation? – Die Antwort auf diese Fragen mag überraschend ausfallen. Konstitutiv für Selbstorganisation sind Instabilitäten – das stellen die aktuellen Struktur- und Systemwissenschaften und ihr aktueller Ableger in der Biologie, die Systembiologie, heraus (J. C. Schmidt 2015b). Selbstorganisation wird durch eine Instabilität der alten Struktur gegenüber kleinen Schwankungen eingeleitet. Instabilität meint: Kleine Ursache, große Wirkung; sie induziert Rückkopplungs-, Wechselwirkungs- und Verstärkungsprozesse, was veränderte Kausalitätstypen zur Folge hat. Mit Instabilität ist also nicht notwendig impliziert, dass Systeme kollabieren, sondern viel mehr: Transitionen zu veränderten, neuen Systemdynamiken und auch zur Hervorbringung von neuen Funktionalitäten.

Wer nun Selbstorganisation technisch nutzen will, wie die Synthetische Biologie, muss Instabilitäten provozieren. Selbstorganisation bedarf des Durchgangs durch Phasen der Instabilität. Diese sind Ermöglichungsbedingungen für Symmetriebrüche, die aus der lokalen Stabilität und Starre herausführen und somit anders- oder neuartige Prozesse generieren. In Instabilitäten liegt mithin die techno-ontologische Quelle jener Produktivität zur Hervorbringung von gewünschten Funktionalitäten, auf die die Synthetische Biologie zielt. Instabilitäten erfahren eine Positivierung, wie auch stochastische Fluktuationen oder das so genannte Rauschen. Metaphorisch kann man sagen: Synthetische Biologie ist nichts anderes als der technowissenschaftliche Versuch eines produktiven Tanzes auf des Messers Schneide. Synthetische Biologie zielt auf einen technisch-trickreichen Umgang mit den von ihr induzierten und provozierten Instabilitäten.

3.5 Hindernisse und Grenzen

Die Versprechungen der Synthetischen Biologie sind ambitioniert – die Ermöglichung einer rational geplanten Konstruktion von funktional nutzbaren biologischen Einheiten und Biosystemen (vgl. NEST 2005, S. 5). Wie groß sind die Chancen, sie einzulösen? Was wird wissenschaftlich-technisch überhaupt möglich sein? Wie sind die technikimmanenten Grenzen der Synthetischen Biologie einzuschätzen, die im Techniktyp selbst wurzeln? Werden ingenieurtechnische Prinzipien hinreichend zielgenau auf lebende Systeme – als „lebendige Konstruktionen" – anwendbar sein?

Machbarkeitsgrenzen frühzeitig wahrzunehmen sollte dazu beitragen, zu einer realistisch(er)en Einschätzung der Potenziale der Synthetischen Biologie zu gelangen (vgl. Köchy 2011). Nicht nur für eine gesellschaftlich orientierte Technikfolgenabschätzung, sondern auch für die in die Synthetische Biologie involvierten und investierenden Unternehmen ist eine solche Einschätzung unabdingbar. Schließlich sind frühzeitig Entscheidungen und Planungen darüber zu treffen, welche Entwicklungspfade eine erfolgreiche Realisierung versprechen und weiter zu verfolgen sind.

Eine erste Analyse: Gebundenheit an Biomaterialität

Nun sind die Machbarkeitsgrenzen der Synthetischen Biologie ihrer Gebundenheit an die basale Biomaterialität und an die hier wurzelnden nomologischen Prinzipien der Selbstorganisation geschuldet. Diese Gebundenheit konstatiert auch Drew Endy (2005, S. 450):

> „Today, four challenges that greatly limit the engineering of biology are (1) an inability to avoid or manage biological complexity, (2) the tedious and unreliable construction and characterization of synthetic biological systems, (3) the apparent spontaneous physical variation of biological system behaviour, and (4) evolution."

Auch wenn Endy von überwindbaren Hindernissen („challenges") und nicht von prinzipiellen Grenzen spricht, hat er Kernpunkte benannt, die die Synthetische Biologie vor Probleme stellt:

- Komplexität,
- Zufall und intrinsische Spontaneität sowie
- Zeitlichkeit, Entwicklung und Evolution.

Endys vermeintlicher Ausweg, eine dreifache Bioengineering-Strategie der Standardisierung, der Entkoppelung und der Abstraktion setzt auf Reduktion von Komplexität, auf Ausschaltung des Zufalls und auf Verringerung der evolutionären Dynamik.

Ob indes Endys Strategie überhaupt verfolgenswürdig ist, ist zweifelhaft. Schließlich gehören Komplexität, Zufall und evolutionäre Entwicklung zum Kern der Biomaterialität; sie sind kennzeichnend für biologische Selbstorganisation. Eliminiert man sie, eliminiert man gerade das, was die Biomaterialität auszeichnet, nämlich die Selbstorganisationsfähigkeit – also das, was man als Funktionalität technisch nutzen möchte. Die Gebundenheit an Biomaterialität – und an biologische Naturgesetzmäßigkeiten der Selbstorganisation – gilt auch gerade dort, wo die Synthetische Biologie auf Neuerschaffung zielt: Etwa die Konstruktion von „building blocks“ (z.B. Nukleotide), „assemblages“ (z.B. DNA/XNA), „functional units/biobricks“ (z.B. genetische Kreisläufe), „self-assembling units“ (z.B. Proteinsynthese) oder „self-replicating systems“ (z.B. Zellen oder Organismen). Grundlegende biologische Gesetzmäßigkeiten sind für die Synthetische Biologie weithin unumgehbar. Das unterscheidet sie von anderen, traditionell-physikalisch orientierten Technik- und Ingenieurwissenschaften.[30]

Vertiefte Analyse: Instabilitäten als Kern der Machbarkeitsgrenzen

Endys Zusammenstellung der vierfachen Herausforderung scheint also treffend zu sein, seine Ausschaltungs- und Eliminierungsstrategie ist hingegen zweifelhaft. Die Machbarkeitsgrenzen hängen mit der Selbstorganisationsfähigkeit zusammen, genauer mit den Bedingungen der Selbstorganisationsfähigkeit – mit Instabilitäten, von denen im vergangenen Abschnitt die Rede war. Instabilitäten

30 Synthetische Biologie orientiert sich notwendigerweise an jenen Prinzipien, die in der Natur vorliegen („observed in nature“: NEST 2005, S. 11); sie ist in dieser basalen Hinsicht (nomologisch) mimetisch ausgerichtet, was auf die Bedeutung der Systembiologie und das systemische Paradigma für die Synthetische Biologie hinweist. „Synthetic biology aims to go one step further by building, i.e. synthesizing, novel biological systems from scratch using the design principles observed in nature but with expanded, enhanced and controllable properties.“ (Ebd.) Eine Aufgabe der Systembiologie ist es, Wissen über Struktur und Funktion biologischer Systeme zur Verfügung zu stellen: Gen-Protein-Interaktionen, (bio-)logische Schaltkreise oder allgemeine Stoffwechselprozesse werden von der Systembiologie auf unterschiedlichen Ebenen (Bausteinen, Zelle, Gewebe, Organismus) dargestellt. Die Synthetische Biologie zielt unter Verwendung des Wissens der Systembiologie darauf ab, die biologischen Organisations- und Designprinzipien als „Produktivität“ zu nutzen. Biologische Produktivität und technische Produktion werden in der Synthetischen Biologie miteinander verschränkt – eine Art Koproduktion oder gar eine Kooperation von Bio-Natur und Technik.

sind nämlich durchaus zweischneidig. Sie sind nicht nur zentrale Quelle von Produktivität, sie führen auch zu Grenzen der Konstruierbarkeit.

Nun sind es die System- und Strukturwissenschaften, von denen auch die Systembiologie inspiriert ist, die zeigen, warum es so schwer ist, biologische Systeme – die, insofern sie selbstorganisationsfähig sind, notwendigerweise immer auch lokal instabil sein müssen – als Technik (im Sinne eines planbaren Struktur-Funktions-Zusammenhangs) zu verwenden. Schließlich kommt es bei Instabilität auf allerkleinste Details an. Geringfügig erscheinende Anstöße können große Wirkungen entfalten und zufallsbedingt erscheinen. Technisch können diese Details aus prinzipiellen wie aus pragmatischen Gründen nicht vollständig beherrscht werden; sie bleiben letztlich unzugänglich (Schmidt, J. C. 2015a). Das gilt einerseits für den technischen Zugriff auf selbstorganisierende Systeme („top-down"; Intervention, Manipulation), andererseits für die technische Konstruktion, Herstellung und Hervorbringung selbstorganisationsfähiger Systeme („bottom-up"; Kreation, Neuschöpfung).

So weiß der Synthetische Biologe vielfach vorab nicht, was er gebaut und hervorgebracht haben wird, bevor er es tatsächlich getan und gesehen hat. Mitunter wird er erstaunt sein über seine eigenen nichtvorhersehbaren Funktionalitäten – was freilich dem technikwissenschaftlichen Ideal der rationalen Planung und Kontrolle widerspricht (vgl. Dupuy, J.-P. 2004).[31] Prognostizierbarkeit und (Re-)Produzierbarkeit sind eingeschränkt, so auch Erika Check Hayden (2015, S. 141): „Unlike silicon-based electronic devices, synthetic organisms assembled from genetic components do not always have predictable properties." Und weitergehend: „Like most life-sciences fields, synthetic biology faces issues with reproducibility" (ebd., S. 142; vgl. Kroes 2009, S. 513f.).[32] Nichtwissen gehört offenbar zur Synthetischen Biologie hinzu. Statt rationaler Planung („rational design") ist – entgegen dem Anspruch der Synthetischen Biologie – die probierende Vorgehensweise („tinkering") weit verbreitet (siehe Giese et al. 2013, 2015).

So ist es rückblickend durchaus plausibel, weshalb Instabilitäten in der klassisch-modernen Technik nichts verloren hatten. Wo sie auftraten, waren sie stö-

31 So meint Alfred Nordmann (2008, S. 175): „[L]imits could [...] be reached where engineering seeks to exploit surprising properties that arise from natural processes of self-organization." An anderer Stelle wird deutlich: „No longer a means of controlling nature in order to protect, shield, or empower humans, technology dissolves into nature and becomes uncanny, incomprehensible, beyond perceptual and conceptual control." (Ebd., S. 173)

32 Analog zu der hier vorgebrachten Analyse der Machbarkeitsgrenzen der Synthetischen Biologie hat Kroes (2009) darauf hingewiesen, dass derartige Grenzen rationaler Ingenieurprinzipien nicht auf biologische Systeme beschränkt sind, sondern allgemeiner für emergente Phänomene in komplexen technischen Systemen gelten. Damit rückt Peter Kroes (ebd.) die Machbarkeitsgrenzen ebenfalls in Richtung von Komplexität, Selbstorganisation und Instabilität.

rend; es galt, sie zu eliminieren. Nur bei Stabilität waren die Bedingungen von Konstruierbarkeit und Kontrolle – von „rational design" – erfüllbar. Technik war Technik, insofern sie stabil war oder zumindest sein sollte. Das ist in der Synthetischen Biologie, insofern sie dem systemischen Paradigma folgt und auf Selbstorganisation setzt, anders: Instabilität wird bewusst in die (Bio-)Technik eingebaut.

Vorläufer der vertieften Analyse: Jonas und Luhmann

Dass eine prinzipielle Grenze hinsichtlich technischer Konstruierbarkeit und „rational design" mit einem nachmodernen Techniktyp, wie er in der Synthetischen Biologie auftritt, verbunden ist, hat keiner so klar gesehen wie der Naturphilosoph und Ethiker Hans Jonas (vgl. J. C. Schmidt 2013). Er hat die Differenz zwischen „Ingenieurskunst" (herkömmliche Technik) und „organischer" bzw. „biologischer" Technologie (nachmoderne Technik) in den Blick genommen (Jonas 1985b, S. 163ff.; vgl. Köchy 2012). „Bei totem Stoff", so Jonas über die bisherige, klassisch-moderne Technik, „ist der Hersteller der allein Handelnde gegenüber dem passiven Material. Bei Organismen [hingegen] trifft Tätigkeit auf Tätigkeit: biologische Technik ist kollaborativ mit der Selbsttätigkeit eines aktiven ‚Materials'" (Jonas 1985b, S. 165). Jonas hat einige Charakteristika dieser neuen Technik zusammengestellt:

- Selbsttätigkeit und Kollaborativität,
- Unumkehrbarkeit, Irreversibilität und Historizität,
- Komplexität, Dynamik und mangelnde Prognostizierbarkeit,
- Individualität und Limitation der technischen Kontrollier- und Reproduzierbarkeit.

So ist nach Jonas eine Umweltablösung und Dekontextualisierung bei einer „organischen" bzw. bei „biologischer Technologie" kaum möglich. Experimentieren ist nur am gegebenen oder gemachten Biosystem selbst möglich, nicht an Surrogaten: „Damit der Versuch gültig ist, muss er am Original selbst stattfinden, dem im vollsten Sinne wirklichen und authentischen Gegenstand." (ebd., S. 166) Die neue Technik verändere das technische Handeln des Ingenieurs und seine „mittelbare Kausalbeziehung" zum (bio)technischen Gegenstand: Denn „‚Herstellen' heißt hier Entlassen in die Strömung des Werdens, worin auch der Hersteller treibt" (ebd., S. 168). Auch wenn Jonas die Grenze zwischen „organischer" Technik und „Ingenieurs"-Technik allzu schematisch gezogen haben mag und seine (auf Trennschärfe ausgerichtete) dichotomische Unterscheidung fehlgeht, so ist doch eine graduelle Gegenüberstellung von zwei Techniktypen treffend. Jonas entgeht dabei jedoch, dass seine Differenzierung eigentlich viel grundlegender ist, als er sie selbst darstellt: Nicht nur das Organische, sondern die Selbstorganisationsfähigkeit mit ihren Instabilitäten (auch jenseits des Organischen) ist das entscheidende Differenzmoment – wie auch Peter Kroes (2009) aus anderer Perspektive und unter Rekurs auf den verwandten Begriff der Emergenz zeigt.

Noch grundlegender hat aus verwandter Perspektive Niklas Luhmann (2003 [1991]) gefragt, was aus der von Jonas angesprochenen Problematik folgt, dass eine Umweltablösung und Dekontextualisierung eines solchen Techniktyps schwerlich zu realisieren ist – in Luhmanns Worten: Ein „Misslingen der Kausalisolation und Abdichtung nach außen". Kann man angesichts derartiger Probleme noch von „Technik" sprechen? Nach Luhmann hat man es „mit Chaosproblemen, mit Interferenzproblemen und mit jenen praktisch einmaligen Zufällen zu tun" (ebd., S. 100). Die drei Problemtypen wurzeln auch für Luhmann technisch in dem, was als Instabilität bezeichnet werden kann – zumal Instabilitäten für die Chaosforschung charakteristisch sind, die Luhmann prominent diskutiert: Zunächst kennzeichnet Luhmann mit dem Stichwort „Chaosproblem", dass kleine Ursachen große Wirkungen nach sich ziehen. Sodann ist mit „Interferenzproblem" ein Aufschaukeln von kleinen, kaum messbaren Einzelereignissen zu einem großen Ganzen hin gemeint. Schließlich deutet Luhmann mit „Einmaligkeitsproblem" an, dass es einen gesetzmäßigen Zufallstyp geben kann, der in technischen Systemen auftritt – er ist weder prognostizierbar noch später reproduzierbar. Hier zeigt sich eine Nähe zur Argumentation Jonas' hinsichtlich der Machbarkeitsgrenzen.

Liegen also die Probleme zusammengenommen in der materiell-technischen Konstruktion und in dem, was wir oben als Biomaterialität bezeichnet haben, dann wird

> „[...] die Form der Technik zum Problem. Sie markiert die Grenze zwischen eingeschlossenen und ausgeschlossenen (aber gleichwohl realen) Kausalitäten. Offenbar kommt es bei Hochtechnologien [wie einst bei der Nukleartechnologie und heutzutage bei der Synthetischen Biologie] aber laufend zu Überschreitungen dieser formbestimmenden Grenze, zur Einschließung des Ausgeschlossenen, zu unvorhergesehenen Querverbindungen. Diese Problemstellung liegt der heute viel diskutierten Chaosforschung zu Grunde, und man könnte sie geradezu auf den Punkt bringen, wenn man sagt: Da das Gleichzeitige vom System aus nicht kontrolliert werden kann, ist es nur eine Frage der Zeit, bis es sich auswirkt. [...] Das führt zu der paradoxen Frage, ob Technik, auch wenn sie kausal funktioniert, technisch überhaupt möglich ist." (Luhmann 2003 [1991], S. 100)

So wird der wissenschaftlich-technische Kern, d.h. die „Form der Technik", zum Problem. Die Chaos-, Interferenz- und Zufallsprobleme scheinen, so Luhmann, „die Grenzen der technischen Regulation von Technik zu sprengen [...]: Die Probleme der Technik zeigen sich an den Versuchen, die Probleme der Technik mit technischen Mitteln zu lösen" (ebd., S. 99f.).[33]

---

33 Wie Luhmann stellt auch Jean-Pierre Dupuy (2004) Selbstorganisation und Komplexität in den Mittelpunkt seiner Kennzeichnung dieses neuen Techniktyps. Eine selbstorgani-

3.6 Perspektiven

Dass im Rahmen der Synthetischen Biologie dennoch so selbstverständlich von „Technik“ die Rede ist, so kann man mit Luhmann sagen, ist indes mehr als bemerkenswert. Denn etwas Technisches im Sinne einer klassisch-modernen Technik hat die Synthetische Biologie nicht mehr. So ist eine Spannung zu konstatieren zwischen einer selbstorganisationsfähigen (nachmodernen) „Technik“ einerseits und dem (klassisch-modernen) Anspruch auf „rational design“, Konstruktion und Kontrolle andererseits.[34]

Angesichts der Instabilitäten, die – wie oben gezeigt wurde – für den wissenschaftlich-technischen Kern der Synthetischen Biologie konstitutiv sind, wird man Zweifel artikulieren müssen, ob der Machbarkeitsanspruch eines „rational design“ und die damit verbundenen Versprechungen nicht fehlgehen müssen. Vielmehr befindet sich die Synthetische Biologie auf der Ebene des „tinkering“, der „bricolage“ und des „Trial-and-error“-Verfahrens: „In fact, ignoring the unknown is a main idea behind synthetic biology“ (Breithaupt 2006, S. 22).

Je weiter die Synthetische Biologie und der technische Zugriff – basierend eben insbesondere auch auf dem systemischen Paradigma – voranschreitet, desto deutlicher zeigt sich ein prinzipielles Nichtwissen, d.h. eine prinzipielle Unbestimmtheit, Unkontrollierbarkeit und Unverfügbarkeit des Technischen. Die durch die Synthetische Biologie nochmals forcierte *Technisierung der Natur* führt damit zweifelsohne zu einer ambivalenten (Bio-)*Naturalisierung der Technik.* In dieser vertieften, nämlich auf Basis von Selbstorganisationsprinzipien vorgenommenen nomologischen Naturalisierung der Technik tritt *das Andere der Natur* an uns herausfordernd heran (vgl. J. C. Schmidt 2015a). Wie wir uns auf das Andere – in der Gestalt von oder gar als Technik – vorbereiten und mit diesem umgehen können, dazu dient diese Studie. Mag Nichtwissen innertechnisch sogar partiell erwünscht sein, insofern es als Instabilitätsquelle von Selbstorganisation unverzichtbar erscheint; gesellschaftlich ist es als problematisch einzuschätzen, insbesondere wenn es Hinweise darauf gibt, dass unüberschaubare und uneingrenzbare Entwicklungen angestoßen werden.

Diese Hinweise sollten sich aber auf deutlich mehr beziehen, als auf die allem Lebendigen innewohnenden Unsicherheiten, d.h. auf deutlich weitreichendere Unsicherheiten als auf diejenigen, die mit Selbstorganisation, Emergenz, Rauschen und Evolution einhergehen. Unter Technikfolgenaspekten spielt hier die Eingriffs-

---

sationsfähige Technik führe zu einer „radikalen Unsicherheit“ und einem prinzipiellen „Nichtwissen“, so Dupuy. Dieser Problematik sei im Umgang mit diesem Techniktyp vorab Rechnung zu tragen.

34 Letzteres wurde von der Expertengruppe der EU unmissverständlich als Anspruch für eine zukünftige (nachmoderne) Technik formuliert: „In essence, synthetic biology will enable the design of ‚biological systems’ in a rational and systematic way“ (NEST 2005, S. 5).

tiefe ein wesentliche Rolle, also die Erzielung einer besonderen technischen Wirkmächtigkeit durch technisches Ansetzen am Genom sowie die Fähigkeit zur Selbstreproduktion von Organismen. Dies bringt zwar nicht immer gleich ein Gefährdungspotenzial mit sich, aber doch zumindest das Potenzial für eine hohe Verbreitung und damit auch für eine hohe Exposition. Ziel ist es nun, das durch Instabilitäten und vor allem auch durch hohe Eingriffstiefe induzierte Nichtwissen durch vorsorgeorientierte Technikgestaltung zu reduzieren. Mögliche Ansatzpunkte dazu sind ein produktiver Umgang mit Instabilitäten, wie er etwa im Kapitel 5.3 über biologische und biomimetische Materialien skizziert wird, sowie die Verminderung der Eingriffstiefe, wie sie in dem risikoarmen Entwicklungspfad auf der Basis zellfreier (nicht zur Replikation fähiger) Systeme skizziert wird (vgl. Kapitel 7.3).

Die in diesem Kapitel vorgestellten wissenschafts- und technikanalytischen Überlegungen zu Paradigmen, Definitionen und Interdisziplinaritätstypen der Synthetischen Biologie sind als Beitrag zu drei Debatten zu verstehen. *Erstens* als Beitrag zur Definition und Verortung der Synthetischen Biologie, also zur Beantwortung der Frage, mit welcher Form von Wissenschaft wir es hier zu tun haben. Es geht darauf aufbauend im Folgenden um die Analyse weiterer zentraler Elemente, wobei insbesondere ihr Verständnis von Synthese, die zugrundeliegenden Systembegriffe, die verwendeten Methoden, Modelle und Experimente zu untersuchen sind. Es geht also um den wissenschaftlichen Abstraktionsprozess[35], um den Prozess der Komplexitätsreduktion, mitsamt seinen oft nicht explizit formulierten Begründungen.

Die Überlegungen sind *zweitens* als Beitrag zur Debatte über die prinzipielle Machbarkeit des von maßgeblichen Akteuren propagierten Programms des „rationalen Designs lebender Entitäten“ zu verstehen. So kommen wir überspitzt formuliert zu dem Schluss, dass die Synthetische Biologie, wenn sie dieses Programm verwirklicht, letztendlich genau das eliminiert, was biologische Materie ausmacht: nämlich rauschendes, emergierendes und evolvierendes Leben.

Drittens bereiten die in diesem Kapitel vorgenommenen Überlegungen die unverzichtbare Debatte über eine Technik- und Wissenschaftsfolgenabschätzung vor, also die Debatte über Chancen, Risiken und Nebenwirkungen. Hier stehen die beiden Formen von Unsicherheiten im Zentrum: zum einen die Unsicherheiten, die sich aus den prinzipiellen Qualitäten des Lebendigen ergeben, d.h. aus den für Selbstorganisation, Emergenz und Evolution fundamentalen Instabilitäten; zum anderen die Unsicherheiten, die sich aus der besonderen Eingriffstiefe und Wirkmächtigkeit ergeben, wenn auf der genetischen Ebene in lebende, zur Selbstreplikation fähige Organismen eingegriffen wird.

35 Etwa die theoretischen Abstraktionen bei der Modellbildung und die praktischen Abstraktionen im Experiment.

Im Hinblick auf die Frage, als wie realistisch das Erreichen der von den Akteuren der Synthetischen Biologie verfolgten Ziele auf den von ihnen jeweils eingeschlagenen Wegen eingeschätzt werden kann, aber auch mit Blick auf Nutzen- und Gefährdungspotenziale ist es von Interesse, welche Formen und Wege der Komplexitätsreduktion in den unterschiedlichen Ansätzen der Synthetischen Biologie praktiziert werden (vgl. Kap. 4.7). Zudem stellt sich die Frage, wie bei unterschiedlichen Formen der Komplexitätsreduktion mit den bei lebendigen Objekten kaum zu bändigenden Phänomenen wie z.B. dem Rauschen bzw. ihrer Wandlungs- und Evolutionsfähigkeit, umgegangen wird. In diesem Zusammenhang wurde zurecht der Anspruch der Synthetischen Biologie in den Blick genommen, „Ingenieurprinzipien" in die Biologie einzuführen und zu diesem Zweck „orthogonale", d.h. von allen Wechselwirkungen befreite Einheiten zu konstruieren. Es ist zu erwarten, dass die vorgenommenen theoretischen und praktischen Abstraktionen bei der praktischen Umsetzung der Modelle und Experimente der Synthetischen Biologie nicht ohne Folgen bleiben. Die Art und Weise der Komplexitätsreduktion dürfte sich demgemäß nicht nur in den erwarteten und angestrebten (Haupt-)Wirkungen, sondern auch in den unerwarteten und unerwünschten Folgen und Nebenwirkungen widerspiegeln.

4 Funktionalitäten und Methoden*

Das Wissenschafts- und Technikfeld der Synthetischen Biologie war und ist Gegenstand einer ganzen Reihe von Untersuchungen, welche sich bisher vorwiegend mit ethischen und normativen Implikationen beschäftigt haben (NEST 2005; de Vriend 2006; DFG et al. 2009; Royal Academy of Engineering 2009).[36] Meist werden dabei die von der Wissenschaftsgemeinschaft selbst formulierten Ziele bezüglich ihrer Realisierbarkeit – also hinsichtlich der Fragen, inwiefern ein synthetischer Organismus wirklich herstellbar ist oder warum gerade die Synthetische Biologie einen Beitrag beispielsweise zur Heilung von Alzheimer oder zur „Lösung des Energieproblems" leisten können soll – nicht hinterfragt. Die Versprechungen werden in der Regel als realisier- und implementierbar angenommen.[37]

Um die mit der Synthetischen Biologie realistischerweise verbundenen technischen Möglichkeiten, Chancen und Risiken zu analysieren, darf man nicht nur ihre Versprechungen und Visionen, ihre Vorläufer und Paradigmen betrachten, sondern muss sich auf ihren wissenschaftlich-technischen Kern und insbesondere ihre technische Leistungsfähigkeit konzentrieren: auf ihre Methoden und die auf dieser Basis erwartbaren neuen oder anders zu realisierenden Funktionalitäten. Mit dem Begriff *Funktionalität* sollen in diesem Zusammenhang biologische oder physikochemische Effekte bezeichnet werden, die dem Einsatzzweck oder dem Gesamtziel der konstruierten biologischen Entität dienen.

Doch zunächst zum zentralen Begriff der Synthetischen Biologie, der Synthese: „Synthese" kann mindestens dreierlei bedeuten. Zum *einen* kann Synthese im wissenschaftlichen Abstraktionsprozess als (theoretische) Gegenbewegung zur Analyse verstanden werden, etwa um zu einer einheitlichen Erklärung zu gelangen. Zum *anderen* gibt es die im Begriff „Synthetische Chemie" gebräuchliche Bedeutung im Sinne der praktischen Herstellung von etwas Neuem. Dies umfasst in der Synthetischen Chemie interessanterweise sowohl den Nachbau von schon natürlich existierenden Substanzen (z.B. Wöhlers Harnstoffsynthese), als auch die Synthese von Stoffen, die es so in der Natur bisher noch nicht gab, wie beispielsweise Fluorchlorkohlenwasserstoffe (FCKW). Damit muss eine *dritte* Bedeutung von synthetisch beachtet werden, nämlich „synthetisch" in Abgrenzung zu „natürlich".

---

* Wesentliche Ausführungen dieses Kapitels sind als separater Beitrag (Pade et al. 2015) in englischer Sprache in Giese et al. (2015) erschienen.

36 Siehe dazu auch das EU-FP7-Projekt „‚Synth-Ethics' – Ethical and Regulatory Challenges Raised by Synthetic Biology" (www.synthethics.eu).

37 Kritisch zu technologischen Versprechungen und dem Zu-spät-Kommen von Ethik und traditioneller Technikfolgenabschätzung siehe Liebert/Schmidt (2010).

Die Synthetische Biologie – als ein aus mehreren Teildisziplinen bestehendes interdisziplinäres Forschungs- und Entwicklungsfeld (vgl. dazu Kapitel 3) – verwendet zur Umsetzung ihrer Synthesen eine Reihe unterschiedlicher Methoden, die in vielen Fällen aus Disziplinen der modernen und neuen Biotechnologie hervorgegangen sind.[38] Es bietet sich an, diese Methoden nach ihren Objekten, d.h. den Typen der untersuchten biologischen Entitäten, wie z.B. Nukleinsäuren, Proteinen, Zellorganellen oder ganzen Zellen, zu strukturieren. Sie können auch nach Ebenen einer zellfunktionalen Hierarchie geordnet werden, welche

1) molekulare Grundbausteine,
2) polymere molekulare Werkzeuge,
3) funktionelle Module und Schaltkreise,
4) das Genom und
5) die Gesamtzelle

unterscheidet (vgl. Abb. 3 und 4).

Diese Einteilung ist an eine verbreitete disziplinäre Unterscheidung angelehnt, bei der sich die eingesetzten Methoden und disziplinären Abgrenzungen am bearbeiteten Objekt orientieren. Eine solche Differenzierung ist bereits auf die Synthetische Biologie angewendet worden (GR et al. 2008). Gleichzeitig stellt diese Einteilung die aufgeführten Methoden und Funktionalitäten in einen Gesamtzusammenhang in Bezug auf die synthetisch-biologische Vision einer kompletten Herstellung biologischer Systeme aus Teilkomponenten.

Was kennzeichnet diese Funktionalitäten biologischer Strukturen und Organismen? Worin bestehen ihre Besonderheiten und wo stoßen sie an Grenzen? Welche speziellen Funktionalitäten kommen durch die in weitaus größerem Umfang als bisher um- und neugestaltenden Arbeiten der Synthetischen Biologie hinzu?

Die folgenden Abschnitte sind der Vorstellung dieser objektorientierten methodischen Bereiche und der mit ihnen verbundenen Funktionalitäten gewidmet. Dabei soll auch eine Einschätzung vorgenommen werden, welche der bereits realisierten Methoden der Synthetischen Biologie als „neu“ bezeichnet werden können. Die Einschätzung der „Neuartigkeit“ der Methoden ist dabei nicht absolut, sondern graduell. Bei den realisierten Methoden handelt es sich teils um bereits etablierte biotechnologische Methoden, teils um neue Trends im Rahmen etablierter Disziplinen, die oft ein verstärktes Element der rationalen Konstruktion beinhalten, und teils um insgesamt neuartige Herangehensweisen an die

38 Die Unterteilung in „klassische“, „moderne“ und „neue Biotechnologie“ wurde von der OECD vorgenommen, wobei für die klassische Biotechnologie z.B. das Brotbacken und Bierbrauen stehen, die Enzymtechnik und Bioreaktortechnik als Beispiele für die moderne Biotechnologie und die Gentechnik für die neue Biotechnologie, vgl. OECD (1989).

rationale Konstruktion biologischer Systeme, die einen Paradigmenwechsel in Bezug auf etablierte Ansätze oder eine unkonventionelle (nichtnatürliche) Nutzung bekannter Objekte beinhalten.

4.1 Ebene 1: Molekulare Grundbausteine

Die Methoden und Funktionalitäten in der ersten Ebene der kleinsten biologischen Bauelemente ist durch die Entwicklung neuer molekularer Grundbausteine bestimmt. Hierzu zählen neue Basen von Nukleinsäuren (Benner et al. 2011; Marliere et al. 2011) oder nichtnatürliche Aminosäuren (Hoesl/Budisa 2011), die durch einen erweiterten genetischen Code bestimmt werden. Auf der DNA-Ebene wird mit neuen Nukleobasen ein genetischer Code mit einer größeren Anzahl von Kombinationsmöglichkeiten realisierbar, der als neue Funktionalitäten neben der Erweiterung der Kodierungsmöglichkeiten für Aminosäuren auch spezifische, von den herkömmlichen Basenpaarungen unabhängige Interaktionen der mit neuen Basen versehenen Nukleinsäure-Einzelstränge ermöglicht. Die spezifische Paarung der neuen Nukleobasen wurde in der medizinischen Diagnostik bei der Identifikation und Quantifizierung der viralen Belastung von HIV-Patienten bereits erfolgreich erprobt (Collins et al. 1997). Neue Nukleobasen, die mit natürlichen Basen keine Bindung eingehen, könnten auch die technische Möglichkeit zur biologischen Isolierung neuer synthetischer Organismen gegenüber natürlichen Lebewesen schaffen. Dies ist eine im Kontext der biologischen Sicherheit bereits diskutierte neue Funktionalität. Sie wird in Kapitel 7 näher untersucht.

Im Bereich der Proteine lässt sich der „kanonische" Satz von zwanzig Aminosäuren, aus denen Proteine natürlicherweise bestehen, seit kurzem erweitern. Mit diesen neuen Aminosäuren können die Eigenschaften von Peptiden oder Proteinen verändert werden (Lepthien et al. 2010), wodurch neue Funktionalitäten bei der Konstruktion von Enzymen oder Rezeptoren entstehen. Die in-vivo-Nutzung nichtnatürlich vorkommender Aminosäuren als Bauelemente für neue Proteinfunktionen eröffnet umfangreiche neue Möglichkeiten zur gezielten Anpassung der chemischen Eigenschaften von Proteinen und zur Herstellung maßgeschneiderter Enzyme mit neuen Funktionalitäten (Wang, L. et al. 2006; Hoesl/Budisa 2011).

Auf der Ebene molekularer Bausteine stellt die Nutzung nichtnatürlicher Aminosäuren die Entwicklungsrichtung mit dem höchsten Grad an Neuartigkeit dar. Sie erweitert die Gestaltungsmöglichkeiten und denkbaren Funktionen von Proteinen drastisch und bietet größere und vielfältigere chemische Gestaltungsmöglichkeiten als RNA- oder DNA-Moleküle. Die Konstruktion solcher funktionellen Moleküle überschreitet die Grenze zwischen (Bio-)Nanotechnologie und

Biotechnologie, wenn die notwendigen Informationen auf genetischer Ebene in einem Organismus codiert werden. Auf diese Weise eröffnen sich vielseitige neue Potenziale für die Programmierung von Zellfunktionen. So können zelluläre Signal- und Stoffwechselpfade, die auf Proteinen als Enzyme oder Gerüstelemente aufbauen, gezielt manipuliert und neu verschaltet werden, so dass neue Funktionalitäten entstehen.

4.2 Ebene 2: Biologische Polymere als molekulare Werkzeuge und Strukturen

Der zweite Bereich der Neukombinationen umfasst die gezielte Gestaltung (in den meisten Fällen eine Umgestaltung) biologischer Polymere zur Informationsspeicherung, für enzymatische Aktivitäten oder zur Ausbildung von Strukturelementen. Damit werden Funktionalitäten, wie z.B. neue molekularbiologische und enzymatische Eigenschaften, Kompartimentalisierung und Verkapselung ermöglicht (vgl. Abb. 3). Der zweite Bereich der Neukombinationen speist sich somit aus den methodischen Möglichkeiten des Designs der elementaren funktionalen molekularen Strukturen von RNA, DNA und Proteinen.

Auf der Ebene molekularer Werkzeuge in den Bereichen der DNA und RNA sowie der Proteine und Peptide haben sich in den letzten Jahren vielfältige neue Möglichkeiten in verschiedenen biotechnologischen bzw. biochemischen Disziplinen entwickelt. Die Weiterentwicklung rationaler Methoden hat neue Möglichkeiten zum Design funktioneller Moleküle geschaffen, die auf dem Fortschritt in biophysikalischer Beschreibung und computergestützter Modellierung aufbauen. Diese neuen Methoden rücken eine rationale, gezielte Herstellung gewünschter Funktionen von biologischen Systemen im „bottom-up"-Verfahren (also in Form einer Neukonstruktion aus grundlegenden Elementen) in Reichweite und stellen insofern einen Paradigmenwechsel im Vergleich zu den Ursprungsdisziplinen dar.

Nutzung von DNA

Neben der Signalverarbeitung kann DNA als Material zur Erzeugung von werkstofflichen Strukturelementen verwendet werden. Seit in den frühen 1980er Jahren erstmals die Erzeugung künstlicher DNA-Strukturen publiziert wurde (Seeman 1982), sind auch in diesem Anwendungsbereich eine Reihe interessanter Funktionalitäten entwickelt worden (Saccà/Niemeyer 2012). Während das DNA- Molekül in der natürlichen biologischen Zelle als Informationsträger und Regulator der Erbinformation dient, versteht man unter dem sogenannten „DNA-Origami" die biotechnologische Nutzung der inneren Wechselwirkungen dieses Moleküls für den Aufbau von Strukturen. Diese Form der selbstorganisierten Faltung eines DNA-Templates eröffnet vielfältige Anwendungsmöglichkeiten zum Aufbau von Trägerstrukturen für chemische Reaktionen und zur gezielten dreidimensionalen Herstellung von Zellstrukturen oder Organellen (Rothemund 2006; Bath/Turberfield 2007). Durch die Ankopplung weiterer Molekülstrukturen können sie zu Hybridmaterialien (z.B. nanoelektronischen Komponenten) erweitert werden. DNA-Origamistrukturen können beispielsweise mit chemischen funktionellen Gruppen, Nanopartikeln oder Biomolekülen selektiv an bestimmten Stellen verbunden werden. So können Moleküle im Nanometerbereich organisiert und manipuliert werden. DNA-Nanochips dienen der Detektion bzw. Erzeugung von Einzelmolekülreaktionen (z.B. durch Bindung von Proteinen) und der Untersuchung von RNA- oder DNA-Sequenzen. Neben zweidimensionalen Mustern bietet die Origamitechnik die Möglichkeit, diverse dreidimensionale Strukturen, wie z.B. Würfel oder Röhren bis hin zu Röhrenstapeln aus DNA-Helizes zu bilden und mit anderen Molekülen ortsspezifisch zu bestücken (Saccà/Niemeyer 2012). Während erste Experimente mit einem solchen Einsatz von DNA-Strukturen bereits in den 1980er Jahren stattfanden, ermöglichte erst die Nutzung von bausteinartigen Elementen wesentliche Fortschritte in diesem Bereich und eröffnete Möglichkeiten für eine zuverlässige Herstellung komplexer Strukturen (Nangreave et al. 2010).

Nutzung von RNA

Neben den Arbeiten mit DNA-Molekülen befasst sich eine Reihe von Forschern im Bereich der Synthetischen Biologie auch mit der Umgestaltung bzw. Neugestaltung von RNA-Molekülen. RNA-Moleküle sind chemisch der DNA ähnlich, liegen jedoch zumeist als Einzelstrang vor. Sie können komplexe dreidimensionale Strukturen formen und besitzen eine Vielzahl katalytischer und regulatorischer Funktionen. Die Arbeiten zur Um- und Neugestaltung von RNA wurden durch die Entdeckung immer neuer funktionaler natürlicher RNA-Moleküle angestoßen (Dethoff et al. 2012). RNA-Moleküle bieten mittlerweile eine sehr breite Palette von Funktionalitäten. Sie können u.a. als Sensoren Temperaturveränderungen und andere Moleküle wahrnehmen, biologische Moleküle binden und in ihrer Aktivität verändern, als Ribozyme enzymatisch wirken und somit chemische Reaktionen katalysieren (zu denen auch das Schneiden anderer RNAs gehört) sowie die Genexpression kontrollieren (Win et al. 2009). Durch die modernen Designmöglichkeiten können die regulatorischen Funktionen der RNA-Moleküle verbessert und erweitert werden (Suess/Weigand 2008). Damit könnten neue Biosensoren und regulatorische Schaltungen sowie (durch die Kopplung mit den natürlichen regulatorischen Signalnetzwerken einer Zelle) auch programmierbare Zellen erzeugt werden (Isaacs et al. 2006).

Das rationale Design von funktionellen RNA-Molekülen (Ribozyme, Riboregulatoren, Ribosensoren) ist aufgrund der geringeren chemischen Komplexität im Vergleich zu Proteinen recht weit entwickelt. So können mit Hilfe von Computersimulationen Faltungsstrukturen recht zuverlässig vorhergesagt werden (Isaacs et al. 2006). Während die etablierte Manipulation von RNA auf der experimentellen (in-vitro-)Evolution von Molekülen aufbaut, repräsentiert die 3D-Modellierung und -Entwicklung im Hinblick auf die Veränderung von Zellnetzwerken eine Neuentwicklung der letzten Jahre, auf deren Basis sich geradezu universelle Einsatzmöglichkeiten von RNA-Molekülen eröffnen (Saito, H./Inoue 2009; Khalil/Collins 2010).

Nutzung von Proteinen und Peptiden

Ein großer Bereich der gezielten Gestaltung von Polymeren beschäftigt sich mit Proteinen und Peptiden. Es handelt sich um einen Teilbereich des sogenannten „Protein Engineering", dessen Grenzen zur Synthetischen Biologie unscharf und durchaus auch umstritten sind. Auch hier sollen die bestehenden Funktionen der Proteine und Peptide durch gezielte Veränderungen verbessert (Behrens et al. 2011) und neue Eigenschaften erzeugt werden. Proteine und Peptide sind die wesentlichen Bausteine für die Energie-, Stoffwechsel- und Signalfunktionen der biologischen Zelle, wobei ihre dreidimensionale Struktur von ihrer Sequenz aus Aminosäuren bestimmt wird. Neue Eigenschaften können in der Veränderung der Spezifitäten bestehender Proteine bestehen, wie es Magnus et al. (2011) für ligandengesteuerte Ionenkanäle gezeigt haben. Sie können aber auch durch die Bereitstellung vielfältig verwendbarer Bauelemente (sogenannter „Tectons") in der Form von Proteinen mit standardisierter Struktur und Größe erzeugt werden, wie es Bromley et al. (2008) beschreiben. Falls die Tectons geeignete Eigenschaften aufweisen, würden sie sich zu Strukturen höherer Ordnung zusammenfinden. Aus mehreren, reproduzierbar selbsterzeugten Kombinationen dieser Tectons könnten synthetische, funktionelle Einheiten konstruiert werden (Bromley et al. 2008).

Dreidimensional gestaltete Proteine und Nukleinsäuren und andere Biomoleküle sollen eine gewünschte Funktion erfüllen oder als strukturelles Baumaterial dienen. Dies kann durch Neukonstruktion oder durch Veränderung eines bekannten Moleküls unter Anpassung der nanomolekularen Wechselwirkungen geschehen (Ball 2005). Diese funktionellen Moleküle können ihre Funktionen prinzipiell in zellfreien Systemen in-vitro ausüben oder nach biologischem Vorbild in Zellsysteme integriert werden.

Besondere Aufmerksamkeit erregen künstliche Transkriptionsfaktoren, d.h. Proteine, die mit einem spezifischen Abschnitt ihrer Aminosäuresequenz an bestimmte DNA-Abschnitte binden und mit einer weiteren Domäne die Genregulation beeinflussen. Je nach Aminosäuresequenz ihres DNA-bindenden Abschnitts können sie die Transkription unterschiedlicher Zielgene positiv oder negativ beeinflussen. Deshalb werden sie auch als „programmierbare" Transkriptionsfaktoren bezeichnet. Zu ihnen zählen Zink-Finger enthaltende Faktoren, „transcription activator-like effectors" (TALEs) sowie „clustered regularly interspaced short palindromic repeats" (CRISPR). Letztere stammen natürlicherweise aus dem „Immunsystem" von Bakterien, das es ihnen ermöglicht, Phagen-DNA zu erkennen und zu zerschneiden. Eine Besonderheit dieses Systems ist das Zusammenspiel zwischen einer RNA, mit der die spezifische DNA-Sequenz erkannt wird, und einem Nuklease-Enzym, welches die erkannte DNA zerschneidet (Lienert et al. 2014). Bedeutung hat vor allem die Endonuklease Cas9 erlangt, mit der neben der Mutation auch eine zielgenaue Übertragung von Genabschnitten möglich ist, wenn sie in Verbindung mit einer sequenzspezifischen RNA eingesetzt wird. Mit ihr werden sogenannte „Gene Drives" möglich. Dabei handelt es sich um genetische Elemente, die sich innerhalb von Populationen ausbreiten können und über assoziierte Gene neue Eigenschaften übertragen. Gene Drives nutzen die Endonukleasefunktion, um die genetische Information der Endonuklease sowie auch benachbarte Gene zwischen den Chromosomen eines Chromosomenpaares zu übertragen. Gene Drives sind deshalb nur bei Organismen verwendbar, die sich geschlechtlich vermehren. Sie können sich jedoch in solchen Populationen ausbreiten, sofern sie einmal in ein sich geschlechtlich vermehrendes Individuum implementiert worden sind. Auf diese Weise können „Precision Drives" gestaltet werden, die nur bei einer Spezies oder einer Subpopulation wirksam sind (Esvelt et al. 2014).

Wird anstelle einer enzymatisch aktiven Cas9-Endonuklease jedoch eine katalytisch inaktive Form dieses Enzyms eingesetzt, die noch dazu über Genexpression aktivierende oder reprimierende Domänen verfügt, so erhält man einen über die Sequenz der zugehörigen RNA in seiner Sequenzspezifität universell programmierbaren Transkriptionsfaktor (Gilbert et al. 2013; Qi et al. 2013).

Die Methode des computergestützten Proteindesigns („computational protein design") ist für die räumliche Gestaltung von besonderer Bedeutung. Das computergestützte (rationale) Design von Proteinen nutzt die Vorhersage von Faltung, elektrostatischen Bindungen und weiteren nanomolekularen Eigenschaften, um gezielt Proteinfunktionen hervorzubringen (Kortemme/Baker 2004). Das computergestützte Design hat sich in den letzten Jahren ergänzend zu den klassischen Methoden des Protein Engineering entwickelt und vor kurzem das de-novo-Design von in der Natur unbekannten enzymatischen Funktionalitäten ermöglicht (Van der Sloot et al. 2009; Grünberg/Serrano 2010).

4.3 Ebene 3: Module, metabolische und Signalnetzwerke

Durch die entsprechende Verknüpfung funktionaler DNA-Abschnitte (die durchaus auch aus verschiedenen Reichen der Lebewesen stammen können) werden Synthesewege neu zusammengestellt und bestehende Wege auf bestimmte Funktionen hin optimiert („Pathway Engineering“ oder „Metabolic Engineering“, Khalil/Collins 2010). Das Design funktioneller biologischer Einheiten („modules“, „devices“) – z.B. von Stoffwechselfunktionen, genetischen Schaltkreisen oder Signalpfaden – erfolgt ausgerichtet auf eine spezifische Funktion und nach Bedarf durch Kombination von in der Natur nicht im selben Organismus vorkommenden Genen bis hin zur Kreation neuer Funktionalitäten. Den Ausgangspunkt bildet oft ein Computermodell, das auf einer natürlichen DNA-Sequenz und den funktionellen Strukturen der benötigten Moleküle aufbaut. Durch chemische Gensynthese wird anschließend der für die gewünschte Funktion benötigte Abschnitt synthetisiert und mit Hilfe gentechnischer Transformationsmethoden in ein Wirtssystem („chassis“) eingebaut. Die Funktion wird abschließend getestet und eventuell werden zusätzliche Selektionsrunden durchgeführt. Idealerweise ist das abstrahierte Modul (d.h. eine selbstständige funktionale Einheit) ausreichend für die gewünschte Funktion und etwaige Wechselwirkungen mit anderen Stoffwechselfunktionen sind im Anwendungskontext vernachlässigbar. Bei der Integration mehrerer Gene und Proteine in Systeme mit einer Gesamtfunktion können vor allem die folgenden Methoden zu den charakteristischen Ansätzen der Synthetischen Biologie gezählt werden:

- *Metabolic Engineering* von Gen-Clustern: Das Metabolic Engineering stellt eine etablierte biotechnologische Disziplin dar, welche mikrobielle Stoffwechselpfade analysiert, quantifiziert und mit Hilfe gentechnischer Methoden manipuliert, um verbesserte Syntheseraten komplexer biochemischer Verbindungen zu erhalten. Durch Veränderung und Optimierung mehrerer Stoffwechsel-Gene ist die Steigerung der Komplexität einer Manipulation und die Herstellung neuer Produkte möglich, was in letzter Zeit verstärkt unter Zuhilfenahme systembiologischer Modellierung geschieht (Carothers et al. 2009).
- *Systembiologische Konstruktion*: Die Beschreibung, bioinformatische Modellierung und Herauslösung aus dem Gesamtkontext von Teilen von Metabolismus-, Regulations- und Signalnetzwerken erfolgt mit dem Ziel der orthogonalen Rekonstruktion der technologisch interessanten biologischen Funktion (vgl. Greber/Fussenegger 2007; Marchisio/Stelling 2008). Dieser Teilbereich ist als praktische Anwendung von Erkenntnissen der Systembiologie zu verstehen und ist im Beschreibungsansatz neuartig – jedoch nicht unbedingt in den genutzten gentechnischen Methoden.

- *Gezielte Modularisierung* (z.B. biobricks[39]): Eng verwandt zum obenstehenden Ansatz, beinhaltet die gezielte Modularisierung den Transfer ingenieurtechnischer Prinzipien auf biologische Systeme und stellt höhere Ansprüche an die Standardisierung, Entkopplung und Abstraktion (Endy 2005). Gerade bei der Kombination von Elementen auf der DNA-, RNA- oder Proteinebene gehört die Vermeidung unerwünschter Wechselwirkungen zu den Hauptzielen der neuen bzw. erweiterten oder veränderten Systeme. Orthogonalität steht bei der Entwicklung und Verknüpfung der einzelnen Moleküle deshalb im Vordergrund, um möglicherweise inhibitorisch wirkende Effekte zu vermeiden (Bujara/Panke 2010). Das in-silico-Design standardisierter Informationsmodule (DNA) mit einer orthogonalen Gesamtfunktionalität enthält alle direkt für die Funktion in einem standardisierten Grundsystem („chassis") notwendigen Teile, wie etwa mehrere Gene, regulatorische Sequenzen etc. und stellt diese Funktionseinheiten auch physisch modular zur Verfügung (Arkin 2008).

Die in diesem Bereich der gezielten Synthese erkennbaren neuen Funktionalitäten ergeben sich bei der DNA aus der freien Gestaltung bzw. Anpassung von Regulations-, Sensorik- und Synthesemechanismen. Im Vordergrund der Bemühungen stehen dabei die Veränderung der Genregulation (Guido et al. 2006), ihre Vernetzung (Marchisio/Stelling 2008; Ellis, T. et al. 2009) und die Standardisierung genetischer funktionaler Elemente. Dadurch konnten schon früh Schaltelemente (Gardner et al. 2000) sowie durch oszillatorische Schaltkreise auch wiederkehrende Signale (Elowitz/Leibler 2000) erzeugt werden. Noch stärker orientiert an elektronischen Bauteilfunktionen sind die erfolgreichen Konstruk-

---

39 Bemühungen, einzelne Teile biologischer Systeme zu standardisieren, kennzeichnen seit den frühen Jahren der Synthetischen Biologie einen ihrer Teilbereiche. Die in diesem Zusammenhang aufgestellten Forderungen (Endy 2005) und insbesondere ein Wettbewerb für Studierende zur Konstruktion synthetischer biologischer Mechanismen („International Genetically Engineered Machine Competition, iGEM") haben dazu beigetragen, dass die öffentliche Wahrnehmung des gesamten Feldes stark vom Thema der Standardisierung geprägt ist. Mit der Schaffung standardisierter biologischer Module und ihrer Sammlung in Sequenzdatenbanken wird – begründet durch die Initiative der BioBricks Foundation – ein „open-source"-Ansatz verfolgt. Die damit realisierte freie Zugänglichkeit der Informationen zu den „Bausteinen" („parts") der Synthetischen Biologie wird jedoch kontrovers diskutiert. Im Sinne der Wissenschaftsfreiheit ist dies eine durchaus adäquate Lösung, sie wird jedoch insbesondere von kommerziellen Akteuren als unvereinbar mit den Forderungen des Urheberrechts sowie der Patentierbarkeit betrachtet. Ein freier Zugang zu Gensequenzen birgt abgesehen von diesen rechtlichen Bedenken außerdem noch ein ganz anderes Problem: Die potenziell gefährlichen Sequenzen sind auf diese Weise für jeden Nutzer zugänglich, womit das Risiko eines vermehrten Missbrauchs und erhöhter Fahrlässigkeit steigt (Schmidt, M. 2008).

tionen von biologischen Speicherelementen (Ajo-Franklin et al. 2007), Puls-Generatoren (Basu et al. 2004), logischen Schaltelementen (Anderson et al. 2007) und Filtern (Sohka et al. 2009). Zudem können diese Strukturen zur Signalerzeugung und -verarbeitung für die interzelluläre Kommunikation und dadurch zur Beeinflussung des Verhaltens größerer Zellpopulationen eingesetzt werden (Basu et al. 2005). Selbst Kombinationen von elektrischen und biochemischen Komponenten sind an lebenden biologischen Systemen bereits realisiert worden (Weber et al. 2009).

Auf der Basis dieser Funktionalitäten könnten u.a. neuartige Biosensoren hergestellt werden (Kobayashi et al. 2004). Mit neuen Konstrukten zur Genregulation wird beispielsweise die Hoffnung verbunden, die großen technischen Probleme im Bereich der Boden- und Grundwassersanierung („bioremediation") zu lösen. So könnte die Expression von Enzymen zum Abbau von Umweltgiften vom Vorkommen dieser Giftstoffe bzw. charakteristischen Substanzen am Einsatzort abhängig gemacht werden. Damit wäre man von den Chemikalien unabhängig, mit denen die Expression bisher induziert wird (de Lorenzo 2009). Diskutiert werden auch verschiedenste medizinische Anwendungen, vom Screening nach neuen Arzneimitteln (Weber et al. 2008) bis zu therapeutischen Anwendungen auf der Basis spezifisch antibiotisch wirksamer Phagen (Lu/Collins 2009) oder Bakterien, die krankhaftes Gewebe (Krebszellen) erkennen und vernichten (Anderson et al. 2006). Das Spektrum der Verwendungen reicht bis zur zeitsynchronisierten Medikamentengabe (Weber et al. 2007) und zu gentherapeutischen Anwendungen, bei denen bestimmte Gene mit hoher Effizienz für eine gewünschte Zeitspanne reversibel unterdrückt werden können (Deans et al. 2007).

Das Merkmal der Synthetischen Biologie besteht hier also in der Tendenz zu einem „bottom-up"-Ansatz auf der Basis biologischer Bausteine oder Module („parts") – im Unterschied zu Methoden des Metabolic Engineering, bei dem zumeist im Rahmen eines „top-down"-Ansatzes die angestrebte Funktion durch einen Umbau der bestehenden Vorgänge erreicht wird (Nielsen, J. et al. 2014). Die Ansprüche an Entkopplung und Hierarchisierung begründen die Neuartigkeit dieser Ansätze. Das Design von genetischen Modulen nutzt zwar einerseits die etablierten Methoden der Gentechnik wie Gensequenzierung, Transformation und Gensynthese, baut aber andererseits in verstärktem Maße auf Erkenntnisse der Systembiologie und auf mathematische Modellierungen auf. Der Modularisierungsgedanke, also die Herstellung orthogonaler Einheiten, ist für die Biotechnologie neuartig und auf dieser Beschreibungsebene am ehesten konstitutiv für die Synthetische Biologie. So gesehen wäre sie durch den populären „biobricks"-Ansatz gut repräsentiert. Dieser sieht als Grundvoraussetzung für den ingenieurbasierten Umgang mit biologischen Systemen bekanntlich die Prinzipien *Standardisierung, Entkopplung* und *Abstraktion* vor (Endy 2005).

Durch Definition der Schnittstellen sowie deren Input-/Output-Verhalten und ihrer Toleranzen hinsichtlich der Kombination der Bausteine soll eine standardisierte Konstruierbarkeit biologischer Systeme ermöglicht werden (Arkin 2008). Dieser Ansatz ist in hohem Grad neuartig für die Biotechnologie und würde im Erfolgsfall eine erhöhte Kontrolle und vereinfachte Konstruktion von zunehmend synthetischen biologischen Systemen ermöglichen. Allerdings zeigt es sich bereits, dass festgelegte Standards in einem sich derart schnell entwickelnden Feld angesichts neuer Methoden und erweiterter Kenntnisse regelmäßig aktualisiert werden müssen (Anonymus 2014; Check Hayden 2015).

Aus den umfangreichen Möglichkeiten zur Kombination biologischer Elemente in Modulen, Signal- und metabolischen Pfaden entstehen neue biochemische Pfade für Funktionalitäten wie Synthese, Degradation, Regulation oder Signalübertragung und -verarbeitung (vgl. Abb. 3 auf S. 57). Ausgestattet mit veränderten oder gänzlich neuen Synthesewegen wird die Zelle zu einer miniaturisierten chemischen Produktionsstätte (Carothers et al. 2009). Zu den Produkten zählen (Fein-)Chemikalien, Medikamente und Treibstoffe (Clomburg/Gonzalez 2010). Die Fortschritte der letzten Jahre basieren auf den Entwicklungen in mehreren Bereichen: Durch Weiterentwicklungen beim Protein Engineering konnten die beteiligten Enzyme in ihrer katalytischen Wirkung und ihrer Substratspezifität verbessert werden. Synthetische Promotorsysteme und optimierte Mechanismen auf der RNA- bzw. Transkriptionsebene führten zu einer besseren Regulation der Genexpression („genetic engineering") und nicht zuletzt trugen leistungsfähigere Rechentechnik und bioinformatische Ansätze für Analyse und Modellierung zu den Fortschritten in der Synthese bei. Ansätze für die Synthese von (Fein-)Chemikalien und Treibstoffen sind im Vergleich zu anderen (potenziellen) Anwendungsbereichen der Synthetischen Biologie durch die biotechnologischen Prozesse, aus denen sie sich entwickelten, bereits sehr weit vorangeschritten.

Ein wichtiger Schritt bei der Implementierung neuer Synthesewege für diverse chemische Verbindungen ist die Anpassung des zentralen Kohlenstoffmetabolismus (Nielsen, J./Keasling 2011). Denn die für die Synthesen wichtigen Metabolite entstehen aus zwölf Zwischenprodukten dieses Stoffwechselabschnittes. Eines dieser Zwischenprodukte, Acetyl-Coenzym A, kann beispielsweise als Ausgangsstoff für eine Reihe von Produkten genutzt werden, angefangen vom medizinischen Anwendungsbereich (Antibiotika, Krebstherapeutika) über Nahrungsergänzungsmittel und Vitamine bis hin zu Grundstoffen für die Kunststoffindustrie oder für Kraftstoffe (ebd.).

Durch synthetische Signalpfade könnten neue Möglichkeiten der Informationserkennung und -verarbeitung geschaffen werden (Fritz et al. 2007; Xie et al. 2011). Signalaustausch- und -verarbeitungsprozesse spielen jedoch nicht nur bei *intra*zellulären Prozessen eine Rolle. Sie sind auch im *inter*zellulären Austausch mit Wirkung auf die Zellanordnung und Differenzierung, d.h. für die Prozesse der Gewebebildung, prägend. Auch hier wird versucht, durch die Einführung neuer oder veränderter Signaltransduktionswege, d.h. durch die Kombination natürlicher und nichtnatürlicher Elemente, eine künstliche Gewebebildung zu untersuchen und zu beeinflussen (Basu et al. 2005). Dabei strebt man an, die erzeugten lebenden Strukturen und ihre strukturbildenden Elemente bzw. Produkte als Materialien zu nutzen. Die künstlichen, nach dem Vorbild von komplexen Naturmaterialien wie Spinnenseide, Perlmutt, Knochen oder Zähnen hierarchisch strukturierten Gewebe sind ohne Nutzung von Selbstorganisationsprinzipien nicht realisierbar (Cartwright/Checa 2007; Cachat/Davies 2011).

4.4 Ebene 4: Das Genom

Das Genom ist im Sinne der Synthetischen Biologie das physische Grundgerüst, welches die Aufnahme von Modulen mit genetischer Information für die gewünschten Funktionen erlaubt. Die Bereitstellung von Informationsträger-Molekülen auf Basis von Nukleinsäuren ist grundlegend für die Herstellung sich replizierender und selbstorganisierender bzw. sich entwickelnder Systeme. Im Wesentlichen können drei Bereiche in der Synthetischen Biologie unterschieden werden, die auf das gesamte Genom von Organismen bezogen sind:

a) *Minimalgenome* durch Reduktion: Mit dem Konzept des „Minimalgenoms" ist ein Satz von essenziellen Genen gemeint, die für lebende Organismen unabdingbar sind. Ziel ist die Reduktion von störenden Wechselwirkungen und des Evolutionspotenzials der konstruierten Entitäten nach Aufnahme neuer funktioneller Genmodule in Abgrenzung zu natürlichen Organismen (Moya et al. 2009). Die Reduktion eines einfachen mikrobiellen Genoms („top-down"-Ansatz) auf möglichst wenige, grundlegende Gene und Funktionen erfolgt mit Hilfe von gentechnisch etablierten Mutagenesemethoden und Restriktionsenzymen, teilweise unterstützt durch bioinformatische Vorhersage von Genfunktionen (Fehér et al. 2007).
b) *DNA-Synthese*: Die chemische Synthese mehrerer Gene aus ihren Einzelbausteinen (Nukleotiden) und der anschließende Zusammenbau (Assembly) zu einem in-vivo-funktionierenden künstlichen Genom kann als Schlüsseltechnologie für die genbasierte Synthetische Biologie bezeichnet werden. Während die chemischen Grundprinzipien der Gensynthese seit Jahrzehnten für kleinere Abschnitte angewendet werden, haben neue high-throughput-Technologien die Länge der synthetisierbaren Abschnitte in den letzten Jahren stetig erhöht (Tian et al. 2009). Dies hat die Vollsynthese von kompletten kleineren Genomen ermöglicht, welche die Steuerung einer Zelle über-

nehmen können (Forster/Church 2006; Gibson et al. 2010). Die Synthese eines kleinen künstlichen Chromosoms wurde direkt in einer Hefezelle ohne Zwischenschritte in anderen Zellen erreicht, indem man die Originalsequenzen schrittweise mit künstlich erzeugten, teilweise veränderten DNA-Abschnitten ausgetauscht hat (Annaluru et al. 2014). Allerdings stellen diese Syntheseprodukte bis auf einige Abweichungen bzw. Deletionen bisher noch Kopien ihrer natürlichen Vorbilder dar.

c) *Künstliche Nukleinsäuren*: Die im vorangegangenen Abschnitt zu den molekularen Bausteinen auf Nuklein- und Aminosäurebasis vorgestellten, in der natürlichen DNA nicht vorkommenden Basen zur Nutzung als Informationseinheiten ermöglichen die Erweiterung des genetischen Codes (Benner 2004). Dies kann auch auf Basis eines nichtnatürlichen molekularen Rückgrates des strangförmigen Nukleinsäuremoleküls erfolgen (Xeno-Nukleinsäuren: Herdewijn/Marliere 2009; Schmidt, M. 2010). Neue Basen ermöglichen die Expression zusätzlicher Aminosäuren und dadurch eine sehr grundlegende Manipulation der chemischen Eigenschaften biologischer Systeme. Auf diesem Wege könnten die möglichen erzielbaren Funktionen in einem noch nicht überblickbaren Ausmaß erweitert werden.

Auf der Genomebene bestehen demnach zwei prinzipielle Möglichkeiten zur Herstellung von Minimalgenomen mit dem Ziel der Aufnahme funktioneller Genmodule: Während die „top-down"-Reduktionsstrategie stark an die etablierten Methoden zur Herstellung von vereinfachten mikrobiellen Laborstämmen angelehnt ist, stützt sich die „bottom-up"-Vollsynthese auf moderne Gensynthesemethoden. Letztere stellt zwar einen praktischen Entwicklungsschritt dar und ermöglicht einen höheren Grad an Kontrolle, doch die „Rationalität" der Konstruktion hängt vom Aufbau der zugrunde liegenden Sequenzen ab. Somit bietet die Methode von sich aus keine prinzipielle Neuartigkeit. Dagegen ist die Nutzung abgewandelter Nukleotide und weiterer „Rückgrate" (DNA-Moleküle oder Xeno-Nukleinsäuren) für die Synthese künstlicher Erbinformationsträger ein weiterer Entwicklungsschritt und bietet neuartige Möglichkeiten der Genomkonstruktion.

4.5 Ebene 5: Die Zelle

Die Zellhülle ermöglicht dem biologischen System die osmotische und elektrochemische Abgrenzung von der Umgebung und besitzt eine selektive Durchlässigkeit für Stoffwechselausgangsstoffe und -produkte. Sie schafft dadurch Funktionalitäten wie Wachstum, Reproduktion, Adaptation und Evolution sowie Struktur- oder Gewebebildung (siehe Abb. 3 auf S. 57). Die orthogonale Konstruktion dieser Kompartimente bzw. Reaktionsräume soll deren Einsatzmöglichkeit als biologisches Chassis ermöglichen und hat das Ziel, verschiedenste Arten von Genomen oder Enzymsystemen mit den gewünschten Funktionen aufzunehmen. Solche Chassis können ausgehend von einer natürlichen biologischen Zelle, nach deren Vorbild, oder alternativ auf Basis anorganischer Moleküle konstruiert werden.

- *Minimalzellen*: Die Vereinfachung („top-down") von natürlichen Zellen auf grundlegende Funktionen und Moleküle erfolgt in der Regel zusammen mit der Reduktion auf ein Minimalgenom. Da die Zusammensetzung der Zellmembran vom Lipid- und Proteinstoffwechsel der Zelle bestimmt wird, lassen sich durch die Manipulation der dafür verantwortlichen Gene mit den etablierten Methoden der Gentechnik die strukturellen Eigenschaften der Zellhülle verändern und vereinfachen (Moya et al. 2009).
- *Protozellen*: Bei der de-novo-Synthese biologischer Membranvesikel (ausgehend von niedermolekularen Verbindungen, also „bottom-up") sind in letzter Zeit große Fortschritte erzielt worden. Diese künstlichen Zellhüllen können entweder durch Reverse Emulsion oder durch „microfluidic jetting" synthetisiert und mit Nukleinsäuren und Proteinen gefüllt werden (Schwille/Diez 2009). Dadurch können replikationsfähige künstliche Zellen hergestellt werden, deren Inhalt, Lipidzusammensetzung und Ausstattung mit Membranproteinen genau gesteuert werden kann (Richmond et al. 2011). Diese Konstrukte können zur Synthese von Proteinen eingesetzt und eventuell durch ein synthetisches Genom gesteuert werden (Solé et al. 2007; Noireaux et al. 2011). Alternativ könnten zusätzliche Kompartimente in Anlehnung an zelluläre Organellen für eine spezifische Aufgabe in Zellen eingeschleust werden (Roodbeen/van Hest 2009). Während die biomimetische Konstruktion von Lipidvesikeln schon seit den 1980er Jahren als Teil von Forschungsansätzen zum Ursprung des Lebens („origin-of-life") betrieben wird, sind die Kopplung mit enzymatischen Reaktionen und die gesteuerte Replikation solcher Strukturen erst neuerdings möglich geworden, womit neue Anwendungen in Reichweite gelangten (Szostak et al. 2001; Rasmussen et al. 2008).
- *Mikro-/Nanoreaktoren*: Die Funktionen der Lokalisation und Kontrolle enzymatischer Reaktionen kann prinzipiell auch von anderen „Verpackungseinheiten" übernommen werden. Dies können etwa Wassertropfen in einer Ölphase sein, virale Proteinhüllen oder aus künstlichen Nanomaterialien konstruierte Hüllen und Träger (Uchida et al. 2007; Schwille/Diez 2009). Diese abhängig von ihrer Größe als Mikro- und Nanoreaktoren bezeichneten Konstrukte stellen Vorstufen von Protozellansätzen dar. Sie verbinden eine charakteristische Hüll- bzw. Trägerstruktur mit einer enzymatischen Funktion. Während für nichtreplikationsfähige Mikroreaktoren bereits ver-

schiedene enzymatische Anwendungen bestehen (Shchukin/Sukhorukov 2004; Urban et al. 2006), stellt die gezielte computermodellierte Konstruktion von potenziell replikationsfähigen Proteinhüllen unter Nutzung von Prinzipien der molekularen Selbstorganisation einen bahnbrechenden Entwicklungsschritt dar (King et al. 2012).

Auf der Zellebene zeigt sich also eine große Diskrepanz im Anspruch auf Kontrolle und in der Neuartigkeit der Methoden. So stellt die Minimalzelle einen konservativen Ansatz mit Wurzeln in der traditionellen Gentechnik dar, der auf hohe Ansprüche an Kontrolle und Standardisierbarkeit verzichtet. Dagegen hat die Konstruktion von Protozellen und Mikroreaktoren in den letzten Jahren große Fortschritte erzielt. Bereits seit einigen Jahren wird der Einsatz von Mikroreaktoren für verschiedene Synthesezwecke, u.a. von Nanopartikeln, erkundet (Shchukin/Sukhorukov 2004; Urban et al. 2006). Bromley et al. (2008) empfehlen die Entwicklung selbstorganisierender, gekapselter Systeme auf der Basis genormter Peptide und Proteine, deren Komponenten das Potenzial besitzen, sich selbst zusammenzusetzen (vgl. auch King et al. 2012). Diese nicht replikationsfähigen Konstrukte könnten einen erheblichen Sicherheitsvorteil besitzen und trotzdem eine Reihe von Funktionen erfüllen, die bisher genombasierten zellulären Systemen vorbehalten waren, wie z.B. Sensor- und Signalübertragungsfunktionen sowie die Proteinexpression und damit die Synthese neuer Materialien oder Wirkstoffe (ebd.). Für medizinische Anwendungen wird in diesem Zusammenhang untersucht, ob mit Hilfe von antigenproduzierenden Liposomen (einfache Vesikel einer Phospholipid-Doppelschicht) Immunisierungen erzielt werden können (Amidi et al. 2010).

Damit erscheint die Aufnahme einfacher enzymatischer Funktionen in ein bottom-up konstruiertes Chassis realisierbar. Dies würde einen wirklichen Paradigmenwechsel für die Konstruktion biologischer Systeme darstellen. Für die durch de-novo-Synthese bottom-up hergestellten Protozellen werden zwar natürliche DNA-Sequenzen kombiniert, allerdings fließen in diese Ansätze auch veränderte bzw. von Grund auf neu entworfene Elemente ein. Diese Zellkonstrukte werden auch als semi-synthetische („semi-synthetic") Minimalzellen bezeichnet (Kuruma et al. 2009; Kurihara et al. 2011; Chiarabelli et al. 2012). Neben dem bei bottom-up-Ansätzen dominierenden rein wissenschaftlichen Interesse an den Mechanismen der Selbstorganisation wird der Nutzen der angestrebten Zellformen auch in ihrer Funktion als Chassis gesehen, das nachträglich mit einer Funktion ausgestattet werden kann.

Der Übergang zur Arbeit mit nichtnatürlichen biologischen „Bausteinen" ist also fließend. Zudem nimmt die Komplexität der Konstruktionen im Bereich der Protozellen mit steigendem Anteil nichtnatürlicher Komponenten stark ab. Die bisher realisierten bzw. modellierten Mechanismen auf der ausschließlichen Basis nichtnatürlich vorkommender Moleküle (Fellermann et al. 2007) sind im Vergleich zu den komplizierten Strukturen natürlicher Organismen noch sehr einfach strukturiert. In diesem Sinne verzichten sie sogar teilweise auf eine Informationskomponente, um zunächst zumindest Wachstum und Teilung erfolgreich zu realisieren (Solé et al. 2007).

4.6 Neue Funktionalitäten im Überblick

Die Übersicht über die Methoden im weit gefassten Feld der Synthetischen Biologie zeigt, dass eine wesentliche Quelle neuer Funktionalitäten in den erweiterten Kombinationsmöglichkeiten liegt, die mit Hilfe der (planbaren) Veränderung und Neukonstruktion von Elementen biologischer Systeme möglich geworden sind. Grundlage hierfür war, neben der technischen Entwicklung in der apparativen Laborausstattung der Lebenswissenschaften, der Beitrag der in den letzten Jahren stark vorangeschrittenen Bereiche Bioinformatik und Systembiologie.

Ausgehend von den in den vorangegangenen Abschnitten vorgestellten Ansätzen auf den Ebenen der molekularen Grundbausteine und Werkzeuge, genetischer Module und Schaltkreise sowie den mit Hilfe ihrer komplexen Kombinationen ermöglichten neuartigen Reaktionen können vier methodische Bereiche der Neukombination identifiziert werden, aus denen potenziell neue Funktionalitäten hervorgehen. Abbildung 3 gibt einen Überblick über diese Bereiche und die mit ihnen verbundenen Funktionalitäten.

Wie in der Abbildung 4 zusammenfassend dargestellt ist, können in der Synthetischen Biologie auf jeder Ebene biologischer Objekte – von den Grundbausteinen bis hin zu ganzen Zellen – neuartige Methoden identifiziert werden. Insgesamt hängt die Neuartigkeit der realisierten Objekte in der Synthetischen Biologie jedoch von der Kombination der angewandten Methoden ab. Die Zusammenführung der verschiedenen, oben dargestellten Methoden könnte im Prinzip die Realisierung der Vision von einer bottom-up (de-novo-)Herstellung eines synthetischen biologischen Systems ermöglichen (Szita et al. 2010). Die meisten Projekte, die sich der Synthetischen Biologie zuordnen, nutzen derzeit jedoch allenfalls eine der neuartigen Methoden, während die restlichen Ebenen durch etablierte Methoden abgedeckt werden.

Komplett neuartige Systeme wären jedoch schon durch die Kombination der heute existierenden Ansätze denkbar. So würde beispielsweise ein rational neu gestaltetes Enzym, das auf genetischer Ebene in ein standardisiertes Modul eingebunden wird, welches wiederum in alternativer DNA codiert ist und in eine synthetische Protozelle eingebunden wird, hohe Ansprüche an die Neuartigkeit erfüllen und der Vision der Erschaffung eines (synthetischen) biologischen Systems nahekommen.

Eine solche Zusammenführung innovativer Methoden wurde bisher vermutlich durch die weiterhin bestehenden disziplinären Schranken zwischen den in der Synthetischen Biologie konvergierenden Disziplinen verhindert, was im Zusammenhang mit dem frühen Entwicklungsstadium, in dem sich die neuartigen Teildisziplinen befinden, sowie dem Anspruch auf Robustheit der realisierten Anwendung zu sehen ist. Hier fällt den verbindenden Technologien eine besondere Bedeutung zu, die die objektorientierte Interdisziplinarität der Synthetischen Biologie voranbringen (vgl. Kapitel 3) und einen zusätzlichen Bereich der ihr eigenen, wirklich neuartigen Methoden darstellen: Die Integration von bioinformatischer Modellierung auf den verschiedenen Ebenen (MacDonald et al. 2011), der Aufbau von systematischen Designplattformen für einen geordneten, schnelleren Konstruktionsablauf (Marchisio/Stelling 2009) und technologieübergreifende Innovationsstrategien (Toyoda 2011) könnten eine Integration der oben dargestellten Methoden bewerkstelligen und einen von Grund auf kontrollierten Konstruktionsablauf eines biologischen Systems ermöglichen (Young/Alper 2010).

Abb. 3: Übersicht über die Funktionalitäten auf den Organisationsebenen biologischer Elemente, die in den Bereichen der Synthetischen Biologie erwartbar sind

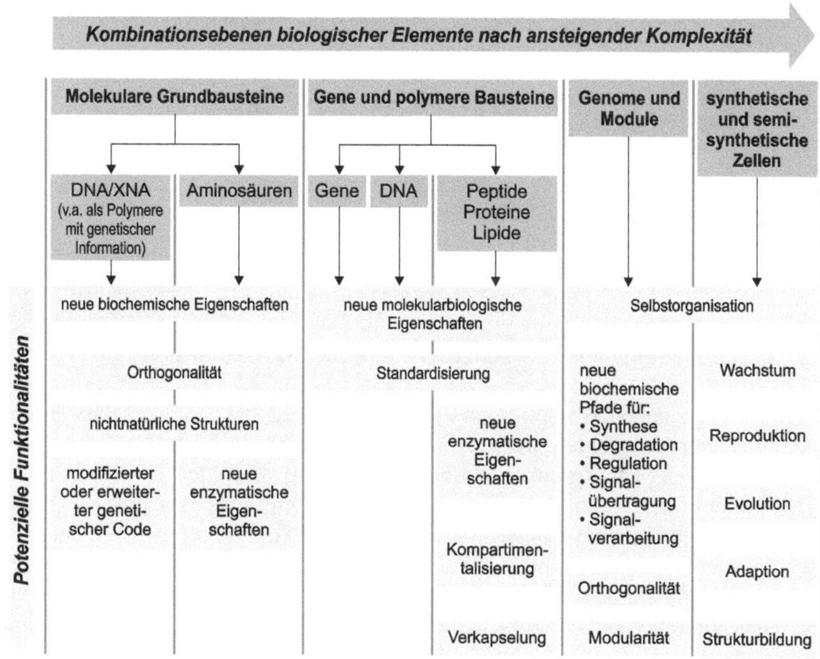

Kombinationsebenen biologischer Elemente nach ansteigender Komplexität
Molekulare Grundbausteine
Gene und polymere Bausteine
Genome und Module
synthetische und semi-synthetische Zellen
DNA/XNA (v.a. als Polymere mit genetischer Information)
Aminosäuren
Gene
DNA
Peptide Proteine Lipide
neue biochemische Eigenschaften
neue molekularbiologische Eigenschaften
Selbstorganisation
Orthogonalität
Standardisierung
neue biochemische Pfade für: • Synthese • Degradation • Regulation • Signal-übertragung • Signal-verarbeitung
Wachstum
nichtnatürliche Strukturen
neue enzymatische Eigen-schaften
Reproduktion
modifizierter oder erweiter-ter geneti-scher Code
neue enzymatische Eigen-schaften
Evolution
Kompartimen-talisierung
Adaption
Orthogonalität
Verkapselung
Modularität
Strukturbildung
Potenzielle Funktionalitäten

Abb. 4: Ansätze und Methoden der Synthetischen Biologie in hierarchischer Einteilung nach Ebenen organischer Komplexität

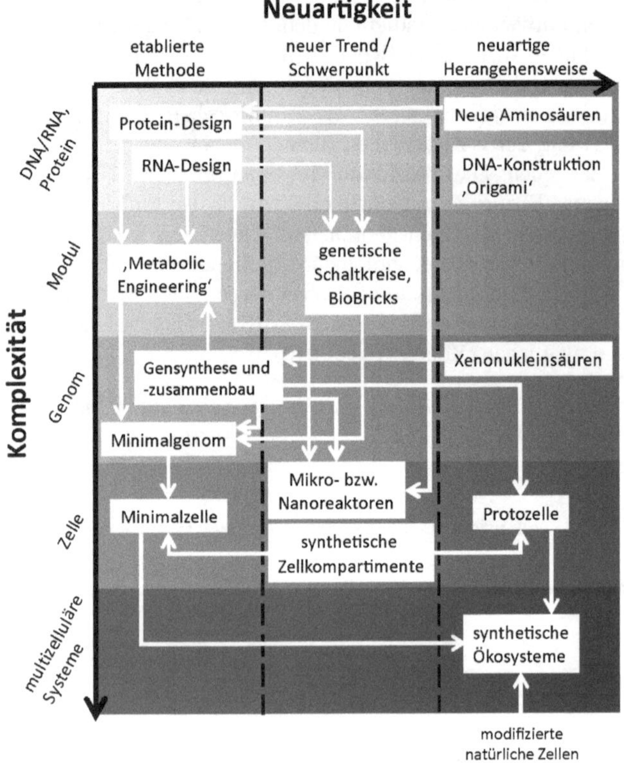

4.7 Vereinfachungen und Ansätze zur Komplexitätsreduktion

Im vorangegangenen Abschnitt sind die Bemühungen der Synthetischen Biologie um Entkopplung und Standardisierung – mithin um die Reduktion von Komplexität – bereits angesprochen worden. Mit diesem Anspruch ist die Synthetische Biologie kein Pionier unter den Wissenschaften, denn Wissenschaft reduziert immer Komplexität – ohne Abstraktionen ist Wissenschaft nicht realisierbar. Es gibt allerdings große Unterschiede hinsichtlich der Grade und auch der Formen der Komplexitätsreduktion. Wegen der zentralen Stellung der Komplexitätsreduktion innerhalb der Ansprüche der Synthetischen Biologie wollen wir im

Folgenden einen Blick auf ihre Formen und die mit ihnen potenziell verbundenen Wirkungen werfen.

Wenn von Reduktionismus die Rede ist, ist damit in der Regel eine Form der Komplexitätsreduktion angesprochen, in der Erklärungen als Zurückführung (Reduktion) auf kausal-deterministische Gesetzmäßigkeiten verstanden werden. Damit besteht eine große Nähe zum mechanistischen Weltbild. Phänomene aus dem Verhalten komplexer Systeme wie Emergenz haben hier keinen Platz. Gerade auch in konstruktiver Absicht besteht eine Nähe zum mechanistischen Weltbild angesichts eines Selbstverständnisses, das in der Gemeinschaft der Synthetischen Biologen immer wieder zu hören ist: In Abgrenzung zur Gentechnik, der ein bloßes Herumprobieren im Überkomplexen unterstellt wird, gelte es nun, die Dinge von Grund auf richtig zu machen (Endy 2005). Aufgrund der Möglichkeit zur Modellbildung (durch Fortschritte in der Systembiologie) sowie der erweiterten Kenntnisse der Molekular- und Zellbiologie verfolgt ein bedeutender Anteil der im Feld der Synthetischen Biologie tätigen Forschergruppen den Anspruch, ingenieurwissenschaftliche Prinzipien im Biologischen zu implementieren (NEST 2005). Der Kern dieser Prinzipien ist ein iterativer Konstruktionsprozess, der die typischen Konstruktionsphasen

(systembiologisches) Modell => Design als experimentell realisierte orthogonale Konstruktion => Prototyp bzw. Abstraktion => Optimierung

durchläuft (vgl. Abb. 5) und auf standardisierten, modularen und möglichst frei kombinierbaren Elementen beruht, die in ihrer Arbeitsweise möglichst unbeeinträchtigt von störenden Interferenzen (also orthogonal) funktionieren (Endy 2005).

Abb. 5: Der iterative Konstruktionsprozess der Synthetischen Biologie

Mit diesem Anspruch grenzen sich viele Forscher der Synthetischen Biologie nicht nur wie erwähnt von der Methodik der Gentechnik als einem bloßen Herumprobieren im Überkomplexen ab, sondern auch von evolutionären Methoden („directed evolution"), weil diese, wie die biologische Evolution als Ganze, einschränkende „Pfadabhängigkeiten" produzierten.

Auch ihrem eigenen Selbstverständnis nach verfolgen weite Bereiche der Synthetischen Biologie einen radikal „reduktionistischen Ansatz" (J. Collins zitiert in Ferber 2004). Strategien der entsprechenden Vereinfachung sind kennzeichnend für viele Ansätze der Synthetischen Biologie (Calvert 2008), werden aber in verschiedenen Teildisziplinen unterschiedlich weitgehend eingesetzt. O'Malley et al. (2008) folgerten daraus, dass einer epistemologischen Analyse der Synthetischen Biologie eine Unterscheidung der Teildisziplinen des heterogenen Feldes vorausgehen sollte.

Auch wenn man die für die Synthetische Biologie als charakteristisch geltenden Ingenieursparadigmen außer Acht lässt, werden die Paradigmen Modularität und Vereinfachung zwangsläufig bereits durch die zugrunde liegenden Disziplinen eingebracht, wie z.B. durch Molekular- und Systembiologie. So gehen diese etwa, angefangen bei den grundlegenden Molekülen (Nukleinsäuren, Aminosäuren etc.) bis zu höheren Hierarchieebenen (Reaktionen, Pfade), in vielen Fällen von prinzipiell isolierbaren, äquivalenten Einheiten aus (Alon 2007a; Agapakis/Silver 2009).

Im Vorgehen der unterschiedlichen Teildisziplinen werden an zahlreichen Stellen Annahmen aus den Ursprungsdisziplinen der Synthetischen Biologie übernommen und den genutzten Erkenntnissen zugrunde gelegt, wobei diese selten explizit dargestellt werden und oft unbewusst bleiben. Dies kann zu praktischen Problemen schon bei der Modellierung und der experimentellen Konstruktion synthetisch-biologischer Systeme führen und erst recht beim späteren technischen bzw. industriellen Einsatz derselben in der weniger komplexitätsreduzierten („schmutzigen“) Realität (Arkin/Fletcher 2006) – ein Phänomen, das auch aus den Ingenieurwissenschaften bekannt ist.

Zu den unter diesen Gesichtspunkten potenziell problematischen Komplexitätsreduktionen gehören vor allem die Vereinfachungen der Systembiologie: Insbesondere die Annahme typischer Netzwerkmotive, die Approximation von hierarchischen Ebenen und nicht zuletzt das Zugrundelegen einfacher Differentialgleichungsmodelle können zu übervereinfachten Netzwerken führen (Alon 2007b). Die darauf aufbauende experimentelle Konstruktion und Nutzung von Modulen, denen Orthogonalität unterstellt wird (biobricks), kann dann zur Verschleierung von nach wie vor bestehenden Kontextabhängigkeiten der gewünschten Funktionen führen:

- *Metabolische Pfade:* Die Darstellung als orthogonaler Baustein klammert das biochemische Verständnis von Fließgleichgewichten, der Reaktionskinetik und der Diffusion von Molekülen aus.
- *Signalpfade*: Vereinfachte Signal-Wirkungsbeziehungen können in Wirklichkeit aus Kaskaden mit mehreren Zwischenschritten bestehen, die mit anderen (Teil-)Pfaden durch molekulare Wechselwirkung verbunden sind.
- *DNA-basierte Schaltkreise*: Regulatorische Moleküle können in einer Vielzahl von anderen Zusammenhängen reagieren (und tun dies in der biologischen Realität zumeist), was Wechselwirkungen mit anderen Pfaden und grundlegenden biochemischen Bedingungen verursachen kann.

Die Einführung von Ingenieurprinzipien in die Biologie war von Beginn an eng mit der Einführung des Begriffes „Synthetische Biologie“ als Bezeichnung des neuen Forschungsfeldes, in dem eine umfassende, planvolle Vorgehensweise angewandt werden sollte, verknüpft. Mit den ingenieurtechnischen Prinzipien ist hier die Vorstellung eines Konstruktionsprozesses verbunden (vgl. Abb. 5), der vom Design über die Konstruktion bis hin zur Herstellung eines Prototyps einer rationalen, geplanten Vorgehensweise mit kalkulierbaren Produkteigenschaften unterliegt. Weitgehende Planbarkeit und Konstruktionsfähigkeit stellt für die Methodik, aber auch für die Produkte einer angewandten Biologie ein Novum dar (Endy 2005). Prinzipiell ermöglichen sie die gezielte Herstellung gewünschter Funktionen und erhöhen die Wahrscheinlichkeit für den Transfer des bei der Konstruktion gewonnenen Wissens auf andere Forschungsprojekte. Die Ergebnisse einer quantitativen Literaturanalyse haben gezeigt, dass der Anteil neuer, rationaler Konstruktionsmethoden in den publizierten Originalartikeln innerhalb des Bereiches der Synthetischen Biologie bereits ca. 50% beträgt (Giese et al. 2013). Die Realität im Forschungs- und Entwicklungsgebiet ist damit aber noch weit vom Anspruch des Feldes einer einheitlich rationalen Vorgehensweise entfernt. Prinzipien rationaler Konstruktion finden sich gegenwärtig eher im theoretischen Anspruch denn in der Praxis wieder. In der überwiegenden Zahl kommt methodisch eine Mischung aus rationaler Konstruktion, evolutionären Prinzipien und ein Vorgehen nach Versuch und Irrtum („tinkering“) zur Anwendung.

Arnold und Meyerowitz verglichen im Jahre 2014 die Fähigkeiten, einen sinnvollen künstlichen genetischen Code zu verfassen, mit der Situation eines Schulanfängers, der gerade gelernt hat, den Stift richtig zu halten (Silver et al. 2014). Ihrer Ansicht zufolge besteht einer der Hauptgründe für den langsamen Entwicklungsfortschritt bei dieser Fähigkeit in den noch längst nicht prognostizierbaren Wirkungen, die selbst kleinste Detailänderungen wie Punktmutationen haben können. Gleichzeitig widersprechen sie auch der innerhalb der Synthetischen Biologie weit verbreiteten Annahme, dass modulare biologische Konstruktionen möglich sind:

> „It is fine to hope that ‚modular' biology is possible, but our ham-fisted attempts at assembling biological components usually show that biology is anything but modular.“ (Ebd., S. 167)

Es ist offen, ob und in welchem Maße sich die Verbreitung rationaler Konstruktion in der Biologie weiter wie bisher fortsetzen wird. Die sich hier möglicherweise andeutende Begrenzung des Einzugs rationaler Konstruktionsprinzipien in die Methodik der Synthetischen Biologie könnte in den besonderen Eigenschaften biologischer Materie begründet sein. Denkbar wäre auch eine Anpassung bzw. eine Transformation der geplanten, aus den klassischen Ingenieurwissenschaften abgeleiteten Standards in eine Form, die besser an die Eigenheiten der biologischen Materie angepasst ist. Denn in einer biologischen Umgebung sind Ingenieurprinzipien schwieriger zu verwirklichen als in einem herkömmlichen technischen Kontext (Kittleson et al. 2012; Perkel 2012). Hinzu kommt noch die evolutionär begründete Instabilität biologischer Systeme (Arkin/Fletcher 2006). Im Ergebnis deutet sich an, dass auch im zukünftigen Methodenspektrum evolutiv basierte Methoden die rationalen Ansätze ergänzen werden.

Beim rationalen Design[40] funktioneller RNA-Moleküle und Proteine erfolgt in der Praxis die Anwendung rationaler Designansätze oftmals noch in Verbindung mit Entwicklungsansätzen, die auf zufälliger Mutation und anschließender Selektion („directed evolution") basieren (Grünberg/Serrano 2010). Diese gesteuerte in-vitro-Evolution von Molekülen kann Interaktionen und Co-Evolution von Molekülen hervorbringen, die zu Pfadabhängigkeiten im Design führen und Orthogonalität verhindern. Wenn – im Unterschied zum verbreiteten Selbstverständnis eines rationalen Designs – evolutionsbasierte Techniken auch auf absehbare Zeit ein wesentlicher Pfeiler des Protein- und RNA-Designs bleiben, wäre für die Aufrechterhaltung des Ziels eines rationalen Designs von biologischen Systemen die verstärkte Fokussierung auf computergestützte rationale Methoden angebracht (MacDonald et al. 2011).

Auch in anderen Bereichen können typische Vereinfachungen der Synthetischen Biologie potenzielle Wechselwirkungen verschleiern: Minimalzellen, die der Aufnahme funktionaler Module dienen, können Proteine und andere Überbleibsel der Ursprungszelle enthalten, die eine Zusammenarbeit mit den eingesetzten Modulen verhindern oder aber gewährleisten, ohne dass dies bemerkt wird. Damit wäre die postulierte Unabhängigkeit zwischen Modul und Chassis tatsächlich nicht gegeben, was insbesondere bei top-down hergestellten Minimalzellen wahrscheinlich ist (Moya et al. 2009).

Die Umsetzung von Modularisierung und Standardisierung stellt die momentan genutzten Methoden der Gesamt-Genomsynthese vor Probleme. Verbindungsstellen, wiederholte regulatorische Sequenzen etc. führen zu Mehraufwand und -kosten bei der Synthese. Dieser Mehraufwand wird in jenen Laborarbeiten gescheut, in denen die praktische Anwendung im Vordergrund steht.

In der konstruierten Zelle können viele weitere Faktoren Rauschen („noise") produzieren und die gewünschten Funktionen beeinflussen. Beispiele potenziell betroffener Bereiche sind epigenetische Interaktionen, mRNA-Sekundärstruktu-

---

40 Eine treffende Definition „rationalen Designs" findet sich bei Cambray et al. (2011, S. 627): „[...] desirable [...] is a rational and transparent design process wherein systems are built from understandable components whose interconnected, composite behavior is predictable". „Rational engineering" im Sinne der Synthetischen Biologie wäre demnach die planbare Synthese unter Verwendung vollständig charakterisierter Teile, die in ihrem Zusammenwirken vorhersehbar sind.

ren, die Verfügbarkeit von Aminosäuren, tRNA-Populationen (Codonnutzung), die Diffusion und Stabilität von Molekülen sowie extrazelluläre Schwankungen im biochemischen Milieu.

Schließlich kann im realisierten biologischen System eine Vielzahl von Prozessen die Langzeitstabilität des Designs verhindern. Ursachen hierfür bestehen in den Interaktionen zwischen verschiedenen Zellen und Zelltypen einer Population, dem Gentransfer zwischen Zellen und nicht zuletzt der fortschreitenden Evolution der realisierten Systeme.

Neben den Bestrebungen um Wechselwirkungsfreiheit in top-down-Ansätzen bezieht sich der Begriff „Orthogonalität" auch auf eine avancierte Form des bottom-up-Ansatzes: Ziel ist die Konstruktion von Strukturen und Funktionen, die der bekannten Natur unähnlich sind und mit ihr nicht wechselwirken. Oftmals wird mit chemischen Substanzen gestartet, aus denen eine Protozelle entwickelt werden soll. Protozellen können als Zellanalogon bezeichnet werden, d.h. sie weisen zellähnliche Funktionen, Mechanismen oder Strukturen auf – wobei der Begriff der Protozelle im Rahmen der Synthetischen Biologie noch nicht hinreichend geklärt ist. Ein Beispiel ist die de-novo-Synthese von biologischen Membran-Vesikeln zur Steuerung durch ein synthetisches Genom; sie geht von niedermolekularen Verbindungen aus (Solé et al. 2007; Noireaux et al. 2011). Dem Ansatz entspricht das in-silico-Design standardisierter Informationsmodule (DNA) mit einer orthogonalen Gesamtfunktionalität (Endy 2005; Arkin 2008) ebenso wie die chemische Synthese neuer, in der natürlichen DNA nicht vorkommender Basen zur Nutzung als Informationseinheiten (Benner 2004), was auf Basis eines nichtnatürlichen molekularen Rückgrates (Xeno-Nukleinsäuren) vertieft werden kann (Herdewijn/Marliere 2009; M. Schmidt, M. 2010). Damit wird im Rahmen des Orthogonalitätsleitbilds auch von der Erzeugung von DNA mit von der Natur differenten Alphabeten gesprochen.

Die Realisierung vollständig orthogonaler standardisierter Einheiten, also der vollständige Ausschluss des (nicht nur evolutionären) „Rauschens" im Sinne der Erzeugung komplexer biologischer Systeme[41] wird von Teilen der Forschergemeinde durchaus skeptisch gesehen bzw. sogar als unrealistisch betrachtet, falls sich unsere Kenntnis biologischer Vorgänge nicht dramatisch verbessert (Silver et al. 2014). Neben der Vielfalt von Interaktionen auf unterschiedlichen Ebenen ist das Rauschen in natürlichen Biosystemen eine wichtige Randbedingung für deren Entwicklung und Stabilität. Mit äußeren Irritationen und Anregungen können diese Systeme resilient umgehen und diese produktiv verwenden. Das Rauschen wird damit in der Biologie durchaus positiv gesehen, während

41 Dies kann im Falle der Synthetischen Biologie zumeist mit lebenden Systemen gleichgesetzt werden.

es aus technisch handelnder und herstellender Perspektive als problematisch betrachtet wird. So schließen Eldar/Elowitz (2010, S. 172) damit zu betonen:

> „Noise is not merely a quirk of biological systems, but a core part of how they function and evolve. [...] [T]he question of how cells and organisms use and control random variation in their own components to grow, develop and evolve goes right to the heart of many fundamental biological problems."

Rauschen und Instabilitäten sind also integrale Eigenschaften natürlicher Biosysteme. Die Synthetische Biologie zielt u.a. auf die Erzeugung und Nutzung von Selbstorganisation, wofür sie Rauschen und Instabilität induzieren muss.

5 Anwendungen und Chancen

Die Frage nach potenziellen Anwendungsbereichen gehört zum Kern der Analyse von Chancen eines neuen Forschungs- und Technologiefeldes. Die Diskussion um Anwendungsbereiche ist verbunden mit allgemeinen Visionen, die umfassende Versprechungen zur Lösung gesellschaftlicher Probleme darstellen,[42] sowie mit konkreten Ansätzen, die sich – deutlich kleinteiliger, aber womöglich grundlegender – zum Ziel gesetzt haben, eine nachhaltige Entwicklungsalternative auf biologischer Basis zu bisherigen, umweltschädlichen und ressourcenintensiven Technologien anzubieten.

Vor allem dem Letzteren wollen wir in den folgenden Kapiteln nachgehen und dabei untersuchen, wie begründet derartige Verweise auf Chancen eines Beitrags zu Nachhaltiger Entwicklung sind. Hierfür werden drei Fallstudien präsentiert:

(1) Zur Energiegewinnung auf der Basis biologischer Strukturen oder Organismen,
(2) zur Entwicklung biologischer und biomimetischer Materialien sowie
(3) zur Grünen Biotechnologie.

Zudem gilt es (4), die Bedeutung der Synthetischen Biologie für die biologische Grundlagenforschung im Rahmen einer weiteren Fallstudie zu untersuchen, weil sie aktuell die relevanteste gesellschaftliche Auswirkung der Synthetischen Biologie darstellt, und dies nach unserer Überzeugung in naher Zukunft auch so bleiben wird.

Die Fallstudie zum Energiesektor ist von Bedeutung, weil einerseits die Energieversorgung häufig als vielversprechendes Anwendungsgebiet der Synthetischen Biologie genannt wird, und andererseits die in dieser Fallstudie vorgestellten Ansätze zellfreier Systeme praktische Beispiele für die später ausführlicher diskutierten risikoarmen Entwicklungspfade darstellen (vgl. Kapitel 7). Die Fallstudie zur Relevanz der Synthetischen Biologie für biologische und biomimetische Materialien erscheint vielversprechend, weil die Synthetische Biologie helfen kann, technische Hürden zu bewältigen, welche die biomimetische Forschung derzeit noch nicht zu überwinden in der Lage ist. Zudem kann dieses Fallbeispiel als Illustration unserer theoretischen Überlegungen zu grundlegenden Veränderungen in den technischen Paradigmen dienen (Stichwort *‚nachmoderne Technik'*, Kapitel 3), in denen der molekularen Selbstorganisation ein be-

42 Ähnliches gilt für andere Technologiefelder wie z.B. die Nanotechnologie. So scheint derzeit kaum ein technologischer Durchbruch ohne den Hinweis auszukommen, dass sich damit ein Beitrag zur Heilung häufiger bzw. altersspezifischer Krankheiten wie Krebs oder Alzheimer eröffnet.

sonders hoher Stellenwert zukommt. Die Grüne Biotechnologie ist ein Anwendungsfeld, dessen Notwendigkeit, ja sogar deren Nutzen bis heute durchaus umstritten ist (Shiva et al. 2011). Zum einen ist die Konstruktion gentechnisch veränderter Pflanzen in der Regel mit der Absicht der Freisetzung verbunden und damit mit einem hohen Expositionspotenzial (durch selbstständige Ausbreitung sowie Auskreuzung) und einem unüberschaubaren Gefährdungspotenzial (z.B. aufgrund von Positionseffekten[43]). Zum zweiten sind die meisten bisherigen Projekte in der Grünen Gentechnik auf Verbesserungen im Anbau (Resistenzen) und im Handel ausgerichtet (Haltbarkeit im Lager). Verbesserungen für die Verbraucher sind nicht in Sicht. Insofern mag es auch nicht verwundern, dass die Verbraucher bei dem vorhandenen Angebot an nicht gentechnisch veränderten Nahrungsmitteln keinen Grund sahen, sich auf die mit dem Verzehr gentechnisch veränderter Nahrungsmittel verbundenen, zusätzlichen Unsicherheiten einzulassen. Zum dritten klafft zwischen den angestrebten Zielen der Grünen Gentechnik und den real erzielten technologischen Erfolgen eine besonders große Lücke. Als Gründe für diese Situation kann auf besondere technische Hürden bei der gentechnischen Veränderung von Pflanzen im Vergleich zu Mikroorganismen hingewiesen werden, vor allem aber auf die Tatsache, dass viele der gewünschten Eigenschaften – wie z.B. die biologische Stickstofffixierung bei Kulturpflanzen – auf einer großen Anzahl verschiedener Gene beruhen, die in ihrem Zusammenspiel offenbar besonders schwierig zu übertragen sind. Die Grüne Gentechnik ist deshalb als Fallstudienthema von Interesse, um zu erkunden, ob und inwieweit die Synthetische Biologie in der Lage ist, diese technologischen Hürden zu überwinden. Wobei zumindest die Überwindung speziell dieser technologischen Hürden eventuell zu Recht als ‚extreme Gentechnik' bezeichnet werden könnte.

Doch bevor diese technischen Anwendungsbereiche zur Sprache kommen, soll ein Blick auf den möglichen Beitrag der Synthetischen Biologie zur biologischen Grundlagenforschung geworfen werden. Es spricht einiges dafür, dass sich in diesem Bereich auf absehbare Zeit die größten Nutzenpotenziale eröffnen. Damit würde die Synthetische Biologie indirekt Lösungen in jenen Anwendungsbereichen begünstigen, welche allgemein von der Aufklärung biologischer Fragestellungen abhängen.

Hauptziel der Fallstudien ist, den Entwicklungsstand und die Entwicklungsperspektiven in den jeweiligen Feldern zu analysieren und zu bewerten. Dabei wird der Frage nachgegangen, welche synthetisch-biologischen Entwicklungen in den einzelnen Anwendungsbereichen bereits verfolgt werden und welche kurz-, mittel- und langfristigen Ansätze bzw. Visionen der Synthetischen Biologie angedacht sind.

---

43 Der Ort an dem ein fremdes Gen in das Genom eines Wirtsorganismus eingebaut wird, hat Folgen für seine Expression, was durchaus zu Überraschungen führen kann.

5.1 Biologische Grundlagenforschung

„What I cannot create, I do not understand"
Richard P. Feynman, 1988[44]

Die Entwicklungen der Synthetischen Biologie werden stark aus der aktuellen molekular- und systembiologischen Forschung sowie der Biochemie gespeist, sie wirken jedoch auch ihrerseits auf die biologische Forschung zurück: Die Synthetische Biologie stellt ein wertvolles Werkzeug für die Grundlagenforschung dar, indem sie theoretische Modelle und experimentelle Designs bereitstellt, anhand derer Hypothesen überprüft und neue Forschungsimpulse gewonnen werden können (Benner/Sismour 2005; Benner et al. 2011).

Die biologische Grundlagenforschung beschäftigt sich mit dem Verständnis von lebenden Organismen. Sie reduziert deren Komplexität, indem sie sie sowohl theoretisch (in Modellen) als auch praktisch (in Experimenten) in biologische Objekte (Moleküle, Pfade, Zellen) zerlegt und diese unter kontrollierten Bedingungen erforscht (Pleiss 2006).

So profitiert die biologische Grundlagenforschung als erste von der neuen Herangehensweise, die in die Biotechnologie die Ingenieurwissenschaft einbringt (Breithaupt 2006). Als Teilbereiche, deren Modelle und Hypothesen mit Hilfe von Methoden getestet werden können, die der Synthetischen Biologie zuzuordnen sind, können genannt werden:

- Strukturaufklärung für die Molekularbiologie und Biochemie,
- Untersuchung molekularer Evolution in der Ökologie,
- Analyse alternativer molekularer Grundlagen des genetischen Codes,
- physiologische und mikrobiologische Forschung an Minimalgenomen und -zellen,
- experimentelle Erforschung der Modularität von Stoffwechsel- und Signalnetzwerken (Ingenieuransatz und Systembiologie) sowie
- biochemische und biophysikalische Forschung an Protozellen und Selbstorganisation von Molekülen.

Die Erkenntnisse der Grundlagenforschung wirken anschließend auf die Möglichkeiten der Synthetischen Biologie zurück und haben außerdem Bedeutung für eine Reihe von anderen Anwendungsfeldern, besonders in der biomedizinischen Forschung.

Die Synthetische Biologie nutzt nicht nur entsprechend ihrem Selbstverständnis das planmäßige Vorgehen, sondern auch das „Herumspielen" und Herumprobieren („tinkering") mit biologischen Systemen zum Erkenntnisgewinn

44 Ein vielfach, auch und gerade im Zusammenhang mit der Synthetischen Biologie zitiertes Diktum (siehe z.B. O'Malley et al. 2008, S. 61).

(Breithaupt 2006). Im Folgenden sollen die einzelnen Forschungsbereiche näher beschrieben werden, in denen die Methoden der Synthetischen Biologie Beiträge zur Grundlagenforschung liefern.

Strukturaufklärung für die Molekularbiologie und Biochemie

Für viele zell- und molekularbiologische Fragestellungen spielt das Verhältnis zwischen den biochemischen Grundeigenschaften und der dreidimensionalen Struktur von Molekülen eine entscheidende Rolle. So bestimmt die Struktur von Proteinen und RNA (Ribonukleinsäuren) die Interaktion mit anderen Molekülen in der Zelle und damit die Funktion, Verschaltung und Regulation von Stoffwechselleistungen und Signalverarbeitung. Daher ist das Verständnis der physikochemischen Gesetzmäßigkeiten der Interaktion, Aggregation und Faltung von Biomolekülen der Schlüssel für das mechanistische Verständnis grundlegender Lebensvorgänge wie Zellwachstum, Genregulation und enzymatische Katalyse. Dieses Verständnis ist für die meisten Teilbereiche noch nicht so weit fortgeschritten, dass etwa die Funktion eines Gens aus seiner Nukleotidsequenz oder die Struktur und Funktion eines Proteins vollständig aus seiner Aminosäuresequenz vorhergesagt werden könnten.

Der Nachbau und die Abwandlung natürlicher biologischer Moleküle aus ihren Grundeinheiten wird als Teil der Synthetischen Biologie aufgefasst und kann zum Brückenschlag zwischen Struktur und Funktion beitragen (Pleiss 2006; Benner et al. 2011). Dies kann in-vitro durch chemische Synthese oder in-vivo durch Expression in lebenden Zellsystemen erfolgen. Einzelne Bereiche der Moleküle können gezielt variiert und die Auswirkungen auf die Gesamtstruktur und -funktion untersucht werden. Auf diesem Weg können mit Hilfe vereinfachter Modelle nicht nur das Verständnis von zellmechanischen Prozessen, sondern auch die Bildung von Membranen und Vesikeln sowie die Prinzipien der Bildung von biologischen Mustern erforscht werden (Schwille/Diez 2009). Das computergestützte rationale Design von Proteinen und RNA- sowie DNA-Molekülen bringt wiederum das Verständnis der Faltungs- und Bindungsprinzipien dieser komplexen Biomoleküle voran, indem die dreidimensionale Struktur, elektrostatische Bindungen und weitere nanomolekulare Eigenschaften experimentell überprüft werden können (Kortemme/Baker 2004). Die chemische Synthese neuer, in der natürlichen DNA nicht vorkommender Basen sowie Versuche mit alternativen molekularen Rückgraten (vgl. Kapitel 4 und 7) gewähren Einblicke in sehr grundlegende chemische Eigenschaften der Replikation biologischer Systeme (Benner 2004; Herdewijn/Marliere 2009).

Untersuchung molekularer Evolution in der Ökologie

Die oben beschriebenen neuen Erkenntnismöglichkeiten, die die Synthetische Biologie der Strukturerforschung biologischer Moleküle bereitstellt, lassen sich auch zur Einordnung der Molekülfunktion in einen ökologischen und strukturevolutiven Zusammenhang nutzen. Damit kann die Synthetische Biologie neue Erkenntnisse für funktionelle Ökologie und Evolutionsbiologie liefern (Morange 2009).

Nach diesem Ansatz könnte sich unter kontrollierten Laborbedingungen die Effizienz verschiedener Versionen von Genen oder Proteinen in einem mikrobiellen Modellsystem miteinander vergleichen lassen, indem eine Stoffumsetzungsaktivität oder das Zellwachstum als Kriterium angelegt werden. Die Abhängigkeit dieser Daten von den Umgebungsparametern böte dann Einblicke in die Anpassung unterschiedlicher Genvarianten an die Umwelt. Dabei könnten Zwischenschritte in der Evolution von funktionellen Molekülen künstlich reproduziert und einer experimentell kontrollierten Evolution unterworfen werden. Welche Varianten sich dabei über mehrere Generationen als erfolgreich erweisen und wie das Molekül von Interesse sich unter dem künstlichen Selektionsdruck weiterentwickelt, würde Rückschlüsse auf bestimmende Faktoren molekularer Entwicklungsmechanismen erlauben und könnte zur Erklärung ökologischer Zusammenhänge im Zuge der Entwicklung von Spezies beitragen. Trotz des hohen Potenzials dieser Strategie sind bisher keine Beispiele für diese Art biologischer Grundlagenforschung bekannt, was vermutlich durch den frühen Entwicklungsstand der Synthetischen Biologie bedingt ist, deren Ansätze noch nicht den Abstand zum disziplinär relativ weit entfernten Feld der Ökologie übersprungen haben.

Analyse alternativer molekularer Grundlagen des genetischen Codes

Versuche zur Modifikation des genetischen Erbmaterials DNA stellen einen Sonderfall der zuvor beschriebenen Analyse funktioneller Moleküle dar und befinden sich in einem vergleichsweise fortgeschrittenen Stadium der Entwicklung. Sie haben außerdem zwei direkte Anwendungsbereiche: die Erweiterung des genetischen Codes und die Herstellung orthogonaler biologischer Systeme (Xenobiotik; Benner 2004; Herdewijn/Marliere 2009; vgl. Kap. 4.1, 4.2 und 7).

Versuche mit artifiziellen genetischen Systemen sind bereits von verschiedenen Arbeitsgruppen erfolgreich durchgeführt worden. Gegenstand der Untersuchungen ist dabei vor allem das Rückgrat der DNA-Doppelhelixstruktur, das aus einer Reihe sich abwechselnder Zucker (Ribose) und Phosphatgruppen besteht. Entgegen ursprünglicher Hypothesen, das Zucker-Phosphat-Rückgrat der DNA sei evolutionär weitgehend zufällig entstanden und prinzipiell beliebig austauschbar, hat sich gezeigt, dass wesentliche Funktionen der DNA von einer sehr spezifischen Eigenschaftskombination dieser chemischen Gruppen abhängig ist: Die Ribose als ringförmiges Zuckermolekül ist von hoher Steifigkeit und ermöglicht die notwendige stabile Formation der Doppelhelix. Zudem verhindert die wiederholte Ladung der Phosphate eine Selbstfaltung des Strangs und maskiert die Ladungen der Nukleotide, was die von der Sequenz weitgehend unabhängige Replikation und die Austauschbarkeit der Nukleotide ermöglicht. Damit wird der DNA erst die Funktion eines Informationsträgers verschafft (Benner et al. 2011). Dass diese Eigenschaften essenziell für die Funktion von DNA und wohl für jedes mögliche Molekül mit genetischer Information in hypothetischen anderen Lebenssystemen ist, konnte durch die Synthese und den Austausch der funktionellen Gruppen, also mit Methoden der Synthetischen Biologie in einem chemischen Verständnis des Begriffs, gezeigt werden (Benner 2004).

Verschiedene Manipulationen der molekularen Struktur der Erbinformation waren bereits erfolgreich. So konnten durch das Einbringen zusätzlicher Basen in den genetischen Code die übrigen Möglichkeiten der Wasserstoffbrückenpaarung genutzt und eine Erweiterung des genetischen Codes erreicht werden (Hoshika et al. 2010; Benner et al. 2011; Chen, F. et al. 2011). Entsprechend manipulierte mikrobielle Systeme bauen etwa die synthetische Base Chloruracil als zusätzlichen Bausteine in ihre Erbinformation ein (Marliere et al. 2011). Werden die passenden funktionellen Moleküle zum Ablesen dieser zusätzlichen Basen (tRNA, Aminoacyl-tRNA-Synthetasen) zur Verfügung gestellt, ist damit die Biosynthese neuer Aminosäuren möglich. Mit einer künstlichen Erweiterung dieses Codes ließe sich also der Informationsgehalt des Genoms erhöhen und die Funktionalität von Proteinen durch neue Aminosäuren erweitern. In anderen Experimenten konnte das aus Ribosemolekülen bestehende molekulare Rückgrat der DNA durch verschiedene synthetische Moleküle ersetzt werden (HNAs, CeNAs, LNAs, ANAs, FANAs, TNAs; Pinheiro et al. 2012). Vor dem Hintergrund dieser erfolgreichen Experimente erscheint die Konservierung der natürlichen Erbinformationsmoleküle als eine willkürliche Einschränkung der Evolution. Dieser Forschungsbereich liefert damit Einblicke in grundlegende chemische Eigenschaften der Replikation biologischer Systeme.

Physiologische und mikrobiologische Forschung an Minimalgenomen und -zellen

Mit dem Konzept des Minimalgenoms ist ein Satz von essenziellen Genen gemeint, die für lebende Organismen unabdingbar sind. Dieses Forschungsfeld vereint zwei unterschiedliche Ansätze: Einerseits die schrittweise Reduktion bekannter Genome von einfachen Organismen um nicht unbedingt benötigte Gene und Genomabschnitte (top-down-Ansatz), andererseits die Neusynthese von bioinformatisch als essenziell vermuteten Genen als bottom-up-Strategie (Moya et al. 2009).

Viele Ansätze basieren zunächst auf komparativer Genomik, d.h. die Genomsequenzen unterschiedlicher Organismen werden in-silico miteinander verglichen und auf gemeinsame Abschnitte überprüft. Diese stellen zunächst einen kleinsten gemeinsamen Nenner dar, so dass die identifizierten Gene anschließend in experimentellen Studien überprüft werden müssen. Andere Ansätze gehen von der genetischen Ausstattung natürlicherweise reduzierter Organismen wie endosymbiontisch oder parasitär lebenden Mikrorganismen aus (Juhas et al. 2011). Zur Herstellung der biotechnologisch nutzbaren Zelle wird anschließend das gewonnene Wissen über die genetische Minimalausstattung genutzt. Dafür werden entweder im top-down-Verfahren mittels Mutagenese oder Inhibition testweise weitere Genabschnitte inaktiviert und die Viabilität des Organismus überprüft, oder im bottom-up-Verfahren die identifizierten Gene synthetisiert.

Auf diese Weise konnten bekannte Genome einfacher Labororganismen, wie z.B. *Escherichia coli*, um ungefähr dreißig Prozent reduziert werden, was üblicherweise mit einem schnelleren Zell- und Koloniewachstum einhergeht, verursacht durch die Energieersparnis aufgrund des Ausschaltens im Anwendungskontext unnötiger Metabolismusfunktionen. Das Ziel dieses Vorgehens ist neben der Effizienzsteigerung eine Reduzierung der möglichen ungewünschten Interaktionen mit anderen Organismen und der Umwelt (Fehér et al. 2007).

Die Zahlen der essenziellen Gene bewegen sich im Bereich von einigen Hundert für einfache Bakterien, Hefen oder Algen. Entscheidend sind hierfür jedoch wesentlich die herrschenden Umweltbedingungen (z.B. Labor vs. Freiland). Außerdem ist die Genausstattung wesentlich abhängig vom Zelltyp. Die Frage, welche Gene universell wichtig sind und welche nur für verschiedene Zelltypen wichtig sind, bleibt schwer zu beantworten.

Die Grundlagenforschung erhofft sich hier Erkenntnisse über die minimal nötige Ausstattung von Leben, die oft auch als eine evolutionär grundlegende angenommen wird. Dies soll zu einem besseren Verständnis universeller physiologischer Prinzipien führen. Zudem wird diese Forschungsrichtung von zwei Anwendungsgebieten angetrieben: Einerseits stellen universelle bakterielle Gene potenzielle Ziele für die Entwicklung von Breitbandantibiotika dar, andererseits könnte eine derart vereinfachte Zelle als Chassis für Anwendungen der Synthetischen Biologie fungieren, weil in ihr die möglichen Interaktionen mit eingesetzten Modulen und damit das Evolutionspotenzial minimiert sind (Juhas et al. 2011).

Experimentelle Erforschung der Modularität von Stoffwechsel- und Signalnetzwerken (Ingenieuransatz und Systembiologie)

Durch die modernen „next-generation“-Sequenzierungsmethoden der Genetik stehen heute eine Unmenge von Sequenzinformationen zur Verfügung; begrenzend für das Verständnis von Zellfunktionen ist daher inzwischen eher die Erforschung der Zusammenhänge von Genen und Proteinen untereinander. Molekulare Netzwerke können aus dieser Sicht heraus durch Konstruktion und Analyse von Submodulen erforscht werden (Hasty et al. 2002). Hierbei werden viele Analogien aus der Elektro-/Informationstechnik genutzt, u.a. Schalter, logische Verknüpfungen und Regelkreise (Andrianantoandro et al. 2006). Dieser Ansatz wird in pragmatischer Sicht von der ingenieurtechnischen Herangehensweise vertreten, die insbesondere durch den populären biobricks-Ansatz repräsentiert wird. Hier werden die Prinzipien Standardisierung, Entkopplung und Abstraktion als Grundvoraussetzung für einen konstruierenden Umgang mit biologischen Systemen betrachtet (Endy 2005). Theoretisch fundierter, aber mit geringerem praktischen Anspruch wird die Erforschung von Modularität durch die Systembiologie betrieben, die zur Beschreibung von biologischen Systemen eine Reihe von reduktionistischen Beschreibungen nutzt, wie z.B. Netzwerkmotive (Alon 2007a).

Die Vereinfachungen dieser beiden verwandten Forschungsrichtungen lassen sich mit Hilfe der Synthetischen Biologie praktisch überprüfen, indem die Module bzw. Netzwerkteile in-vivo konstruiert werden, also mehrere Gene und die zur Funktion notwendigen regulatorischen Sequenzen in einem künstlichen Genmodul zusammengefügt und in eine lebende Zelle eingeführt werden. Hierzu werden einerseits Gensequenzierung, -synthese und andere gentechnische Methoden genutzt und andererseits mathematische Modelle und quantitative Analysen angewandt. Dabei geht man von einem in-silico-Modell aus, das auf der DNA-Sequenz und der funktionellen Struktur beruht. Durch chemische Gensynthese wird anschließend der gewünschte Abschnitt synthetisiert und mit Hilfe gentechnischer Transformation in einen Wirtsorganismus (Chassis) eingebaut. Die Funktion wird abschließend getestet und je nach Bedarf noch durch Screening und Selektionsrunden optimiert. Idealerweise ist das abstrahierte Modul ausreichend für die gewünschte Funktion und Wechselwirkungen mit anderen Stoffwechselfunktionen sind vernachlässigbar.

Die forschungspraktische Bedeutung der Modularisierung für die Synthetische Biologie besteht also darin, dass sie – besonders von der ingenieurtechnischen Herangehensweise – als Vorstufe zur Standardisierung von biologischen Bauteilen gesehen wird. Viele metabolische Funktionen zur Nutzung oder Umwandlung von Stoffen, die hohes biotechnologisches Potenzial besitzen, sind in den Genomen von Mikroorganismen natürlicherweise in Bereichen (Gencluster) organisiert, in denen die notwendigen Gene und regulatorischen Sequenzen dicht beieinander liegen. Bei Abbauwegen von organischen Substanzen und Biosynthesewegen komplexer Stoffe, bei Systemen zur Energiegewinnung und Signalverarbeitung sowie bei Organellen und anderen komplexen Zellstrukturen finden sich viele Beispiele für biotechnologisch interessante Funktionen, die möglicherweise mit geringer Abänderung in anderen Mikroorganismen verwendet werden können (Fischbach/Voigt 2010). Der Nutzen für die Grundlagenforschung besteht darin, neues Wissen über die Funktionsweise von Stoffwechsel- und Signalnetzwerken in Zellen zu generieren (Hasty et al. 2002; Agapakis/Silver 2009). Durch Definition der Schnittstellen, des Input-/Output-Verhaltens und der Toleranzen von Bausteinen soll die standardisierte Konstruierbarkeit biologischer Systeme ermöglicht werden (Arkin 2008). Dadurch werden grundsätzliche Aussagen über biologische Systeme experimentell überprüfbar, wie z.B. Aussagen über Komplexität, Hierarchie, Robustheit und über den Einfluss von Rauschen und Evolution. Beispielsweise scheint Rauschen, d.h. die Überlagerung eines Signals mit zufälligen Fluktuationen, in vielen biologischen Prozessen inhärent und essenziell zu sein, z.B. bei der Translation und Transkription. Wie notwendig das Rauschen für die Differenzierung von Zellen und Organismen und damit für die Funktion von Organismen bzw. Ökosystemen ist, kann also mit den Mitteln der Synthetischen Biologie erforscht werden. Dies würde das grundlegende Verständnis biologischer Systeme wesentlich voranbringen (Eldar/Elowitz 2010).

Im Zentrum steht bei diesem Ansatz also die Frage, wie praxistauglich die Vereinfachungen der Systembiologie sind. Inwieweit die Komplexität der natürlichen Schaltkreise notwendig für ihre Funktion ist und bis zu welchem Grad Entkopplung tatsächlich möglich ist, wird eine wesentliche Rolle bei der Umsetzung der Vision von einer ingenieurtechnischen Handhabung biologischer Systeme spielen.

Biochemische und biophysikalische Forschung an Protozellen sowie Selbstorganisation von Molekülen

In diesem letzten Teilbereich der Synthetischen Biologie werden der Aufbau und die Entstehung biologischer Zellen und die dazu notwendigen physikochemischen Bedingungen erforscht. Die Lipid-Doppelmembranen, die natürlichen Zellen als Hülle dienen, werden dazu in vereinfachter Zusammensetzung in-vitro synthetisiert. Anschließend werden Erbinformationen in Form eines Minimalgenoms (vgl. Kapitel 4.4 und 4.5) und die molekularen Apparate für grundlegende metabolische Funktionen und zelluläre Selbsterhaltung (Replikation, Transkription, Translation) eingefügt (Forster/Church 2006; Rasmussen et al. 2008).

Die Synthese der Zellhülle erfolgt durch Selbstorganisation der Lipidmoleküle zu einem Film, der anschließend in die Form eines sphärischen Vesikels gebracht wird. Dies kann entweder in Öl-/Wassermischungen durch Reverse Emulsion geschehen oder durch Microfluidics-Methoden, bei denen durch Injektion der Wasserphase aus einer Düse durch eine doppelte Lipidmembran ein Vesikel geformt wird (Richmond et al. 2011). Durch Integration von Nukleinsäuren und Proteinen in die Wasserphase oder durch anschließende Injektion können diese künstlichen Zellhüllen mit funktionalen Molekülen gefüllt werden (Rasmussen et al. 2008). Dadurch können prinzipiell replikationsfähige künstliche Zellen hergestellt werden, deren Inhalt, Lipidzusammensetzung und Ausstattung mit Membranproteinen genau gesteuert werden kann. Diese Konstrukte können zur Synthese von Proteinen eingesetzt und eventuell durch ein synthetisches Genom gesteuert werden (Solé et al. 2007; Noireaux et al. 2011). Alternativ könnten zusätzliche Kompartimente in Anlehnung an zelluläre Organellen für eine spezifische Aufgabe in die Zellen eingeschleust werden (Roodbeen/van Hest 2009).

Dieser Forschungszweig spielt eine besondere Rolle im Zusammenhang mit der zentralen Vision der Synthetischen Biologie: der Herstellung einer synthetischen, sich selbst replizierenden Zelle. Diese könnte durch das Zusammenfügen einer synthetisierten Protozellhülle und eines (synthetischen) minimalen Genoms vollzogen werden. Das Einfügen von Enzymen und Nukleinsäuren in Lipidvesikel und die Ausführung einfacher Reaktionen ist bereits möglich, die enzymatische Aktivität ist für mehrere Tage stabil (Stano/Luisi 2010; Richmond et al. 2011).

Neben dem Ziel der Herstellung einer kompletten Zelle werden aber auch allgemeine Einblicke in grundlegende Prinzipien der Selbstorganisation von Molekülen gewonnen. Darüber hinaus werden weitere zellfunktionale Aspekte untersucht, in denen nicht nur Membranlipide eine Rolle spielen: Beispielsweise werden Phänomene der zellulären Mechanik und die Rolle von Motorproteinen darin oder die Entstehung von Mustern aus simplen Molekülen erforscht (Schwille/Diez 2009). So wurde die gezielte computermodellierte Konstruktion von potenziell replikationsfähigen Proteinhüllen unter Nutzung von Prinzipien der molekularen Selbstorganisation vor kurzem erfolgreich praktiziert (King et al. 2012).

Die Herstellung von Proto- und Minimalzellen kann damit Erkenntnisse über Prozesse der Selbstorganisation, die Entstehung biologischer Zellen, die dazu notwendigen Bedingungen und ihre essenzielle Ausstattung liefern. Auf diese Weise könnte eine Rekonstruktion der ersten Entstehung biologischer Zellen gelingen und damit die Frage beantwortet werden, wie das Leben auf unserem Planeten entstanden ist. Dies dient neben der evolutionsbiologischen Erforschung der Entstehung des Lebens auch der Klärung grundlegender Prinzipien und der Frage, was Leben an sich ausmacht (Szostak et al. 2001). Die dafür notwendigen Bedingungen lassen damit gleichzeitig Rückschlüsse auf die Möglichkeit der Existenz von Lebewesen auf anderen Planeten zu (Astrobiologie). Im Zusammenhang mit den dafür notwendigen Kriterien für „Leben" entstehen aber auch ethische Implikationen: Wo ziehen wir die Grenze zwischen unbelebter, selbstorganisierter Materie und lebenden Systemen (Ruiz-Mirazo et al. 2010)?

Beiträge zur Grundlagenforschung

Eine kennzeichnende Eigenschaft für den Beitrag der Synthetischen Biologie zur Grundlagenforschung ist die Möglichkeit des erweiterten Erkenntnisgewinns mit den Mitteln der Synthese. Synthese kann mehr Wissen liefern als Analyse, da sie kausale Erklärungen liefern kann und damit über statistische Korrelationen hinausgeht (Benner et al. 2011). Das bedeutet, dass die erfolgreiche Synthese unter kontrollierten Bedingungen zeigen kann, dass die zugrunde gelegten Bedingungen nicht nur notwendig, sondern auch hinreichend für die Erklärung eines Phänomens sind. Der Umfang der Erklärung wird dabei durch den Umfang der Kontrolle über die Bedingungen beschränkt.

Die Synthetische Biologie kann somit die Annahmen des zugrunde liegenden Erklärungsmodells eines biologischen Phänomens in Konstruktionsprinzipien überführen und praktisch überprüfen. Bei Misserfolg zwingt der synthetische Ansatz zum Überdenken von Annahmen und kann Hinweise auf Fehler im Modell liefern. Während Beobachtungen, die nicht in das Erklärungsmodell passen, in der Wissenschaftspraxis oft genug ignoriert werden, führen sie im Fall der Synthese zum nicht wegdiskutierbaren Scheitern des Versuchsaufbaus (Benner et al. 2011).

Weiterhin spielt der von der Synthetischen Biologie angestrebte Übergang vom zufälligem Probieren (Mutation, in-vitro-Evolution) zum rationalen Design eine besondere Rolle für die Grundlagenforschung, da ein höherer Grad an Rationalität die Chancen für den Gewinn von Erkenntnissen erhöht. Rationale Konstruktionsprinzipien schaffen in deutlich höherem Maße die Möglichkeit, aus Erfolg oder Misserfolg des praktischen Tests neue Erkenntnisse zu ziehen, da sie einen höheren Grad von Kontrolle über die zugrunde liegenden Bedingungen beinhalten. Die auf molekularer Ebene zugrunde liegenden Erklärungsmodelle können dann gegebenenfalls modifiziert und auf vergleichbare Experimente transferiert werden. Dies ermöglicht die schrittweise experimentelle Modifikation natürlicher Molekülstrukturen unter Nutzung von Computermodellierung und damit eine Strategie zum Verständnis der hohen Komplexität natürlicher Moleküle, die mit traditionellen biotechnologischen Methoden nicht möglich ist.

Analog zur Synthetischen Chemie, die zu einem wichtigen Werkzeug der Aufschlüsselung von Strukturen und Eigenschaften organischer Moleküle geworden ist, könnte sich die Synthetische Biologie damit zu einer bedeutenden Methode zum Verständnis biologischer Prozesse entwickeln. Sie kann auf diesem Weg fruchtbare Erkenntnisse über grundlegende biologische Mechanismen hervorbringen. Diese wiederum könnten Beiträge zur Krebs- und Alterungsforschung, zur Pharmazie- und Antibiotikaforschung oder auch zur Erforschung der Entstehung des Lebens liefern.

Derartige Erwartungen knüpfen oft an dem von Synthetischen Biologen häufig zitierten (z.B. in O'Malley et al. 2008, S. 61) Satz des Physikers Richard P. Feynman an: *„What I cannot create, I do not understand"*. Auch wenn man diesem Satz eine gewisse Berechtigung konstatiert (obwohl der wichtige erkenntnistheoretische Unterschied zwischen Verstehen und Erklären damit unzulässig eingeebnet wird), ist es wichtig darauf hinzuweisen, dass der Umkehrschluss, dass wir das, was wir konstruieren können auch verstanden haben, völlig unzulässig ist. Als ein Beispiel für die These, dass wir in Wirklichkeit längst komplexe Systeme herstellen können, die wir noch nicht oder nicht mehr verstehen, kann schon die Dampfmaschine angeführt werden (A. Nordmann, persönliche Kommunikation[45]): Die Umsetzung von Wärmenergie in Arbeit konnte technisch erfolgreich genutzt werden, lange bevor die Grundgesetze der Thermodynamik entdeckt waren. Ebenso lassen sich möglicherweise viele Ansätze der Synthetischen Biologie eher als semi-rationales-Tinkering (Herumspielen) auffassen (Benner et al. 2011; Giese et al. 2013), welches methodisch weitgehend akzeptiert noch einen relevanten Anteil an Unwissen enthält.

Die Existenz der Dampfmaschine dürfte aber vermutlich das Streben nach dem Verständnis ihrer zugrunde liegenden Prinzipien befördert haben, so dass sich das beschriebene Paradigma möglicherweise auf die realistischere Aussage abschwächen lässt: Was ich konstruieren kann, hilft mir beim Verstehen und Erklären.

Zusammenfassend kann konstatiert werden, dass die Synthetische Biologie in den Bereichen Molekularbiologie und funktionelle Ökologie ein hilfreiches Werkzeug darstellen kann, das diese Disziplinen um die Möglichkeit der Hypothesenüberprüfung durch Synthese erweitert und in diesen Bereichen vermutlich in Zukunft an Bedeutung gewinnen wird. Dasselbe gilt prinzipiell für die Bereiche der alternativen genetischen Codes und Minimalgenome, wobei es sich hier jedoch nicht unbedingt um genuine Ansätze der Synthetischen Biologie handelt, da in beiden Fällen die angewandten Methoden sehr nah an den klassischen Methoden der Biochemie bzw. Gentechnik liegen. Mit dieser Tatsache hängt es vermutlich zusammen, dass sich diese beiden Bereiche in einem vergleichsweise fortgeschrittenen Stadium der Realisierung befinden.

Die Forschungsbereiche der Modularisierung und der Protozellen stechen heraus, da ihre Entwicklung in hohem Maße auf die Synthetische Biologie zu-

45 Im Rahmen des Projektes zur Innovations- und Technikanalyse der Synthetischen Biologie fanden Gespräche mit dem Technikwissenschaftsphilosophen Alfred Nordmann statt, in denen unter anderem das erwähnte Zitat Richard P. Feynmans besprochen wurde.

rückwirken kann. Diese beiden Bereiche repräsentieren zugleich die beiden am stärksten von verwandten Fachgebieten abgrenzbaren Richtungen der Synthetischen Biologie: auf der einen Seite die stark von Ingenieurprinzipien beeinflusste Herangehensweise an Biotechnologie mit ihrem Fokus auf Standardisierung, wie sie etwa vom biobricks-Ansatz vertreten wird, auf der anderen Seite die Vision der bottom-up-Herstellung von Leben aus kleinsten molekularen Einheiten.

Das Zusammenfügen dieser beiden Ansätze würde die Umsetzung der zentralen Vision der Synthetischen Biologie – die Konstruktion eines biologischen Systems – ermöglichen: Durch Einfügen von (möglichst) orthogonalen funktionellen Bausteinen in ein (möglichst) universelles Chassis ließe sich eine künstliche Zelle konstruieren, deren Stoffwechsel für jeweilige vorher festgelegte Aufgaben maßgeschneidert ist.

Sicherheitsaspekte in der biologischen Forschung

Da aktuell große Teilbereiche der gentechnischen und biotechnologischen Forschung mit risikobehafteten Versuchen und Organismen in Sicherheitslabors durchgeführt werden müssen, stellt sich die Frage, ob auch zur biologischen Sicherheit ein Beitrag der Synthetischen Biologie möglich ist. Eine mögliche Sicherheitsstrategie wird im Zusammenhang mit den Arbeiten zu alternativen DNA-Molekülen (Xeno-Nukleinsäuren, XNA) und alternativen genetischen Codes diskutiert. Die Herstellung orthogonaler genetischer Systeme stellt einen potenziellen Sicherheitsmechanismus dar, da deren Replikation von der Verfügbarkeit der nichtnatürlichen Nukleotide abhängig ist – dieses Konzept wird als Xenobiologie bezeichnet (M. Schmidt 2010). Die nötigen Nukleotide müssen hier zur Erhaltung des Organismus extern hinzugeführt werden. Da unterschiedliche Replikations- und Transkriptionssysteme verwendet werden, wäre eine Evolution der XNA-Lebensformen weiterhin gegeben, aber eine genetische Vermischung mit natürlichen Organismen unmöglich. Organismen auf dieser Basis behielten jedoch die typischen Eigenschaften lebender Zellen und würden weiterhin ökologisch mit natürlichen Organismen um Ressourcen konkurrieren (M. Schmidt 2010).

Auf der Proteinebene könnte eine weitere Isolationsbarriere durch die Nutzung zusätzlicher (nichtkanonischer) Aminosäuren oder die Verwendung spiegelbildlicher Formen der natürlichen, in Proteinen vorkommenden Aminosäuren (D-Enantiomere anstelle der in Proteinen vorkommenden L-Formen) entstehen.

Obwohl diese Ansätze[46] interessante Sicherheitsoptionen darstellen, ist ihre Entwicklung noch nicht weit fortgeschritten. Ob die Verpflichtung zur Nutzung

46 Auf nichtnatürlichen Molekülen bzw. alternativen genetischen Codes basierende Sicherheitsstrategien werden im Kapitel 7 ausführlich behandelt.

orthogonaler Systeme in der Biotechnologie ein gangbares Sicherheitskonzept darstellt, wird vom Realisierungsaufwand und der Stabilität der molekularen Trennung unter den Bedingungen eines evolutionsfähigen Organismus abhängen. Zum derzeitigen Stand scheint die biologische Forschung jedoch noch zu sehr von der Nutzung natürlicher Organismen abhängig zu sein.

Gesellschaftliche Aspekte

Der Schritt der Synthetischen Biologie von der Manipulation zur Kreation ruft ethische Bedenken auf den Plan, besonders in Bezug auf die Vision von der Herstellung einer lebenden Protozelle (Boldt/Muller 2008). Das Ziel „Lebensherstellung“ ist zwar wissenschaftlich fragwürdig, wird aber trotzdem oft zur Erregung von Aufmerksamkeit von Wissenschaftlern selbst proklamiert (Schummer 2011). Dieses Ziel wird regelmäßig von kirchlichen Institutionen und der Öffentlichkeit kritisiert, einige Kritiker beziehen sich dabei auch auf populäre Mythen wie „Frankenstein“. Diese Einwände attestieren den Forschern Hybris, kritisieren die Überschreitung der Grenze zwischen dem Belebten und dem Unbelebten und befürchten eine ethische Abwertung des bestehenden natürlichen Lebens (Bedau et al. 2009). Da das Ziel der vorliegenden Studie nicht die Behandlung von ethischen Aspekten ist, soll diese Diskussion hier nicht vertieft dargestellt werden. Es muss jedoch angemerkt werden, dass die genannten Argumente zwar als Ausdruck von Ängsten in der nicht fachlich gebildeten Öffentlichkeit aufgefasst werden können. Auf der anderen Seite sind sie als real existierende Bedenken in der Wissenschafts- und Technikbewertung ernst zu nehmen und können auch als Reaktion auf die in den Technologien enthaltene Unsicherheit interpretiert werden. Die ethischen Einwände stehen damit möglicherweise stellvertretend für zum derzeitigen Zeitpunkt noch nicht konkretisierbare Sicherheitsbedenken in Bezug auf die Manipulation extrem komplexer Systeme unter erheblichem Nichtwissen.

Es bleibt abschließend festzustellen, dass der mögliche Erkenntnisgewinn der Herstellung eines Systems, das die Kriterien von Leben erfüllt, in jedem Fall auf naturwissenschaftliche Fragen beschränkt ist. Am Ende dieser Forschung könnte die Frage stehen, ob Leben entsprechend der Definition der NASA wirklich nur „ein chemisches System fähig zur Darwin'schen Evolution“ ist (Joyce 1994). Die Ursache oder der Grund für die Existenz von Leben in einem philosophischen Sinn, auf deren Erforschung manche Argumente abzuzielen scheinen, werden sich jedoch experimentell voraussichtlich nicht feststellen lassen (Bedau et al. 2009). Illustriert werden kann dies durch ein weiteres Zitat Richard P. Feynmans: (2006 [1985], S. 10) „[...] while I am describing to you *how* Nature works, you won't understand *why* Nature works that way. But you see, nobody understands that.“

Optionen für eine zukünftige Entwicklung

Die Ergebnisse der vorgestellten Fallstudie beziehen sich nicht auf ein Anwendungsfeld im üblichen Sinn, das technologische Anwendungen generiert und damit verbundene gesellschaftliche Auswirkungen hervorruft. Sie beziehen sich auf ein Forschungsfeld, das die Gewinnung von Erkenntnissen zum Ziel hat. Diese können jedoch indirekt zu Anwendungen führen und vor allem auf die Entwicklung der Synthetischen Biologie rückwirken. Daher sollen sich die abschließend skizzierten Handlungsempfehlungen auf die Nutzbarkeit der erhaltenen Erkenntnisse für die Entwicklung der Synthetischen Biologie selbst beziehen.

Zwei Bereiche erscheinen für die Weiterentwicklung der Synthetischen Biologie langfristig von hoher Wichtigkeit:

1. die experimentelle Erforschung der Modularität biologischer Zellen und Metabolismen und
2. die Forschung an Prinzipien der Selbstorganisation von biologischen Molekülen.

Zum ersten Teilbereich ist anzumerken, dass der Bereich des Metabolic Engineering in Deutschland traditionell recht stark vertreten ist. Hier könnte eine vertiefte Erforschung der Möglichkeiten der Modularisierung von Stoffwechselpfaden neue Optionen für robuste biochemische und biotechnologische Produktionswege bieten. Die erforderlichen wissenschaftlichen Grundlagen bietet die Systembiologie. Die verstärkte Einbindung von bioinformatischer Modellierung und eine gezielte Förderung von auf Modularisierung abzielenden Ansätzen könnten diesen Forschungsbereich entscheidend voranbringen.

Ein verbessertes Verständnis von Prinzipien der Selbstorganisation würde zudem die Aussichten für die Nutzung stabiler Chassis für Anwendungen der Synthetischen Biologie voranbringen. Dazu kann einerseits die Protozellforschung beitragen, andererseits bieten aber auch Proteine, Nukleinsäuren und andere Biomoleküle die Möglichkeit der Konstruktion von biokompatiblen Reaktionsträgern oder -behältern (Mikroreaktoren). Diese können als chemisch inerte, kristalline Strukturen konstruiert werden und böten vermutlich eine höhere Erfolgschance, als Chassis für komplexe Reaktionen zu dienen. Die Vor- und Nachteile der Organisation von Reaktionswegen außerhalb lebender Zellen durch kleinräumigen Einschluss bzw. Immobilisation an Oberflächen werden im Rahmen möglicher gefährdungsarmer Entwicklungspfade für die Synthetische Biologie in den Kapiteln 7.2 und 7.3 als funktionelle Reduktionen bzw. als in-vitro-Systeme noch ausführlich diskutiert.

Während die beiden genannten Bereiche eher mittelfristig Bedeutung erlangen dürften, könnte ein dritter Bereich einen kurzfristigeren Fortschritt ermöglichen: Die Forschung an der top-down-Konstruktion von Minimalgenomen könnte durch die Konstruktion effizienter Wirtsorganismen kurz- und mittelfristig einen Schub für die Realisierung von Innovationen des Metabolic Engineering bringen und außerdem die Sicherheit von Laburorganismen verbessern. Die eingesetzten Methoden sind dabei jedoch eher der klassischen Mikrobiologie und Biotechnologie zuzuordnen.

5.2 Energiegewinnung

Wann immer von den Anwendungen der Synthetischen Biologie die Rede ist, wird in jedem Fall das Feld der Energiegewinnung genannt. Ein prominentes Thema ist dabei die biotechnologische Herstellung von Kraftstoffen. Hierfür sind wahrscheinlich folgende Gründe ausschlaggebend: Zum einen stellt die zukünftige Energiegewinnung eine der größten Herausforderungen unserer Zeit dar. Denn ihre derzeitigen Formen, insbesondere diejenigen, welche auf der Nutzung fossiler Ressourcen basieren, sind mit einer Reihe von Nachhaltigkeitsproblemen verbunden. Zum anderen scheint sich aber die Popularität der Energiegewinnung als potenzielles Anwendungsfeld der Synthetischen Biologie auch aus der Tatsache zu speisen, dass es in diesem Bereich eine schon Jahrzehnte zurückreichende Tradition gibt – nämlich die energiebezogene Biotechnologie – und bis zum jetzigen Zeitpunkt schon viele Fortschritte erzielt werden konnten. In gewisser Weise trifft hier also eine hohe Nachfrage bzw. ein großer Bedarf („demand pull“) auf eine zumindest im Ansatz bereits bestehende Technologie („technology push“). Damit scheint zumindest aus innovationstheoretischer Sicht bereits einiges für den zukünftigen Erfolg dieses Anwendungsfelds zu sprechen.

In vielen Reviews und Originalarbeiten, die sich mit den Themen Synthetische Biologie und Energiegewinnung beschäftigen, werden die synthetisch-biologischen Forschungen vor allem mit der Notwendigkeit begründet, die derzeitigen, nicht nachhaltigen Formen der Energiegewinnung überwinden zu müssen (siehe beispielsweise: Dellomonaco et al. 2010; Sommer et al. 2010; Jang et al. 2012; Lamsen/Atsumi 2012; Lindblad et al. 2012; Peralta-Yahya et al. 2012). Insbesondere wird darauf verwiesen, dass die fossilen Ressourcen, auf welchen die Energieversorgung aktuell noch größtenteils basiert, endlich sind, und dass Erdöl als eine der derzeit wichtigsten unter ihnen schon bald in immer geringerem Maße zur Verfügung stehen wird. Außerdem wird hervorgehoben, dass speziell die Nutzung fossiler Ressourcen mit dem Ausstoß klimaschädlicher Gase verbunden ist. Mitunter werden auch die Defizite, darunter vor allem die Flächenverfügbarkeit bereits bestehender, nachhaltiger Formen der Energiegewinnung (Erneuerbare Energien) als Gründe für die Notwendigkeit synthetisch-biologischer Forschungen in diesem Bereich benannt. Für viele Autorinnen und Autoren der Synthetischen Biologie scheint festzustehen, dass eine auf synthetisch-biologischen Forschungsansätzen beruhende Energiegewinnung zumindest einer der Pfeiler einer zukünftigen, nachhaltigen Energieversorgung sein wird.

Entwicklungsstand

Im Bereich der Technologien und Methoden der Energiegewinnung wird bereits seit langem auf biotechnologische Verfahren zurückgegriffen. Diese Verfahren werden ständig weiterentwickelt und sind Gegenstand intensiver und vielfältiger Forschungen. In dem Maße, in welchem die biologische und biotechnologische Forschung *insgesamt* um Ansätze der Synthetischen Biologie erweitert wird (McDaniel/Weiss 2005; Marguet et al. 2007; Agapakis/Silver 2009; Lam et al. 2009; Liang et al. 2011), finden Ansätze der Synthetischen Biologie auch in der biotechnologischen Forschung zur Energiegewinnung Anwendung (Connor/Atsumi 2010; Dellomonaco et al. 2010; Ghim et al. 2010; Jang et al. 2012). Der Fokus der synthetisch-biologischen Ansätze liegt dabei mehr auf den biologischen Strukturen, Prozessen und Systemen und weniger auf der technischen Prozessgestaltung ([Bio-]Verfahrenstechnik).

Ansätze der Synthetischen Biologie im Bereich der biotechnologischen Energiegewinnung („Bioenergiegewinnung") – soweit sie überhaupt unterscheidbar sind von den traditionellen biotechnologischen Ansätzen – knüpfen im Wesentlichen an bisherige Entwicklungen an. Insofern stellt die Synthetische Biologie in diesem Zusammenhang weniger eine Neuerung dar, sondern erweitert vielmehr die biotechnologischen Möglichkeiten in den bisher verfolgten Teilgebieten der Bioenergiegewinnung.

Unter Bioenergiegewinnung kann die Herstellung nutzbarer Energieträger (z.B. Biogas) aus und durch biologische Strukturen und Systeme (z.B. Vergärung tierischer Exkremente aus der Landwirtschaft durch Bakterien) verstanden werden. Diese biogenen Energieträger resultieren entweder aus der direkten Umwandlung solarer Strahlungsenergie („Primärprodukte"; z.B. Holz zur thermischen Nutzung) oder sie gehen aus einer weiteren biogenen Umwandlung der biogenen Primärprodukte hervor („Sekundärprodukte"; z.B. Ethanol als Produkt mikrobieller Vergärung pflanzlicher Biomasse). Die gewonnenen biogenen Energieträger (Primärenergieträger) können entweder direkt genutzt werden (Endenergieträger, die Nutzenergie liefern) oder müssen in weiteren biogenen oder nichtbiogenen Umwandlungsschritten (über Sekundärenergieträger) zu nutzbaren Endenergieträgern konvertiert werden (Kaltschmitt et al. 2009, S. 3f.).

Sowohl die an den jeweiligen Synthese- und Umwandlungsschritten beteiligten biologischen Strukturen und Systeme, als auch die zugrunde liegenden biochemischen und biophysikalischen Prozesse weisen eine große Vielfalt auf: So werden bereits heute Enzyme (in zellfreien biotechnologischen Verfahren), Bakterien, Algen, höhere Pflanzen sowie Tiere (bzw. deren Exkremente) für die

Energiegewinnung genutzt. Der mit Abstand wichtigste biogene Prozess zur Umwandlung solarer Strahlungsenergie in chemische Energie ist die Photosynthese, welche vor allem von Pflanzen, aber auch von einigen Mikroorganismen beherrscht wird. Die biogene oder biotechnologische Umwandlung chemisch gebundener biogener Primärenergieträger (z.B. durch Photosynthese entstandene Biomasse) in Sekundärenergieträger erfolgt meist durch Mikroorganismen in Gärprozessen. Sowohl Photosynthese als auch Gärung bezeichnen Prozesse, die ihrerseits aus einer Vielzahl teils sehr komplex verzweigter chemischer und physikalischer Teilprozesse bestehen.

Während die chemischen Ausgangsstoffe der biogenen Primärsynthese von Energieträgern im Falle der Photosynthese nur Kohlendioxid (CO_2) und Wasser (H_2O) sind, weisen die resultierenden Primär- und Sekundärenergieträger eine starke Heterogenität auf.[47] Denn letztlich kann – abgesehen vom bei der Atmung frei werdenden Kohlendioxid und Wasser – beinahe jede aus biogenen Energie- und Stoffwandlungsprozessen herrührende organische Verbindung als (Nutz-) Energieträger fungieren (zumindest in der thermischen Verwertung, d.h. Verbrennung).

Aufgrund der geschilderten Größe und Vielfalt des Forschungs- und Anwendungsfeldes bedarf es zur Darstellung des aktuellen Entwicklungsstandes der Bioenergiegewinnung und der auf diesem Gebiet verfolgten synthetisch-biologischen Ansätze einer Systematisierung und Strukturierung. Diese soll im Rahmen dieser Fallstudie entlang der bioenergie-technologischen-Wertschöpfungsketten erfolgen. Die Rolle der Biotechnologie im Allgemeinen sowie der Synthetischen Biologie im Besonderen wird dabei nach den biotechnologisch genutzten bzw. nutzbaren biologischen Strukturen und Systemen (d.h. Organismen) sowie nach den eingesetzten Verfahren und den resultierenden Energieträgern erläutert. Darüber hinaus werden die biotechnologischen bzw. synthetisch-biologischen Ansätze hinsichtlich der ihnen jeweils zugrunde liegenden Methoden und Objekte diskutiert. Zuvor wird jedoch noch ein einleitender Überblick über die prinzipiellen Vorgehensweisen im Bereich der Bioenergiegewinnung gegeben.

---

47 Neben der Photosynthese gibt es noch weitere Synthesewege zur Primärproduktion energiereicher organischer Substanzen aus anorganischen Substraten. Diese werden als „Chemolithotrophie“ bzw. „Chemoautotrophie“ bezeichnet und werden ausschließlich von bestimmten, hochspezialisierten Bakterienarten beherrscht. Als Kohlenstoffquelle dient auch in diesen Fällen meist Kohlendioxid (CO_2; Chemoautotrophie), allerdings wird die benötigte Energie nicht aus den Photonen der Sonnenstrahlung bezogen, sondern aus (reduzierten) anorganischen Elementen und Verbindungen bzw. Ionen wie Schwefel (S^0), Schwefelwasserstoff (H_2S), Sulfaten und Sulfiden (u.a. $S_2O_3^{2-}, FeS$), Ammonium (NH_4^+), Nitrit (NO_2^-), molekularem Wasserstoff (H_2) und anderen. Diese Verbindungen müssen entsprechend als Substrate zur Verfügung stehen und entstammen in der Regel biologischen (Abbau-)Prozessen (Heider 2006).

Formen der Bioenergiegewinnung

Bezüglich der biogenen Energiegewinnung können grundsätzlich zwei traditionelle Formen unterschieden werden (Kaltschmitt et al. 2009, S. 463ff.): Im ersten Fall wird die Biomasse entweder *direkt* oder nach vorhergehender *chemischer* oder *physikalischer* Behandlung energetisch verwertet. In diesem Fall bildet die Biomasse selbst (d.h. organisches Material, bestehend aus kompletten Organismen, Teilen von diesen oder deren Exkremente sowie aus chemisch-physikalischen Umwandlungsprozessen dieser Materialien hervorgehende Stoffe) den Endenergieträger, der lediglich in einem letzten Schritt in Nutzenergie umgewandelt wird. Meist erfolgt hier eine thermische Verwertung (d.h. Verbrennung) fester Biomasse, um entweder die frei werdende Wärme direkt oder zur Stromgewinnung zu nutzen.

Im zweiten Fall erfolgt eine *biologische* Umwandlung von Biomasse. Hierbei handelt es sich um Mikroorganismen, die Biomasse in sehr energiereiche, organische Verbindungen umwandeln, welche dann in Form von Kraftstoffen als Endenergieträger zur Verfügung stehen. Die derzeit am weitesten entwickelte und am meisten genutzte Form der Energiegewinnung über diesen Weg ist die Ethanolproduktion durch vor allem Hefen (aber auch Bakterien) aus stark zucker- oder stärkehaltigen Pflanzen (Gressel 2010, S. 20). Bei beiden Formen der traditionellen Bioenergiegewinnung weisen sowohl die Ursprünge und Formen der verwendeten Biomasse und die technischen (inklusive der technisch genutzten biogenen) Umwandlungsprozesse, als auch die entstehenden Formen der Endenergieträger sowie die daraus gewonnenen Nutzenergien eine große Bandbreite auf.

Neben den beiden klassischen Ansätzen gibt es zwei weitere Ansätze, die sich jedoch noch im Stadium der Forschung und Entwicklung befinden und weiter unten ausführlicher beschrieben werden: Bei *zellfreien* Ansätzen wird nicht mit lebenden Organismen, sondern lediglich mit bestimmten, metabolisch aktiven Zellbestandteilen gearbeitet, um aus Biomasse Kraftstoffe zu gewinnen. Gänzlich ohne Biomasse als Substrat kommen jene Ansätze aus, welche mit Hilfe entsprechender Mikroorganismen *direkt* Kraftstoffe aus Kohlendioxid und Wasser unter Ausnutzung der Solarstrahlung produzieren.

Für die vorliegende Fallstudie sind vor allem all jene biotechnologischen und synthetisch-biologischen Ansätze von besonderem Interesse, welche auf die Biomasse selbst sowie auf diejenigen Synthese- oder Umwandlungsprozesse abzielen, an denen (Mikro-)Organismen oder andere biologische Strukturen (wie z.B. Enzyme) beteiligt sind. Wie in den folgenden Abschnitten ausführlich erläutert wird, sind die verfolgten Ansätze sehr vielfältig und decken die Wertschöpfungskette vom Anbau der Biomasse (beim klassischen Ansatz) bzw. der Kultivierung von Mikroorganismen für die Nutzung in zellfreien Ansätzen oder zur direkten Produktion von Kraftstoffen bis zur Veredelung der resultierenden Energieträger/Kraftstoffe fast vollständig ab.

Anbau und Verwertung pflanzlicher Biomasse

Der für den Biomasseaufbau bedeutendste Prozess, die Photosynthese, lässt sich in zwei Hauptgruppen grundlegender, physiologischer biochemischer Prozesse unterteilen, die bei allen photoautotrophen Pflanzen, Algen und Mikroorganismen in etwa gleich ablaufen (Fuchs 2006 [für Algen und Bakterien]; Heß 2008, S. 89ff. [für Pflanzen]): die Primärprozesse (auch „Lichtreaktionen" genannt) und die Sekundärprozesse (auch „Dunkelreaktionen" genannt). Während in den Primärprozessen unter Ausnutzung der Energie solarer Photonen (daher „Lichtreaktionen") Wasser (H_2O) in Sauerstoff (O_2) und Wasserstoffionen (bzw. „Protonen", H^+) gespalten sowie Adenosintriphosphat (ATP) aus Adenosindiphosphat (ADP) gebildet und oxidiertes Nikotinamid-adenin-dinucleotid-phosphat ($NADP^+$) zu NADPH reduziert wird, fixieren die Sekundärprozesse (atmosphärisches) Kohlendioxid (CO_2) in höhermolekulare, energiereiche Kohlenstoffverbindungen, wobei NADPH wieder zu $NADP^+$ oxidiert und ATP zu ADP abgebaut wird. Primär- und Sekundärprozesse sind über die Bildung bzw. den Verbrauch von ATP sowie über die Reduktion bzw. Oxidation von $NADP^+$/H unmittelbar miteinander verknüpft. Die Lichtreaktionen finden hauptsächlich in und an den sogenannten Photosystemen I und II statt. Dabei handelt es sich um Protein-Pigment(vor allem Chlorophyll)-Komplexe, die mit Hilfe von sogenannten Antennenstrukturen Photonen „einfangen", freie Ladungsträger generieren und die Wasserspaltung vollziehen. Im Zentrum der Dunkelreaktionen steht das Enzym Ribulose-1,5-bisphosphat-Carboxylase/Oxygenase (RuBisCO), welches die Kohlenstofffixierung katalysiert, aber konkurrierend dazu auch Sauerstoff verwertet (daher „Carboxylase/Oxygenase").

Wird ein eher technisches Verständnis von Effizienz zugrunde gelegt, so kann durchaus festgestellt werden, dass der Aufbau energiereicher Verbindungen unter Ausnutzung der Energie der Sonnenstrahlung sowohl bei Pflanzen, als auch bei Algen und photoautotrophen Bakterien relativ ineffizient erfolgt, wie beispielsweise ein direkter Vergleich von gängigen Photovoltaikanlagen und lebenden Organismen zeigt: Während die durchschnittliche, jährliche Effizienz der photovoltaischen Wasserspaltung bei ca. zehn bis elf Prozent liegt, weist die Photosynthese von Kulturpflanzen nur eine Effizienz von typischerweise unter einem Prozent auf, bzw. für bestimmte Pflanzen in der Wachstumsphase auch bis zu ca. 3,5 (C_3-Pflanzen) bzw. 4,3 (C_4-Pflanzen) Prozent. Etwas höher, aber dennoch deutlich unter den photovoltaischen Systemen liegen diese Werte für Mikroalgen (fünf bis maximal sieben Prozent; Blankenship et al. 2011).

Daher verwundert es wenig, dass eine Effizienzsteigerung der Photosynthesewege ein Ziel synthetisch-biologischer Bestrebungen geworden ist. So ist z.B. der sogenannte Calvin-Zyklus – und hier neben anderen Enzymen insbesondere das Schlüsselenzym RuBisCO – in den Fokus der Forschungen gerückt (Ducat/Silver 2012). Auch wenn sich die direkte Veränderung von RuBisCO im Sinne einer rationalen, ingenieurmäßigen Herangehensweise bisher aufgrund der hohen Komplexität des Moleküls sowie dessen strukturbedingt gegenläufigen Leistungsparametern Selektivität und Geschwindigkeit als nur begrenzt zielführend erwiesen hat, wird von der Kombination unterschiedlicher Ansätze durchaus eine Steigerung der Photosyntheseleistung erwartet. Zu diesen erfolgversprechenden Ansätzen werden u.a. die Identifizierung und Nutzung leistungsstarker natürlicher RuBisCO-Varianten durch Hochdurchsatz-Analyseverfahren, die Modifikation von Chloroplasten auf Genomebene sowie die Herstellung rekombinanter Chloroplasten gezählt. Neben dem Calvin-Zyklus selbst werden auch hinsichtlich der vor- und nachgeschalteten Mechanismen Optimierungspotenziale gesehen. Dies betrifft beispielsweise die für die Absorption der Photonen zuständigen Pigmentstrukturen als auch die an der Aufkonzentrierung des anorganischen Kohlenstoffs beteiligten Strukturen und Prozesse (ebd.). Des Weiteren wird daran gearbeitet, den etwas effizienter ablaufenden Photosyntheseprozess der sogenannten C_4-Pflanzen in C_3-Pflanzen zu implementieren (Peterhansel 2011). Dies ist jedoch ein recht schwieriges Unterfangen, da in der Summe wahrscheinlich mehr als zwanzig Gene transferiert werden müssten. Zudem weisen die an der Photosynthese beteiligten Strukturen der C_4-Pflanzen eine etwas andere Anatomie auf als die der C_3-Pflanzen, weswegen nicht nur bestimmte Stoffwechselwege *innerhalb* bestimmter Zellen betroffen sind, sondern auch Stofftransfers *zwischen* bestimmten Zellen (ebd.). Technisch sehr viel anspruchsvoller und damit hinsichtlich einer etwaigen Realisierung eher in der fernen Zukunft anzusiedeln sind Ansätze, die auf vollständig künstliche Photosynthese- bzw. Kohlenstoffassimilationswege setzen (Ducat/Silver 2012).

Aufschluss pflanzlicher Biomasse

Verholzte pflanzliche Biomasse besteht – abgesehen von Wasser – zu einem großen Teil aus Lignozellulose, einer Mischung aus Zellulose, Hemizellulose und Lignin. Zellulose ist ein langkettiges Polymer, dessen einziges Monomer ein Glukosemolekül bildet. Hemizellulosen sind ebenfalls langkettige Kohlenhydratpolymere, die jedoch aus verschiedenen Einfachzuckern in unterschiedlicher Zusammensetzung aufgebaut sind. Lignin schließlich ist ein dreidimensional verzweigtes Polymer, dessen Grundgerüst vor allem von aromatischen Kohlenwasserstoffen gebildet wird. Die Zusammensetzung und Anordnung der einzelnen Ligninmoleküle unterscheiden sich sehr stark und sind extrem vielfältig. (Pu et al. 2011)

Obwohl Lignozellulose größtenteils aus sehr energiereichen Verbindungen (nämlich den Zuckern) besteht, kann sie nur sehr schwer biologisch, chemisch oder biochemisch als Energielieferant genutzt werden. Grund hierfür ist die sehr hohe Widerstandsfähigkeit („recalcitrance“) der Lignozellulose gegenüber physikalischen, chemischen und biologischen Einflüssen (Himmel et al. 2007). Dies hängt zum einen mit den chemischen Eigenschaften der jeweiligen Grundbestandteile (Zellulose, Hemizellulose und Lignin), aber auch mit der komplexen räumlichen Struktur zusammen, welche aus diesen Grundbausteinen gebildet wird.

Da es keinen natürlichen Organismus gibt (bzw. keiner bekannt ist), der sowohl Lignozellulose zerlegen, d.h., die Einfach- oder Mehrfachzucker verfügbar machen, als auch die Zucker in für technische Zwecke nutzbare Energieträger und mit für industrielle Anwendungen ausreichenden Ausbeuten und Konzentrationen umwandeln kann (French 2009; Olson et al. 2012), erfordert die biotechnologische Energiegewinnung aus lignozellulosehaltigen Pflanzen ein zumindest zweischrittiges Verfahren: Erstens ein Aufschließen der Lignozellulose, das die in dieser enthaltenen Zucker für die mikrobielle Verwendung verfügbar macht (Verzuckerung) sowie zweitens den mikrobiellen Zuckerverwertungsprozess selbst. In den heute entwickelten, kurz vor der Kommerzialisierung stehenden (Bley et al. 2009) biotechnologischen Verfahren erfolgt die Zerlegung der lignozellulosehaltigen Biomasse durch eine Kombination chemisch-physikalischer und enzymatischer Verfahren (Kaltschmitt et al. 2009, S. 808ff.; Li, H. et al. 2010). Die enzymatischen Verfahren stellen dabei einen signifikanten kostentreibenden Faktor dar (Blanch 2012; Olson et al. 2012) und könnten entscheidend werden für den ökonomischen Erfolg lignozellulosebasierter biotechnologischer Verfahren zur Energiegewinnung (Wackett 2011).

Die Optimierung des enzymatischen Zersetzungsprozesses von Lignozellulose wird von vielen Autorinnen und Autoren als ein vielversprechendes Anwendungsfeld sowohl für biotechnologische Ansätze im Allgemeinen (Li, H. et al. 2010; Olson et al. 2012; Sathitsuksanoh et al. 2013), als auch für Ansätze der Synthetischen Biologie im Besonderen gesehen (French 2009; Sommer et al. 2010). Dabei werden unterschiedliche Strategien verfolgt. In den bisher am weitesten entwickelten Verfahren wird die lignozellulosehaltige Biomasse zunächst einer chemisch-physikalischen Vorbehandlung unterzogen, gefolgt von einer Enzymbehandlung (Kaltschmitt et al. 2009, S. 808ff.). Die Vorbehandlung der Rohbiomasse umfasst u.a. die mechanische Reinigung, Zerkleinerung und Filterung sowie die Versetzung mit Wasserdampf, organischen Lösungsmitteln, Säuren oder Basen und dient in erster Linie einer besseren Zugänglichkeit der (Ligno-)Zellulose für die Enzyme, welche anschließend hinzugegeben werden, um die Einfachzucker aus der Zellulose und Hemizellulose herauszulösen. In einem nächsten Verfahrensschritt erfolgt dann beispielsweise die Fermentierung der

Einfachzucker durch Hefen oder Bakterien zu Ethanol (Kaltschmitt et al. 2009, S. 813ff.). Die für den Verzuckerungsprozess benötigten Enzyme, sogenannte Zellulasen, werden derzeit vor allem aus Pilzen der Art *Trichoderma reesei* biotechnologisch gewonnen (Blanch 2012).

In einem relativ neuen Verfahren, das meist als „Simultaneous Saccharification and Fermentation" (SSF) bezeichnet wird, erfolgt die Verzuckerung der (Ligno-)Zellulose und Hemizellulose durch die endogenen Enzyme parallel zur Fermentierung der frei gewordenen Zucker durch die entsprechenden Mikroorganismen (French 2009). Dies hat den Vorteil, dass zwei Prozessschritte in einem vereint werden können, was Kostenersparnisse bringt (Pu et al. 2011). Zudem läuft der Fermentationsprozess effizienter ab (Pu et al. 2011, für Ethanol), was wahrscheinlich darin begründet liegt, dass die durch seine eigenen Abbauprodukte bedingte Selbsthemmung des Zellulosezersetzungsprozesses gemindert wird (French 2009). Ein Nachteil der SSF gegenüber dem herkömmlichen Verfahren besteht darin, dass die ideale enzymatische Verzuckerung nach anderen Umgebungsbedingungen verlangt als die anschließende mikrobielle Fermentierung, weswegen eine Optimierung der SSF letztlich suboptimale Bedingungen für die jeweiligen Unterprozesse hervorbringt (Kaltschmitt et al. 2009, S. 811; Pu et al. 2011).

Als „Consolidated Bioprocessing" (CBP) werden in der Forschung und Entwicklung befindliche Verfahren bezeichnet, bei welchen die Verzuckerung und Fermentierung durch ein und demselben Mikroorganismus vorgenommen wird (Elkins et al. 2010; Olson et al. 2012). Vom CBP werden sich vor allem Kostenersparnisse erhofft, weil im Gegensatz zum herkömmlichen Verfahren oder zur SSF auf den Prozessschritt der separaten Enzymproduktion verzichtet werden kann (Connor/Atsumi 2010; Olson et al. 2012), die ja – wie oben bereits angemerkt – einen wichtigen Kostenfaktor bei der biotechnologischen Energiegewinnung aus lignozellulosehaltiger Biomasse darstellt (Blanch 2012; Olson et al. 2012). Wie Olson et al. (2012) berichten, bieten sich für die Realisierung des CBP vor allem zwei Wege an: Zum einen können Lignozellulose oder deren Bestandteile Lignin, Zellulose und Hemizellulose zersetzende bzw. verwertende Organismen genetisch so verändert werden, dass sie Biokraftstoffe in für industrielle Prozesse ausreichender Menge und Qualität produzieren („native strategy"). Zum anderen könnten die Lignozellulose abbauenden Stoffwechselwege in jenen Organismen implementiert werden, die natürlicherweise keine Lignozellulose verwerten, dafür aber Einfach- oder Mehrfachzucker in Biokraftstoffe umwandeln können („recombinant strategy"). Im Rahmen der „native strategy" wird derzeit vor allem an Pilzen, aber auch an Bakterien geforscht. Die „recombinant strategy" wird vor allem in Hefen, insbesondere *Saccharomyces cerevisiae*, sowie Bakterien, vor allem *Escherichia coli*, umgesetzt (ebd.).

Im Ergebnis bedarf es zur Realisierung des CBP eines Organismus, den French (2009) als „Ideal Biofuel Producing Micro-organism" (IBPM) bezeichnet. Dieser IBPM muss wenig oder gar nicht vorbehandelte Lignozellulose verwerten und die freiwerdenden Zucker zu Kraftstoffen (und anderen Industriechemikalien) umwandeln können, Erträge in hohen Konzentrationen erzielen und diese verkraften können sowie einer Anzahl weiterer Bedingungen für die industrielle Produktion genügen (ebd.). Derzeit stellt die Realisierung dieses IBPM noch ein weit entferntes Ziel dar, einige Schritte auf dem Weg dorthin konnten jedoch bereits realisiert werden. So gelang beispielsweise die Umsetzung pilzlicher Zellulaseproduktion in Hefen, allerdings lediglich in Konzentrationen, die noch Größenordnungen unterhalb der für industrielle Prozesse notwendigen Werte liegen (Elkins et al. 2010). Auch konnten Pilze und Bakterien, die natürlicherweise Lignozellulose bzw. deren höhermolekulare Bestandteile zersetzen können, derart manipuliert werden, dass sie die frei werdenden Zucker in Kraftstoffe umwandeln. Wenngleich die erzielten Konzentrationen und Ausbeuten bereits vielversprechend sind, bleibt abzuwarten, inwieweit ähnlich gute Ergebnisse unter realistischen, industriellen Bedingungen realisiert werden können (Olson et al. 2012). Beispielhaft genannt werden kann an dieser Stelle eine Arbeit von Vinuselvi/Lee (2011), in welcher ein *Escherichia coli* Stamm so verändert wurde, dass er Zellobiose (ein Zweifachzucker und Abbauprodukt der Zellulose) mit hohen Wachstumsraten als einzige Kohlenstoffquelle verwerten konnte. Dies wurde erreicht, indem ein vorhandener, natürlicher (kryptischer) Promoter durch einen synthetischen (konstitutiven) ersetzt wurde. Zwar besitzt *Escherichia coli* auch natürlicherweise die Fähigkeit, Zellobiose umzusetzen, allerdings nur unter ganz bestimmten Bedingungen und mit nur sehr geringen Wachstumsraten.

Einen weiteren Ansatzpunkt für die bessere Verwertbarkeit lignozellulosehaltiger Biomasse bilden die Pflanzen selbst (Himmel et al. 2007; Carpita 2012). Ziel dieser Bestrebungen ist es, den Gehalt an Lignozellulose sowie deren Struktur und Zusammensetzung in der Pflanze so zu verändern, dass eine bessere Verwertbarkeit für die Bioenergiegewinnung erzielt wird. Noch weiter gehen Ansätze, im Rahmen derer versucht wird, die Zellulose abbauenden Enzyme von den betreffenden Pflanzen selbst ausbilden zu lassen, so dass sie den Mechanismus zum Aufschluss ihrer eigenen Zellulose selbst mitbringen (Arruda 2012, S. 319). Alle diese Ansätze stehen jedoch noch sehr weit am Anfang, da u.a. das biochemische und zellbiologische Verständnis des Lignozellulosewachstums in Pflanzen derzeit noch sehr gering und für eine effektive und effiziente Manipulation dieser Vorgänge noch unzureichend ist (Carpita 2012).

Die Realisierung und Optimierung der Lignozelluloseverwertbarkeit bzw. die Überwindung der Lignozellulosewiderständigkeit kann als ein idealtypisches Betätigungsfeld der Synthetischen Biologie angesehen werden. Denn die hierzu notwendigen Modifikationen natürlicher Organismen gehen deutlich über das hinaus, was üblicherweise noch unter herkömmliche Ansätze wie beispielsweise der Gentechnik oder dem Metabolic Engineering gefasst werden würde. Der „Ideal Biofuel Producing Micro-organism" (IBPM), wie er von French (2009) definiert wird (siehe oben), lässt sich nicht mehr als Ergebnis konventioneller Herangehensweisen begreifen, sondern nur als Produkt einer neuen Qualität biotechnologischer Forschung und Entwicklung, nämlich der konsequenten Übertragung ingenieurtechnischer Prinzipien auf die Biologie – mithin also der Synthetischen Biologie. Die Schaffung eines Organismus, der in industriellem Maßstab und unter industriellen Bedingungen Lignozellulose zersetzen und gleichzeitig die frei werdenden Zucker zu Kraft- oder Brennstoffen umwandeln kann, bedarf der Integration einer Vielzahl von Stoffwechselwegen unterschiedlicher Arten, nicht nur innerhalb der jeweiligen taxonomischen Reiche, sondern auch zwischen diesen (beispielsweise die Implementation von pilzlichen Enzymen in Bakterien). Des Weiteren gilt es, die Stoffwechselwege selbst derart zu modifizieren, dass sie unter einem bestimmten Set definierter Umgebungsbedingungen optimal verlaufen, was bei den in der Natur vorfindbaren Stoffwechselwegen in der Regel nicht der Fall ist (d.h. die optimalen Bedingungen des einen Stoffwechselweges sind suboptimal oder sogar hemmend für den anderen). Des Weiteren bedarf es noch der funktionellen Aufklärung vieler natürlicher Mechanismen, bevor diese gezielt genutzt und modifiziert werden können. Dies trifft insbesondere auf den Prozess der pflanzlichen Lignozellulosebildung zu (siehe oben). Hierzu scheinen die Methoden und Instrumente der Synthetischen Biologie (Young/Alper 2010; Liang et al. 2011) nicht nur notwendig, sondern auch geeignet.

Algen und Cyanobakterien als Biomasseproduzenten

Algen und Cyanobakterien sind in zweierlei Hinsicht von besonderem Interesse für die Bioenergieproduktion. Zum einen können bestimmte Arten von Algen und Cyanobakterien direkt Biokraftstoffe produzieren. Zum anderen kann Algenbiomasse[48] Ausgangsstoff sein für weitere Umwandlungsprozesse und damit analog zur Pflanzenbiomasse verwendet werden.

Algenbiomasse weist gegenüber der Pflanzenbiomasse einige Vor- und Nachteile auf. Vorteilhafter ist zunächst die sehr viel höhere Produktivität (Li, Y. et al. 2008). Das heißt, bezogen auf die Fläche und die eingestrahlte Lichtenergie können Algen sehr viel mehr Biomasse pro Zeiteinheit produzieren als

48 Wenn im weiteren Verlauf dieses Abschnitts von „Algen" oder „Algenbiomasse" die Rede ist, sind sowohl Algen als auch Cyanobakterien bzw. Algenbiomasse und Cyanobakterienbiomasse gemeint, sofern keine explizite Differenzierung erfolgt.

Gefäßpflanzen (Anemaet et al. 2010). Daraus ergibt sich ein weiterer Vorteil der Algen gegenüber Pflanzen: Ihre etwa zehnfach höhere Effizienz in der CO_2-Fixierung lässt Ansätze aussichtsreich erscheinen, die darauf abzielen, in einem ersten Schritt die Algen Wasserstoff zur energetischen Nutzung produzieren zu lassen (wobei – zumindest temporär – industriell erzeugte (fossile) CO_2-Emissionen sequestriert werden könnten). In einem zweiten Schritt könnten aus der Biomasse derselben Algen hochwertige Stoffe extrahiert werden (beispielsweise für die Verwendung als Arzneimittel, Nahrungsergänzungsmittel oder Feinchemikalie). Und schließlich könnte in einem dritten Schritt die verbleibende Algenbiomasse zur Gewinnung weiterer Biokraftstoffe, Massenchemikalien (Biokunststoffe) oder als Dünger verwendet werden (Skjanes et al. 2007). Des Weiteren weist Algenbiomasse für die Produktion bestimmter Kraftstoffe eine günstigere Zusammensetzung auf als Pflanzenbiomasse. Algenbiomasse besteht nämlich zu einem sehr viel größeren Anteil aus Proteinen und Fetten (bzw. Ölen); der (Ligno-)Zelluloseanteil hingegen ist um einiges geringer. Hervorgehoben wird in diesem Zusammenhang auch die leichtere prozesstechnische Produktion und Verarbeitung (Anemaet et al. 2010). Algenbiomasse kann leichter produziert („angebaut"), geerntet und mechanisch weiterverarbeitet werden als pflanzliche Biomasse. Insbesondere Mikroalgen können mit relativ geringem Prozessaufwand abgefischt und dann weiterverarbeitet werden. Einer mechanischen Zerkleinerung, wie bei den meisten Pflanzenbiomassearten notwendig, bedarf es hier nicht. Den entscheidenden Vorteil sehen viele Autorinnen und Autoren jedoch darin, dass der Anbau von Algenbiomasse nicht direkt mit dem Nahrungsmittelanbau konkurriert (ebd.). Denn während Pflanzen für die Bioenergieproduktion genauso wie Pflanzen für die Nahrungsmittelproduktion auf Böden mit einer Mindestfruchtbarkeit sowie auf eine Süßwasserversorgung angewiesen sind, können Algen in natürlichen Gewässern oder künstlichen Becken in Regionen mit sehr kargen Böden gedeihen. Darüber hinaus können Algen auch in Brack- oder Salzwasser kultiviert werden, was ihren Anbau sowohl in natürlichen Küstengewässern als auch in künstlichen Becken in unmittelbarer Nähe des Meeres erlaubt. Letzteres wäre insbesondere in am Meer gelegenen Wüsten eine vielversprechende Option.

Einen großen und wahrscheinlich auch entscheidenden Nachteil gegenüber der pflanzlichen Biomasse bildet jedoch die Tatsache, dass Algen einen sehr viel höheren Wasseranteil aufweisen als Pflanzen. Dies führt dazu, dass die Algenbiomasse zunächst aufwendig und mit hohem Energieeinsatz getrocknet werden muss, bevor sie für eine direkte thermische Verwertung oder für eine weitere Umwandlung durch Mikroorganismen zur Verfügung steht.

Umwandlung und Verwertung der Biomasse

Die bereitgestellte Biomasse (Primärenergieträger) wird in einem zweiten Schritt zu den gewünschten Sekundärenergieträgern umgewandelt, welche in vielen Fällen gleichzeitig die Endenergieträger darstellen. Dies sind im Falle der Bioenergiegewinnung in der Regel flüssige oder auch gasförmige Energieträger. Diese Sekundärenergieträger werden in einem letzten Schritt in Nutzenergie umgewandelt. Die Umwandlung der bereitgestellten Biomasse erfolgt fast ausschließlich über Mikroorganismen. Diese Mikroorganismen können sowohl Bakterien, als auch Hefen, Pilze und Mikroalgen sein. Die Biomasse bildet das Substrat, welches die Mikroorganismen für Wachstum, Fortpflanzung und Aufrechterhaltung aller Lebensfunktionen verwerten. Im Ergebnis produzieren die Mikroorganismen auch den gewünschten Sekundärenergieträger sowie diverse Nebenprodukte.

Bei der Umwandlung der Biomasse in Sekundärenergieträger gibt es eine Reihe von Aspekten, hinsichtlich derer diese Umwandlungsprozesse modifiziert und optimiert bzw. überhaupt erst einmal implementiert werden müssen. Gemeint sind hiermit die *Spezifität* bzw. *Selektivität* in der Substratverwertung sowie in der Produktbildung, die *Effizienz* der Umwandlung sowie die Toleranz gegenüber dem gewünschten Produkt und gegenüber möglichen Nebenprodukten.

Das generelle Vorgehen der biotechnologischen bzw. synthetisch-biologischen Herstellung von Kraftstoffen (und anderen Chemikalien) lässt sich vereinfacht als eine Abfolge von vier Schritten darstellen (Jarboe et al. 2010): Zunächst wird ein Stoffwechselweg entworfen und werden phänotypische Eigenschaften beschrieben, welche es erlauben, die zur Verfügung stehenden Substrate in das gewünschte Produkt umzuwandeln und dabei den gegebenen Nebenbedingungen zu genügen (1). Dann wird ein geeigneter Wirtsorganismus („chassis") gewählt, wobei dessen Eignung durch verschiedene Kriterien bestimmt wird, wie z.B. seine natürlichen Fähigkeiten und Eigenschaften bezogen auf den anvisierten Stoffwechselweg, die gegebenen Nebenbedingungen, das bereits vorhandene Wissen über dessen Struktur und Verhalten sowie die verfügbaren Möglichkeiten zu seiner biotechnischen Veränderung (2). Daraufhin wird eruiert, welche Modifikationen notwendig sind, um die gewünschten Stoffwechselwege und Eigenschaften zu realisieren (3). Schließlich wird der Zielorganismus nach erfolgter Umsetzung der jeweiligen Eingriffe weiter hinsichtlich der ursprünglichen Zielsetzungen optimiert (4). Auch wenn dieses allgemeine Vorgehen hier sehr einfach skizziert ist, so erweist sich seine Implementierung in der Regel als äußerst schwierig und kompliziert, wie Jarboe et al. (2010) ebenfalls anmerken.

Die Bandbreite an zur Umwandlung verwendeten Organismen ist derzeit eher klein; nur einige wenige Organismen wurden bisher intensiv beforscht. Zu nennen wären hier vor allem die beiden zum Stamm der Proteobacteria gehörenden Bakterienarten *Escherichia coli* (Ordnung: Enterobacteriales) und *Zymo-*

monas mobilis (Ordnung: Sphingomonadales), die zwei Bakterienarten vom Stamm der *Firmicutes Clostridium acetobutylicum* und *Clostridium beijerinckii* (Ordnung: Clostridiale) sowie die Hefeart *Saccharomyces cerevisiae* (Stamm: Ascomycota, Ordnung: Saccharomycetales; Trivialname: Bäckerhefe) (siehe beispielsweise die Übersichtsartikel von: Dellomonaco et al. 2010; Jang et al. 2012).

Es gibt eine Vielzahl verschiedener Gründe, die jeweils für oder gegen einen bestimmten Organismus als Kraftstoffproduzenten sprechen. Ein wichtiger, aber nicht immer entscheidender Grund ist die natürliche Fähigkeit des betreffenden Organismus, den gewünschten Kraftstoff zu produzieren. Nicht weniger wichtig sind Gründe der technischen Zugänglichkeit und Handhabbarkeit. In dieser Hinsicht unterscheiden sich die vielen, grundsätzlich infrage kommenden Organismen zum Teil gravierend voneinander. So weisen beispielsweise Bakterien der Gattung *Clostridium* eine deutlich schlechtere Eignung für genetische Eingriffe auf als *Escherichia coli* oder Hefen (Jang et al. 2012). Dies ist ein Grund dafür, dass neben Ansätzen, die beispielsweise eine Steigerung der Butanolproduktion vor allem von *Clostridium acetobutylicum* zum Ziel haben, vor allem solche Ansätze verfolgt werden, die eine Implementierung von Butanolsynthesewegen aus *Clostridium sp.* in leichter zugänglichen Organismen wie *Escherichia coli* anstreben (ebd.). Das Bakterium *Escherichia coli* hat seine nach wie vor sehr weit verbreitete Verwendung – sowohl in der biotechnologischen Forschung und Entwicklung allgemein, als auch speziell in der Synthetischen Biologie – vor allem der Tatsache zu verdanken, dass es sehr gut charakterisiert und seine Biologie schon recht weit verstanden ist, dass sich bei ihm gentechnische Eingriffe leicht vornehmen lassen und seine Kultivierung und industrielle Nutzung im Allgemeinen recht problemlos funktioniert (Clomburg/Gonzalez 2010). Ähnliches trifft auf den Hefestamm *Saccharomyces cerevisiae* zu (Nielsen, J. et al. 2013).

Die Bandbreite an Produkten aus der energetischen Verwertung von Biomasse ist derzeit noch eher klein und wird zudem von Bioethanol und Biodiesel stark dominiert (Antoni et al. 2007). Neben Ethanol und Diesel, deren industrielle Produktion als ausgereift gilt, werden noch Methanol, Butanol und Ethyl-tert-Butylether (ETBE; aus Bioethanol) sowie Methan und Wasserstoff aus Biomasse gewonnen, wobei deren jeweilige technologische Entwicklungsstände nicht vergleichbar sind mit jenen von Bioethanol und Biodiesel.

Die meisten Mikroorganismen können nur bestimmte Substrate oder bestimmte Teile dieser Substrate verwenden. Dies hat zur Folge, dass zum einen für jedes Substrat bzw. jeden Substrattyp spezielle Organismen verwendet und entsprechend optimiert werden müssen. Zum anderen resultieren daraus recht hohe Anforderungen an die Zusammensetzung der Substrate, was meist mit erhöhtem technischem und auch ökonomischem Aufwand verbunden ist. Die nur teilweise Verwertung eines Substrats führt wiederum dazu, dass am Ende des Umwandlungsprozesses energiehaltige Biomasse übrigbleibt, die entweder – in der Regel nach vorheriger, aufwändiger Aufbereitung – in einem weiteren Prozess verwertet werden muss oder als Abfall verlorengeht. Optimal wäre hier ein Mikroorganismus, der eine möglichst geringe Spezifität bzw. Selektivität gegenüber den Substraten aufweist und die Substrate möglichst vollständig verwertet, wobei ein möglichst hoher Anteil des Energiegehalts des Substrats in den gewünschten Sekundärenergieträger (das Produkt) überführt werden sollte (d.h. möglichst geringe Verluste für den eigenen Biomasseaufbau und die Lebenserhaltung).

Die Erweiterung der Bandbreite an verwertbaren Substraten steht im Fokus vieler biotechnologischer und synthetisch-biologischer Forschungen an Mikroorganismen für die Bioenergiegewinnung. Ein bereits seit längerem verfolgtes zentrales Ziel stellt dabei die gleichzeitige Verwertung von Hexosen und Pentosen durch ein und denselben Organismus dar. Denn die meisten Mikroorganismen können entweder nur Hexosen oder nur Pentosen verwerten bzw. beherrschen die Umwandlung einer der beiden Zuckerarten deutlich besser als die der anderen. Dies stellt insofern ein ernstes Problem im Zusammenhang mit der Bioenergiegewinnung dar, als im Zuge des Abbaus der am meisten verbreiteten und am besten verfügbaren Biomassefraktion – der Zellulose – sowohl Hexosen als auch Pentosen entstehen. Eine effektive, effiziente und möglichst vollständige Verwertung der Zellulose erfordert also die Umsetzung von beiden Zuckerarten gleichermaßen (dieser und die folgenden Absätze stützen sich auf Dellomonaco et al. 2010).

Die Bäckerhefe, *Saccharomyces cerevisiae*, ist in diesem Zusammenhang einer der prominentesten und bisher am besten erforschten Organismen. Von Natur aus kann *S. cerevisiae* Einfachzucker zu Ethanol wandeln, weswegen diese Hefeart auch schon seit Jahrtausenden beispielsweise zur Bierherstellung verwendet wird. Allerdings kann die natürliche Bäckerhefe ausschließlich Hexosen verwerten. Um Zellulose möglichst vollständig in Ethanol umwandeln zu können, wird seit längerem intensiv daran gearbeitet, auch den Pentosestoffwechsel in *S. cerevisiae* zu implementieren. Hierfür stehen andere Mikroorganismen – andere Hefearten, aber auch Bakterien und Pilze – als „Spenderorganismen" zur Verfügung, die bereits von Natur aus in der Lage sind, Pentosen zu verwerten. Verschiedene Ansätze der Transferierung fremder Stoffwechselwege in *S. cerevisiae* sind bisher unternommen worden, wobei u.a. „a combination of rational and combinatorial approaches" – hier: die Implantierung eines Stoffwechselgens des Pilzes *Piromyces* sp E2a und nachherige gerichtete Evolution – zum Erfolg geführt hat.

Auch das Bakterium *Zymomonas mobilis* kann natürlicherweise Zucker zu Ethanol verarbeiten, verfügt dabei aber wie die Bäckerhefe über keinerlei Pentosestoffwechselwege. Daher wurde auch bei diesem Organismus versucht, artfremde Stoffwechselwege zu implementieren, die eine Verwertung von Pentosen ermöglichen. Zurückgegriffen wurde hierzu ebenfalls auf das Bakterium *Escherichia coli*, welches natürlicherweise neben Hexosen auch Pentosen verwerten kann. In diesem Zusammenhang konnten bereits einige Erfolge verbucht werden, die jedoch hinsichtlich der erzielten Ethanolkonzentrationen für die industrielle Anwendung noch nicht ausreichend sind.

Eine zweite Strategie, die möglichst vollständige (Ligno-)Zelluloseumsetzung in einem einzigen Mikroorganismus zu realisieren, geht den genau umgekehrten Weg: Statt artfremde Pentose- oder Hexosestoffwechselwege in Ethanol produzierende Organismen zu transferieren, werden artfremde Ethanolsynthesewege in Hexosen und Pentosen gleichermaßen verwertenden Organismen umgesetzt. Beispielorganismen sind hier wieder die Bakterien *E. coli* und *Z. mobilis*, wobei in diesem Fall an der Ethanolsynthese beteiligte Gene aus *Z. mobilis* in *E. coli* implantiert worden sind. Durch anschließende gerichtete Evolution des rekombinanten *E. coli*-Stammes konnte die sehr schwache Ethanolbildung des Wildtyps signifikant gesteigert werden.

Ein weiterer Aspekt, der im Zusammenhang mit der Substratverwertung steht, ist der Bedarf an weiteren Nährstoffen, welche die umwandelnden Organismen neben dem eigentlichen Substrat noch benötigen (Nährlösung). Grundsätzlich gilt, dass erhöhte Anforderungen an die Zusammensetzung der Nährlösung höhere Kosten verursachen und damit den Preis für das Produkt (d.h. den jeweiligen Kraftstoff) ansteigen lassen (Jang et al. 2012).

Analog zur Substratspezifität meint die Produktspezifität die Eigenschaft oder Fähigkeit eines Organismus, einen oder mehrere Stoffe entweder überhaupt oder in einer bestimmten Menge bzw. in einem bestimmten Verhältnis zu synthetisieren. Die Ausbeute an Produkt ist dabei ebenfalls von zentraler Bedeutung. Sie beschreibt das Verhältnis der Menge des eingesetzten Substrats zur Menge des resultierenden, gewünschten Stoffes (d.h. des Produkts bzw. Sekundärenergieträgers) bzw. das Verhältnis der tatsächlichen zur theoretisch möglichen maximalen Produktionsmenge, welche sich aus der Stöchiometrie ergibt (Li, H. et al. 2010). Eng verknüpft mit der Ausbeute sind die Leistungsparameter Titer und Produktivität, wobei Ersterer die Menge an Produkt pro Mengeneinheit Reaktionsgemisch und Letzterer die Produktionsmenge pro Zeiteinheit meint (ebd.). Je höher Ausbeute, Titer und Produktivität sind, desto effizienter erfolgt der Umwandlungsprozess.

Bezogen auf die Substrate und die (technisch) gewünschten Sekundärenergieträger weisen die meisten natürlich vorkommenden Organismen eine eher geringe Effizienz in der Umwandlung auf, welche für die industrielle, kommerzielle Verwendung in der Regel nicht ausreichend ist. Dies ist vor dem Hintergrund natürlicher Evolutionsprozesse, durch welche diese Organismen hervorgebracht worden sind, auch leicht verständlich: Die Fitness konnte dann erhöht werden, wenn erfolgreich Biomasse aufgebaut, die Fortpflanzung gewährleistet und negativen Umwelteinflüssen widerstanden werden konnte. Hierzu war zwar auch eine effiziente Nutzung vorhandener Substrate Voraussetzung, allerdings bezieht sich diese Form der Effizienz nicht auf die Produktion von Stoffen, die für den Organismus selbst nicht von (zusätzlichem) Nutzen waren. Insofern sind die in der Bioenergiegewinnung verwendeten Organismen bzw. deren natürliche Vorläufer durchaus effiziente Substratverwerter, nur eben nicht bezogen auf das technisch gewünschte Produkt.

Alle drei Effizienzparameter (Ausbeute, Titer und Produktivität) bedürfen in der Regel der technischen Optimierung (Jarboe et al. 2010). Eine hohe, möglichst nah am theoretischen Maximum liegende Ausbeute wird sowohl aus ressourcenökonomischen als auch aus betriebswirtschaftlichen Gründen angestrebt, um möglichst wenig Substrat an den Abfallstrom zu verlieren. Ein hoher Titer ist aus prozesstechnischen und damit ebenfalls betriebswirtschaftlichen Gründen erstrebenswert. Denn je höher die Produktkonzentration im Reaktorgemisch ausfällt, desto kleiner können die Reaktoren und sonstigen prozesstechnischen Anlagen dimensioniert werden. Des Weiteren ermöglicht ein hoher Titer eine höhere Effizienz in der Extraktion des Produkts, welches in den meisten Fällen als Reinstoff ohne Rückstände oder Verunreinigungen vorliegen muss. Der Prozess der Aufreinigung ist in vielen Fällen sehr aufwendig, da die Reaktionsgemische in der Regel nicht nur die Substrate und die an der Umwandlung beteiligten Organismen, sondern darüber hinaus eine große Bandbreite von Nährstoffen für die umwandelnden Organismen sowie von diesen produzierte Nebenprodukte enthalten. Die Produktivität wirkt sich schließlich direkt auf den Durchsatz der Anlagen aus und wird somit ebenfalls zu einer entscheidenden betriebswirtschaftlichen Größe.

Die Produktspezifität ist von zentraler Bedeutung, weil sich die energiereichen Verbindungen, welche von (Mikro-)Organismen produziert werden können, in ihren technischen, ökologischen und ökonomischen Eigenschaften zum Teil stark unterscheiden, weswegen einige gegenüber anderen bevorzugt werden.

Toleranz gegenüber Produkten und Nebenprodukten

Ein oft gravierendes Problem stellt die Toxizität der gewünschten Produkte bzw. der in diesem Zusammenhang gebildeten Zwischen- und Nebenprodukte dar (dieser und die folgenden Absätze stützen sich auf Jia et al. 2010, welche diese Problematik für Alkohole diskutieren). Zwar können die meisten der bisher in der Bioenergiegewinnung verwendeten Mikroorganismen geringe Konzentrationen des technisch angestrebten Stoffes bzw. der entsprechenden Zwischen- oder Nebenprodukte tolerieren, weil sie diese in der Regel auch natürlicherweise produzieren. Werden aber die Konzentrationen durch Modifikationen der an der Umwandlung beteiligten Organismen bzw. durch prozesstechnische Maßnahmen signifikant erhöht, kann sich eine toxische Wirkung einstellen, welche die Leistung des Organismus mindert oder gar den Verlust der Vitalität des Organismus und damit einen Zusammenbruch des gesamten biotechnischen Prozesses zur Folge haben kann. Diese Situation führt zu einem Dilemma: Einerseits sollen Ausbeute und Titer erhöht werden, um eine möglichst hohe Effizienz des Gesamtprozesses zu erreichen. Andererseits führt genau dies zu einer hohen Konzentration an toxischen Zwischen-, Neben- oder Endprodukten und wirkt sich negativ auf die Effektivität und Effizienz des Prozesses aus. Können die toxischen Neben- oder Endprodukte nicht in ausreichender Menge und Geschwindigkeit vom Reaktionsgemisch abgezogen werden (aus naheliegenden Gründen verbietet sich diese Option für Zwischenprodukte), bleibt zunächst nur die Einstellung einer optimalen Produktkonzentration, die so hoch ist, dass negative toxische Wirkungen gerade noch ausbleiben.

Häufig ist eine Schädigung der Zellmembran durch den entsprechenden Metaboliten verantwortlich für dessen Toxizität. Daneben konnten noch eine Reihe weiterer Mechanismen identifiziert werden, welche einen Mikroorganismus schädigen können und durch Stoffwechselprodukte ausgelöst werden, beispielsweise oxidativer Stress, Störungen in der Atmungskette oder Blockierungen von Aminosäure-Synthesewegen.

Seit längerem wird daran gearbeitet, die Verträglichkeit gegenüber Stoffwechselprodukten für diverse Mikroorganismen zu erhöhen, wobei auf unterschiedliche Strategien gesetzt bzw. diese miteinander kombiniert werden, wie Jia et al. (2010) am Beispiel der Alkoholtoleranz erläutern. Zum einen werden „rationale“ Ansätze verfolgt, im Zuge derer die betreffenden Mikroorganismen gezielt gentechnisch verändert werden, um in der Folge höhere Konzentrationen eines bestimmten Stoffes zu tolerieren. Zum anderen werden „zufällig“ Varianten von Mikroorganismen erzeugt und diese dann nach tolerante(re)n Spezies durchsucht. Bezüglich der rationalen Ansätze kann noch einmal zwischen jenen Ansätzen unterschieden werden, welche die Alkoholtoleranz von natürlichen Alkoholproduzenten zu verbessern versuchen, und solchen, die eine Alkoholproduktion in natürlicherweise nicht Alkohol produzierenden, aber Alkohol toleranten Organismen zu implementieren versuchen. Die als „rational“ bezeichneten Strategien entsprechen dabei mehr der Herangehensweise der Synthetischen Biologie als die „zufälligen“, auf gesteuerte Evolution setzenden. Ansätze der systematischen und gezielten Modifikation von Organismen zur Erhöhung ihrer Toleranz gegenüber bestimmten Biokraftstoffen sehen sich allerdings generell mit dem Problem konfrontiert, dass bisher erst sehr wenig bekannt ist über die Strukturen und Mechanismen, die zu einer höheren Toleranz führen.

Direkte Produktion von Kraftstoffen aus Mikroorganismen

Die in den obigen Abschnitten beschriebenen Ansätze setzen auf die Produktion von Biomasse, welche meist nicht direkt als Endenergieträger fungieren kann, sondern in mindestens einem weiteren Prozessschritt umgewandelt werden muss. Diese Umwandlung ist meist mit Masse- und Energieverlusten verbunden, welche sich negativ auf den Gesamtenergieertrag sowie auf die ökologische Effizienz der entsprechenden Verfahren auswirken. Zudem sind die weiteren Umwandlungsschritte mit zusätzlichen Kosten verbunden, welche die Wettbewerbsfähigkeit der jeweiligen Verfahren gefährden. Daher werden auch verstärkt Anstrengungen unternommen, Verfahren zu entwickeln, welche direkt verwertbare Kraftstoffe (Endenergieträger) produzieren und den „Umweg" über nicht direkt verwertbare Biomasse vermeiden.

Photoautotrophe Mikroorganismen wie Mikroalgen und Cyanobakterien, welche unter der Ausnutzung solarer Strahlungsenergie Kohlendioxid in organischen Verbindungen fixieren können, finden nicht nur als Biomasse Verwendung, welche dann durch chemische, biochemische oder biologische Prozesse in Biokraftstoffe umgewandelt wird. Sie können auch selbst Stoffe produzieren, die – nach etwaiger chemisch-physikalischer Umwandlung – als Energieträger genutzt werden können (Li, H./Liao 2013; Wijffels et al. 2013). Dies sind u.a. Ethanol, Butanol, Fettsäuren und Kohlenhydrate (Cyanobakterien) sowie Fette, Stärke und Alkane (Mikroalgen; Wijffels et al. 2013).

Cyanobakterien sind deutlich besser systembiologisch analysiert und verstanden als Mikroalgen und weisen als Prokaryoten gegenüber den eukaryotischen Mikroalgen den Vorteil der leichteren Zugänglichkeit für Methoden der Gentechnik, des Metabolic Engineering und der Synthetischen Biologie auf (Wijffels et al. 2013). Allerdings sind das Wissen über und damit auch die Möglichkeiten der Manipulation der Cyanobakterien derzeit noch deutlich geringer als bei anderen industriell verwendeten Bakterienarten (Li, H./Liao 2013). Des Weiteren können die gewünschten Produkte aufgrund entsprechender bakterieller Ausschleusungsprozesse leichter aus den Reaktionsgemischen extrahiert werden als bei Mikroalgen. Letztere können hingegen Stoffwechselprodukte in speziellen Zellkompartimenten speichern, was u.a. vorteilhaft ist bei reaktionshemmenden und toxischen Produkten. Allerdings liegen die Produktionsraten der Mikroalgen noch deutlich unter jenen der Cyanobakterien (Wijffels et al. 2013).

Eine von Hellingwerf/Teixeira de Mattos (2009) als „Photanol-Ansatz" bezeichnete Strategie sieht vor, Ethanol und andere Alkohole sowie weitere organische Stoffe direkt durch phototrophe Mikroorganismen wie Mikroalgen und vor allem Cyanobakterien produzieren zu lassen, indem in ihnen Stoffwechselwege heterotropher Mikroorganismen wie beispielsweise Hefen implementiert werden. Ein bedeutender Vorteil dieser Strategie läge darin, dass nicht erst höherkomplexe Stoffe wie Stärke, Lignozellulose, Proteine oder Fette in einem Organismus aufgebaut werden müssten, die dann wieder in weniger komplexe Stoffe wie Wasserstoff, kurzkettige Alkohole (vor allem Ethanol, Propanol und Butanol) oder (Bio-)Diesel in einem anderen Organismus (oder chemisch) umgewandelt werden müssten. Da sowohl der Aufbau (Anabolismus) als auch Abbau (Katabolismus) Energie verbraucht, wird durch dieses zweistufige Verfahren nur eine relativ geringe Effizienz erreicht (auf die eingestrahlte Solarenergie pro Fläche und den Energiegehalt des nutzbaren Kraftstoffs bezogen). Der Photanol-Ansatz würde auf den „Umweg" über die höherkomplexen Strukturen verzichten und könnte so, zumindest theoretisch, deutlich energieeffizienter sein.

Im Fokus direkter Kraftstoffproduktion durch Algen und Cyanobakterien steht vor allem auch die Wasserstoffproduktion, deren Entwicklung sich jedoch erst am Anfang befindet (Wijffels et al. 2013). Mit Hilfe synthetisch-biologischer Ansätze wird versucht, verschiedene Leistungsparameter der beteiligten Photosysteme und Hydrogenasen (Friedrich et al. 2011) entscheidend zu verbessern, um insbesondere die Stabilität der Prozesse und die Wasserstoffausbeute zu erhöhen. Ein Hauptproblem im Zusammenhang mit Hydrogenasen liegt in deren extremer Empfindlichkeit gegenüber Sauerstoff, welcher in der Regel zu einer permanenten Inaktivität des Enzyms führt.

Einige Mikroorganismen, die sogenannten Chemoautotrophen, sind natürlicherweise in der Lage, organische Verbindungen aus Kohlendioxid und Wasser aufzubauen, ohne dabei jedoch Licht (Photonen) als Energiequelle zu nutzen (wie dies Pflanzen, Algen und einige weitere photoautotrophe Mikroorganismen tun). Stattdessen oxidieren diese Mikroorganismen anorganische Substrate, um die Energie (Elektronen) für die Kohlenstofffixierung zu gewinnen. Dass diese Organismen nicht auf Licht angewiesen sind, macht sie auch und gerade für biotechnologische Syntheseverfahren interessant, weil sie in kompakten, geschlossenen Reaktoren und an Standorten mit für die Photosynthese ungünstigen solaren Strahlungsverhältnissen eingesetzt werden können. Dies und die Tatsache, dass sie als Autotrophe ohne Biomasse als Substrat auskommen und damit nicht mit der sonstigen Landwirtschaft konkurrieren, macht sie zu einer interessanten Alternative für die Produktion von Biokraftstoffen. Schließlich könnten diese Organismen auch den temporär überschüssigen Strom aus Solar- oder Windkraftanlagen langfristig speicherbar machen, indem sie den durch Elektrolyse gewonnenen Wasserstoff – welcher eine sehr geringe volumenbezogene Energiedichte aufweist und dessen Speicherung und Transport mit hohen Sicherheitsrisiken behaftet ist – in hoch energiedichte und besser beherrschbare flüssige Kraftstoffe umwandeln. Die genannten Vorteile stellen einen wesentlichen Grund dafür dar, dass auch die chemoautotrophen Organismen und ihre entsprechenden Stoffwechselwege (Fast/Papoutsakis 2012) und sonstigen biochemischen Strukturen und Prozesse einen Gegenstand (synthetisch-)biologischer, Li, H./Liao 2013).

Konkrete Arbeiten fokussieren hierbei u.a. auf die Bakterienarten *Ralstonia eutropha, Ralstonia europea* und verschiedene *Clostridium*-Spezies sowie die Archaeen-Arten *Pyrococcus furiosus* und *Metallosphaera sedula* (Hawkins et al. 2013; Lovley/Nevin 2013). Hierbei werden derzeit vorrangig zwei in erster Linie gentechnische bzw. Metabolic-Engineering-Strategien verfolgt: Zum einen wird versucht, in autotrophen Organismen Stoffwechselpfade zu implementieren, die zum gewünschten Biokraftstoff führen. Zum anderen wird daran gearbeitet, in heterotrophen Organismen, die bereits natürlicherweise als Kraftstoffe nutzbare Verbindungen erzeugen können, Kohlenstofffixierungspfade umzusetzen (Hawkins et al. 2013).

Einige Mikroorganismen können sogar direkt Elektronen akzeptieren und zur Kohlenstofffixierung nutzen, weswegen einige Ansätze darauf abzielen, Mikroorganismen zur elektrisch getriebenen Synthese von Biomolekülen (Elektrosynthese) einzusetzen, um damit beispielsweise einen Beitrag zur Lösung des Speicherproblems von Strom aus Windkraft- und Photovoltaikanlagen zu leisten (Rabaey et al. 2011; Lovley/Nevin 2013). Im Idealfall würden autotrophe Mikroorganismen Kohlendioxid unter Verwendung extern zugeführter Elektronen mit Wasser zu organischen Verbindungen reduzieren, welche dann als Kraftstoffe gespeichert und bei Bedarf verwendet werden könnten. Auf diese Weise würde Kohlenstoff sequestriert und damit klimaschädigende Kohlendioxidemissionen vermieden. Des Weiteren müssten den Mikroorganismen keine oder nur geringe Mengen sonstigen organischen Materials (aus Biomasse) zur Verfügung gestellt werden, weswegen auch kein fruchtbarer Boden benötigt würde und somit Konflikte mit dem Nahrungsmittelanbau eher ausgeschlossen werden könnten. Alternativ sind auch Verfahren möglich, die teilweise/phasenweise oder vollständig heterotroph ablaufen und durch die Zuleitung von Elektronen optimiert werden (beispielsweise durch Beeinflussung der Produktzusammensetzung). Hinsichtlich der biologischen und biochemischen, aber auch der verfahrens- und materialtechnischen Aspekte weist die Elektrosynthese enge Verbindungen zum weiter unten besprochenen Bio-Elektrizitäts-Ansatz auf, so dass beide Ansätze einander befruchten (Rabaey et al. 2011).

Der Transfer der zugeführten Elektronen kann dabei in zweierlei Weise erfolgen (Lovley/Nevin 2013): Beim direkten Verfahren werden die Ladungsträger direkt durch Membranproteine der jeweiligen Bakterien von der Elektrode an die Bakterien übertragen. Beim durch Mediatoren vermittelten Verfahren werden die Ladungsträger durch kleine, (metallo-)organische Moleküle (sogenannte „shuttles") an der Elektrode aufgenommen, durch das Medium transportiert und über entsprechende Strukturen an der Zellmembran der Bakterien wieder abgegeben. Der direkte Elektronentransfer ist zwar das – bezogen auf das Verhältnis der eingesetzten Elektronen zum Energiegehalt der Endprodukte – effizientere Verfahren, bisher sind die tatsächlichen Ausbeuten jedoch deutlich geringer als bei den schon länger beforschten, mediatorenbasierten Verfahren. Für die längerfristige Anwendung werden dennoch die relativ neuen, direkten Verfahren favorisiert, da die Shuttle-Moleküle häufig instabil und toxisch sind und bei der Extraktion der Endprodukte aus den Reaktionsgemischen stören.

Aufgrund der vielen energetischen Umwandlungsprozesse, welche im Zuge eines solchen Verfahrens stattfinden müssen, erscheint die Elektrosynthese zunächst ineffizient. Tatsächlich könnte das Verfahren – unter gewissen Bedingungen – jedoch einen höheren Gesamtwirkungsgrad bei der Umwandlung von Solarenergie in chemisch gebundene Energie aufweisen als photosynthesebasierte Systeme, was vor allem darin begründet liegt, dass Photovoltaiksysteme mittlerweile deutlich effizienter sind als die natürliche Photosynthese der Pflanzen und Algen und zudem die pflanzliche bzw. Algenbiomasse selten direkt als Kraftstoff verwendet werden kann, so dass weitere Prozessschritte nötig sind, die wiederum mit Massen- und Energieverlusten verbunden sind (Lovley/Nevin 2013). Spezies, die zur Elektrosynthese fähig sind und an denen deshalb geforscht wird, sind u.a. *Morella thermoacetica* und verschiedene *Sporomusa-* und *Clostridium*-Arten (ebd.).

Die Herausforderungen, welche zunächst bewältigt werden müssen, bevor chemoautotrophe und elektrosynthetische Verfahren im industriellen Maßstab betrieben werden und einen signifikanten Beitrag zur nachhaltigen Produktion von Kraftstoffen und anderen Chemikalien leisten können, beziehen sich neben dem Verständnis der entsprechenden biologischen und bio-(elektro-)chemischen Prozesse und Strukturen (Hawkins et al. 2013) vor allem auch auf verfahrens-, material- und anlagentechnische Problemstellungen (Rabaey et al. 2011). Diesbezüglich werden auch und insbesondere von synthetisch-biologischen Ansätzen Lösungsbeiträge erwartet, beispielsweise durch genomweites Eingreifen in genetische Regulationsmuster („genome enginering"), die Verwendung synthetischer Oligonukleotide oder den gezielten Einsatz spezieller RNA-Moleküle (Fast/Papoutsakis 2012).

Energiegewinnung aus zellfreien Systemen

Eine Sonderrolle nicht nur innerhalb der Synthetischen Biologie, sondern auch in der Biotechnologie allgemein nehmen sogenannte zellfreie Systeme ein („cell-free biology", Swartz 2006; „cell-free systems", Bujara et al. 2010; Guterl/Sieber 2013; „cell-free bioconversion", Rupp 2013).[49] Die Besonderheit dieser Ansätze besteht

49 Vgl. zu den Einsatzmöglichkeiten zellfreier Systeme auch das Kapitel 7 zu möglichen gefährdungsarmen Entwicklungspfaden.

darin, dass nicht mit lebenden oder intakten Zellen bzw. Mikroorganismen (in-vivo) gearbeitet wird. Stattdessen werden lediglich biologische und biochemische Einheiten, die unterhalb der Organisationseinheit Zelle angesiedelt sind, außerhalb von Zellen bzw. Mikroorganismen verwendet (in-vitro). Dies sind vor allem Enzyme, Proteine, DNA, RNA und Ribosomen (Carlson et al. 2012, S. 1186).

Zellfreie Systeme weisen einige gewichtige Vorteile gegenüber zellbasierten Systemen auf (Hockenberry/Jewett 2012; Swartz 2012; Guterl/Sieber 2013 [enthält tabellarische Übersicht über Vor- und Nachteile zellbasierter und zellfreier Systeme]). Zum einen müssen die Prozessbedingungen nicht an die teilweise sehr komplexen Bedürfnisse lebender Zellen angepasst werden und störende Wechselwirkungen im stark verzweigten, regulativen und metabolischen Netzwerk der Zellen können vermieden werden. Zum anderen muss keine Energie und müssen keine Stoffe für Prozesse aufgewendet werden, die nicht dem industriellen Zweck dienen (wie beispielsweise Wachstum, Zellteilung oder Bewegung). Des Weiteren stellt sich bei zellfreien Systemen das Problem des Stofftransports (Zuführung von Substraten und Abführung sowie Aufreinigung von Produkten) in sehr viel geringerem Ausmaß als bei zellbasierten Systemen, weil die sonst als Barriere wirkenden Zellwände bzw. Zellmembranen wegfallen. Darüber hinaus werden auch weniger Stoffe produziert, die sich störend auf den eigentlichen Zielprozess auswirken oder aufwendig entfernt werden müssen. Auch können in zellfreien Systemen Stoffe produziert werden, die toxisch wären für lebende Zellen (weil sie beispielsweise die Zellmembran schädigen). Schließlich weisen die zellfreien Systeme tendenziell eine geringere Komplexität sowie eine höhere Transparenz auf als die zellbasierten. Während man es bei intakten Zellen bzw. Organismen mit lebenden, evolvierenden Systemen zu tun hat, die sich trotz des mittlerweile enormen (system-)biologischen Wissens zu großen Teilen noch immer als „Black Boxes" darstellen, sind zellfreie Systeme im Prinzip Netzwerke (bio-)chemischer Reaktionen, deren jeweilige Elemente und individuelle Prozesse größtenteils bekannt sind, was letztlich zu einer deutlich erhöhten Kontrollierbarkeit zellfreier Systeme beiträgt.

Die Tatsache, dass in der industriellen Biotechnologie bisher überwiegend zellbasierte Systeme zum Einsatz kommen und zellfreie Systeme fast ausschließlich in der biologischen Grundlagenforschung genutzt wurden (Hodgman/Jewett 2012), liegt vor allem darin begründet, dass zellfreie Systeme auch einige zum Teil gravierende Nachteile besitzen bzw. mit Herausforderungen verknüpft sind, an deren Bewältigung nach wie vor gearbeitet wird (Hold/Panke 2009; Carlson et al. 2012; Guterl/Sieber 2013; Rupp 2013). Besonders problematisch waren und sind die sehr begrenzte Aktivität, Stabilität und Lebensdauer der verwendeten biologischen Bausteine (weil eben keine lebenden Systeme vorliegen, die über Reparatur- und Erneuerungsmechanismen verfügen), die Bereitstellung von (kostengünstigen) Substraten sowohl für den Stoff- als auch für den Energieumsatz sowie die Hochskalierung vom Labor- zum Industriemaßstab.

Da die meisten biologischen bzw. biochemischen Einheiten, die im Rahmen zellfreier Ansätze verwendet werden, nicht rein (bio-)chemisch synthetisiert werden können, bedarf es auch bei zellfreien Ansätzen lebender Zellen bzw. Mikroorganismen, um zunächst die nötigen biologisch aktiven Ausgangsstoffe (insbesondere Enzyme) zu produzieren. Am weitesten verbreitet ist hier der Ansatz, weitgehend unveränderte Zellextrakte zu verwenden („crude extract cell-free systems", CECFs, Hodgman/Jewett 2012). Die hierbei genutzten Organismen werden in der Regel gentechnisch derartig modifiziert, dass eine Zusammensetzung biologischer und biochemischer Bausteine produziert wird, die dem Optimum für das angestrebte zellfreie System möglichst nahe kommt. Diesen Modifikationsprozessen sind jedoch relativ enge Grenzen gesetzt, da der betreffende Organismus die gewünschten Bausteine in ausreichender Menge, Qualität und Geschwindigkeit produzieren muss, ohne dabei Schaden zu nehmen oder gar abzusterben (Rupp 2013). Ist ein bestimmter Reifegrad erreicht, werden die Zellen „aufgebrochen" und ihr Inneres geht in das umgebende Medium (Lösung) über. Zellbestandteile, die nicht weiter benötigt werden oder den weiteren Prozess stören könnten, wie beispielsweise chromosomale DNA oder Bestandteile von Zellwand bzw. -membran, werden entfernt und das übrige Extrakt (Lysat) wird nun für den entsprechenden biotechnologischen Prozess genutzt (Swartz 2006).

Alternativ können die Bausteine, die für ein bestimmtes zellfreies System benötigt werden, zunächst in Reinform gewonnen und erst dann für den zellfreien Prozess neu (synthetisch) zusammengestellt werden (Rupp 2013). Auf diese Weise lassen sich auch Stoffwechselwege realisieren, die weder in natürlichen noch in genetisch veränderten Zellen oder Organismen umgesetzt werden (können). Diese als „synthetic enzymatic pathways", SEPs (Hodgman/Jewett 2012) oder „protein synthesis using recombinant elements", PURE (für den speziellen Fall der zellfreien Proteinsynthese; Shimizu et al. 2005) bezeichneten Ansätze sind jedoch erheblich aufwendiger und daher auch mit höheren Kosten verbunden (Swartz 2012; Rupp 2013).

Der von Zhang, Y.-H. P. (2010) entwickelte SEP-Ansatz „Synthetic Pathway Biotransformation" (SyPaB) weist – zumindest konzeptionell – bereits stark synthetisch-biologische Züge auf. Denn im Zuge dieses Ansatzes kommen eine ganze Reihe unterschiedlicher Methoden mit dem Ziel zum Einsatz, ein komplexes, nichtnatürliches, zellfreies biologisches System zu etablieren, das hochspezifisch und wohlkontrolliert definierte Substrate in definierte Produkte umwandelt. Etablierte gentechnische Methoden (beispielsweise zur Enzymproduktion) werden dabei ebenso angewendet wie Protein Engineering und Enzyme Engineering sowie weitere chemische, biochemische und prozesstechnische Methoden. Obwohl Zhang, Y.-H. P. (2010) ebenfalls einen Kostennachteil für SEPs (inklusive seines eigenen SyPaB) gegenüber zellbasierten und CECFs konstatiert, sehen er und sein Team ein enormes Potenzial zur Kostensenkung, welches bei völliger Ausschöpfung zu konkurrenzfähigen Preisen für Massenchemikalien (wie beispielsweise Biokraftstoffe) führen würde (Zhang, Y.-H. P. et al. 2011).

Synthetisch-biologische Ansätze werden darüber hinaus bereits angewendet, um die Möglichkeiten und die Leistungsfähigkeit zellfreier Systeme zu erweitern bzw. zu erhöhen (Harris/Jewett 2012). So können beispielsweise nichtnatürliche Aminosäuren in der zellfreien Proteinsynthese eingesetzt und so Proteine hergestellt werden, die neue oder verbesserte Funktionen aufweisen. Eng verknüpft mit dem Einbau nichtnatürlicher Proteine ist die Erweiterung des „Alphabets" des genetischen Codes durch die Verwendung zusätzlicher, nichtnatürlicher Basenpaare. Dies erhöht die Anzahl verfügbarer Codone und somit die Möglichkeiten der Verwendung nichtnatürlicher Aminosäuren. Im Ergebnis können zellfreie synthetisch-biologische Ansätze zur Synthese wohldefinierter Polymere eingesetzt werden.

Auch das oben angesprochene Problem der Hochskalierung der Produktionsprozesse, das vor allem aus den sich verschlechternden Reaktionsbedingungen (insbesondere die Verteilung und Zugänglichkeit der Reaktanden betreffend) in großvolumigen Reaktoren resultiert, kann mit Hilfe synthetisch-biologischer Ansätze angegangen werden. Zu nennen wären hier Ansätze zur Konstruktion semi-synthetischer oder artifizieller Zellen (Murtas 2009; Amidi et al. 2010; Stano et al. 2011), welche als Container in der Größenordnung von natürlichen Zellen fungieren und in größeren Reaktoren zusammengefasst werden könnten, ohne aber viele der sonstigen, negativen Eigenschaften (siehe oben) von lebenden Systemen aufzuweisen. (Allerdings ist es fraglich, ob dann noch von „zellfreien" Systemen im eigentlichen Sinn gesprochen werden kann.) Auch Ansätze zur Immobilisierung von Enzymen bzw. zur Bildung von Enzymkomplexen (Zhang, Y.-H. P. 2011; Hodgman/Jewett 2012; Rupp 2013) arbeiten in diese Richtung, indem sie die Zugänglichkeit von Reaktanden erhöhen. Überdies erleichtern immobilisierte Enzyme die nachträgliche Aufreinigung der Reaktionsprodukte und steigern die Möglichkeiten ihrer Wiederverwertbarkeit (Zhang, Y.-H. P. et al. 2011). Beides würde auch zu einer Kostensenkung beitragen, welche zur Erlangung von Wettbewerbsfähigkeit unumgänglich ist.

Im Zuge der aktuellen Entwicklungen im Bereich zellfreier Systeme, wird auch intensiv an zellfreien industriellen Anwendungen geforscht, und zwar sowohl im Bereich der Feinchemikalien (inklusive Medizin und Pharmazeutik) als auch – in zunehmenden Maße – im Bereich der Massenchemikalien (Swartz 2006; Hodgman/Jewett 2012; Guterl/Sieber 2013). Neben den seit Jahrzehnten praktizierten zellfreien Ansätzen im Bereich der biologischen Grundlagenforschung und Analytik ist vor allem die zellfreie Proteinsynthese mittlerweile relativ weit vorangeschritten (Carlson et al. 2012; Swartz 2012). Jüngere Bestrebungen im Feld der zellfreien Systeme widmen sich nun verstärkt der Synthese von Massenchemikalien, die u.a. als Biokraftstoffe (bzw. zu deren Herstellung) verwendet werden können (Zhang, Y.-H. P. 2010; Guterl/Sieber 2013; Rupp 2013).

Die zellfreie Synthese konnte bereits für eine Reihe von Biokraftstoffen, wie beispielsweise Ethanol, Butanol, Polyole und Wasserstoff gezeigt werden (Zhang, Y.-H. P. et al. 2010). Hierbei scheint es sich jedoch um „Proof-of-Principle"-Experimente zu handeln, deren Übertragung in industrielle Produktionskontexte noch in weiter Ferne liegt. Darüber hinaus ist unklar, weswegen die von Zhang, Y.-H. P. et al. (2010) und anderen Reviews zu dieser Thematik (vgl. Guterl/Sieber 2013) zitierten Arbeiten zur zellfreien Ethanol-Synthese (nämlich: Algar/Scopes 1985; und: Welch/Scopes 1985) bereits dreißig Jahre zurückliegen und seither offenbar nur wenig in ihrer Weiterentwicklung fortgeschritten sind. Auch die zitierten zellfreien Butanol- und Polyolsynthesen scheinen derzeit noch im konzeptionellen Stadium zu sein. Die genannte zellfreie Wasserstoffsynthese konnte unter Einsatz von insgesamt 13 Enzymen aus Stärke und Wasser realisiert werden, wobei die eingesetzten Enzyme aus tierischen und pflanzlichen Zellen sowie aus Bakterien, Hefen und einer Archebakterienart gewonnen wurden (Zhang, Y.-H. P. et al. 2007). Bezüglich des letztgenannten Ansatzes erwarten Zhang, Y.-H. P. et al. (2007, S. 4) für die Zukunft eine enorme Leistungssteigerung, und zwar mithilfe einer Optimierung der eingesetzten Enzyme durch „metabolic engineering modeling", durch eine Austausch der mesophilen durch rekombinante (hyper-)thermophile Enzyme, Protein Engineering sowie durch eine Erhöhung der Konzentration der Enzyme und Substrate. Eine weitere Herausforderung besteht vor allem in der Steigerung der Umsatzraten sowie in der Etablierung bzw. Erhöhung der Sauerstoffresistenz der eingesetzten Hydrogenasen. Verschiedene, auch synthetisch-biologische Ansätze verfolgen daher genau dieses Ziel (Friedrich et al. 2011).

Würden die oben genannten und gegebenenfalls weitere Optimierungsstrategien umgesetzt, entspräche das resultierende zellfreie System durchaus den Prinzipien und Charakteristika eines synthetisch-biologischen (zellfreien) Systems. Erste Erfolge konnten diesbezüglich bereits realisiert werden (Zhang, Y.-H. P. 2010). Insbesondere für die zellfreie Wasserstoffproduktion werden von der Kombination der unterschiedlichen Optimierungsansätze enorme Kostensenkungen erwartet, welche die zellfreie Biokraftstoffproduktion letztlich konkurrenzfähig machen sollen zur zellbasierten Biokraftstoffproduktion (Zhang, Y.-H. P. et al. 2011) bzw. sogar zur konventionellen petrochemischen Kraftstoffgewinnung (Zhang, Y.-H. P. et al. 2007).

Bio-Elektrizität

Der weit überwiegende Teil der Forschungen und Entwicklungen zur Energiegewinnung aus Biomasse fokussiert auf die Herstellung von Kraftstoffen, die entweder in Verbrennungsmotoren und Turbinen oder – im Fall von Wasserstoff – zur Stromerzeugung in Brennstoffzellen eingesetzt werden können. Es gibt jedoch auch Bestrebungen, elektrischen Strom direkt aus Mikroorganismen (Kiely et al. 2011) oder in zellfreien Systemen (Cooney et al. 2008) zu generieren. Analog zu wasserstoffbetriebenen Brennstoffzellen würden die sogenannten „microbial fuel cells" dann Strom produzieren. Dabei werden, wie bei der oben beschriebenen Elektrosynthese, grundsätzlich zwei Funktionsweisen unterschieden: Der direkte und der auf Mediatoren basierende Elektronentransfer (Cooney et al. 2008; Yong et al. 2011). Im Gegensatz zur Elektrosynthese wandern die Elektronen jedoch von den Bakterien bzw. den Enzymen (bei zellfreien Ansätzen) zur Elektrode. Ansonsten ergeben sich hier im Hinblick auf die zwei genannten Funktionsweisen dieselben Vor- und Nachteile sowie Entwicklungsaussichten wie oben bezüglich der Elektrosynthese beschrieben.

Heute sind bereits mehrere Bakterienarten bekannt, die natürlicherweise Elektronen „liefern" können, darunter *Escherichia Coli* und *Pelobacter propionicus* sowie solche aus den Gattungen *Geobacter, Shewanella, Azoarcus, Desulfuromonas, Thauera* und *Pseudomonas* (Kiely et al. 2011; Yong et al. 2011). Bereits durch gentechnische Eingriffe lassen sich die Funktionsweise und verschiedene elektrische Leistungsparameter der bakteriellen Elektronentransferprozesse modifizieren und mit Blick auf potenzielle Anwendungen zur Energiegewinnung optimieren (Yong et al. 2011). Die Bandbreite an Substraten, welche die entsprechenden Mikroorganismen für die Generierung von Elektronen nutzen können, ist relativ breit; selbst Abwasserströme kommen hierfür infrage (Kiely et al. 2011). Die Elektronen liefernden, mehrstufigen Abbauprozesse, an denen eine Vielzahl unterschiedlicher Bakterienarten und -gattungen in synergistischer Weise beteiligt sind, weisen eine hohe Komplexität auf und sind bisher erst wenig erforscht.

Bei zellfreien Systemen konzentrieren sich die Forschungen auf die Optimierung natürlicher beziehungsweise die Entwicklung artifizieller Enzymzusammenstellungen, welche die Gewinnung von (freien) Ladungsträgern erlauben, sowie auf die Optimierung der jeweils beteiligten Enzyme selbst (durch Enzyme Engineering) (Guterl/Sieber 2013). Des Weiteren wird an einer ganzen Reihe verfahrens-, material- und reaktortechnischer Fragestellungen geforscht (Cooney et al. 2008).

Ob und in welcher Weise die Synthetische Biologie bei der Erforschung und Entwicklung bioelektrischer Verfahren eine Rolle spielen wird, ist derzeit aufgrund des frühen Stadiums dieses Forschungsbereichs noch schwer abzuschätzen. Es kann jedoch vermutet werden, dass synthetisch-biologische Ansätze bei der Optimierung der beteiligten Enzyme und anderer biologischer und biochemischer Strukturen sowie bei der Modifizierung der Stoffwechselwege der beteiligten Bakterien wichtige Beiträge leisten könnten. Derzeit scheint das Feld jedoch einerseits noch von der biologischen Grundlagenforschung zum Verständnis der Mechanismen der exogenen Elektronenabgabe dominiert zu sein. Ohne ein zumindest grundlegendes Verständnis können nur schwer konkrete Ansatzpunkte für eine synthetisch-biologische Manipulation oder sogar ein denovo-Design von Strukturen und Organismen entwickelt werden. Wahrscheinlich widmen sich aus diesem Grund viele Untersuchungen der Optimierung verfahrenstechnischer Parameter, wie beispielsweise Aufbau und Materialien der verwendeten Elektroden oder Zusammensetzung der eingesetzten Mikrobengemeinschaften, wobei die biologischen und bio(-elektro-)chemischen Zusammenhänge zunächst als „Black Box“ betrachtet werden.

5.3 Biologische und biomimetische Materialien

Biobasierte Materialien werden in biologische Materialien, biomimetische bzw. „bioinspirierte“ Materialien und Biomaterialien unterschieden (Ehrlich 2010; Meyers et al. 2010). Biologische Materialien umfassen die natürlichen Materialien wie z.B. Holz, Knochen oder menschliche Haut (Meyers et al. 2010; Chen, P.-Y. et al. 2012). Biomimetische Materialien sind bionische Materialien, deren Strukturen oder Wirkprinzipien vom natürlichen Pendant kopiert oder auch nur bioinspiriert sind. Dagegen zählen Biomaterialien zu den Materialien des medizinischen Bereiches, wie z.B. künstliche Gewebestrukturen (Ehrlich 2010; Meyers et al. 2010). Offensichtlich sind jedoch diese drei Bereiche nicht scharf voneinander abgegrenzt. So kann es z.B. vorkommen, dass unter biologischen Materialien auch medizinische Biomaterialien zusammengefasst werden (Meyers et al. 2010), die aber nicht Gegenstand der vorliegenden Betrachtung sind.

Bereits seit mehreren Jahrhunderten dienen die Formen und Mechanismen der Natur als Inspirationsquelle für technische Lösungen. In Forschung und technischer Anwendung wird dieser Bereich als Bionik bzw. als Biomimetik[50] bezeichnet. Für den Bereich der Bionik bestehen verschiedenste Definitionen, die hier nicht diskutiert werden können. An dieser Stelle sei an von Gleich et al. verwiesen (2007). Zusammengenommen ist ein Ziel der Bionik, diese Formen, Strukturen, Systeme und Mechanismen von der Natur zu erlernen und letztendlich in Innovationen umzusetzen. Aus ingenieurwissenschaftlicher Sicht stellt

50 Die Begriffe Biomimetik und Bionik werden hier synonym gebraucht. Im deutschsprachigen Raum dominiert noch der Begriff der Bionik. International wird zunehmend von „biomimetics“ gesprochen, weil „bionics“ dort eher mit „künstlichen Menschen“ assoziiert wird.

die Natur sehr interessante Phänomene und Lösungswege mit einer relativ begrenzten Anzahl von Materialien und in ihnen verwendeten Elementen für verschiedene Problemstellungen zur Verfügung (Ashby et al. 1995; Dunlop/Fratzl 2012). Diese besonderen Eigenschaften kommen oft erst durch die Kombination und die Strukturierung der einzelnen Materialkomponenten auf der Molekular-, Gewebe- und Organebene zustande. Man spricht daher von einer hierarchischen Strukturierung. Ein klassisches Beispiel dafür ist die Spinnenseide, die einerseits eine hohe Elastizität, und andererseits zugleich auch eine hohe Zugfestigkeit besitzt, die sich aus ihrem charakteristischen Aufbau und ihrer Konstitution ableitet (Whitesides/Wong 2006). Auf Spinnenseide wird im Folgenden noch näher eingegangen werden. Hierarchisch strukturierte biologische Materialien können auf sich sehr unterschiedliche Eigenschaftskombinationen vereinigen, die durch die bisher industriell verwendeten Werkstoffe nicht realisiert werden können, wie z.B. die schon erwähnte Kombination von Elastizität und Zugfestigkeit bei der Spinnenseide oder die Kombination von hoher Bruchfestigkeit und Bruchzähigkeit bei Muschel- und Schneckenschalen. Darüber hinaus finden sich auch die Fähigkeit zur Selbstheilung sowie adaptive und multifunktionale Eigenschaften (Fratzl/Barth 2009). Ein weiterer Vorteil biologischer Materialien ist ihre Biokompatibilität und die Bioabbaubarkeit. Ein ausführlicher Übersichtsartikel zu sämtlichen integrierten Funktionen in biologischen Materialien kann der Veröffentlichung von Kesong Liu und Lei Jiang (2011) entnommen werden.

Für die Nutzung dieser Materialien bzw. deren Eigenschaften müssen zwei Prämissen erfüllt sein. Zum einen muss das biologische Material künstlich in gewünschter Qualität und Quantität herstellbar sein. Zum anderen sollte das hergestellte Material in der jeweiligen Anwendung (adaptiv) mit anderen Substanzen und Materialien im Anwendungskontext verwendbar sein. Die künstliche Herstellung von biologischen und biomimetischen Materialien ist seit längerer Zeit ein hochgestecktes Ziel der Materialforschung und Bionik. Wobei die biomimetischen Ansätze auch deutliche Auswirkungen auf die Fertigungstechnik haben könnten. Gegenwärtig werden Werkstücke meist in der Technosphäre vom Menschen in einem top-down-Ansatz[51] hergestellt, der in der Regel auf einem Materialabtrag in definierten kleinen Schritten beruht, um die angestrebten Formen und Strukturen herzustellen. Die Natur setzt im Gegensatz dazu auf eine bottom-up-Strategie, indem sie ihre Materialien durch Selbstorganisation und Differenzierung im Prozess des Wachstums entstehen lässt (Fratzl/Barth 2009).

Die Eigenschaften biologischer Materialen wie Holz, Spinnenseide oder Perlmutt entwickelten sich im Laufe der Evolution und weisen eine natürliche

51 Wir verwenden hier die im Bereich der Synthetischen Biologie verbreiteten Bezeichnungen top-down und bottom-up auch für den Bereich der Materialforschung und Fertigungstechnik.

Variabilität auf. Aufgrund der mechanistisch-deterministischen Wurzeln des bisher dominierenden ingenieurwissenschaftlichen Technikverständnisses ist ein Wissenstransfer aus der Natur in die Technosphäre gegenwärtig noch schwierig, da technische Materialien und Systeme mit der Entwicklungs- und Anpassungsfähigkeit der Organismen und der Variabilität der von ihnen gebildeten Materialien in der Regel noch nicht mithalten können (Fratzl/Barth 2009). Daher müssen neue Ansätze zur Herstellung und Nutzung biologischer Materialien gefunden werden. Möglicherweise kann die Synthetische Biologie einen entscheidenden Beitrag zu einer derartigen bottom-up-Strategie leisten. Sofern man Church et al. (2014) folgt, sind Zellen natürliche Architekten, die komplexe Funktionsmaterialien aus einfachen Chemikalien herstellen. Zur Steuerung dieser komplexen Prozesse werden jedoch mehrere hunderte synthetische genetische Schaltkreise benötigt, um die Herstellung dieser Materialien kontrollieren zu können (Church et al. 2014). Im Folgenden soll erläutert werden, inwieweit erste Ansätze der Synthetischen Biologie in dem Anwendungsfeld der biologischen und biomimetischen Materialien zu erkennen sind.

Im klassischen Sinn wird für die Herstellung von biomimetischen Materialien von einem natürlichen Vorbild ausgegangen. Bei der Entwicklung biomimetischer bzw. bionischer Lösungen, die auf natürlichen Vorbildern beruhen, werden drei unterschiedliche Entwicklungslinien differenziert (von Gleich et al. 2007, S. 19ff.). Diese drei Entwicklungslinien sind die Funktionsmorphologie (Form-Struktur), Signal- und Informationsverarbeitung (Kybernetik, Robotik) und die Nanobionik (molekulare Selbstorganisation und Nanotechnologie). Für biomimetische Materialien, bei deren Entwicklung und Herstellung Beiträge der Synthetischen Biologie erhofft werden, sind die erste und die dritte Entwicklungslinie von Bedeutung. Die Umsetzung von interessanten Form-Funktions-Kombinationen (realisiert im Flugzeugflügel oder im Klettverschluss) wird in der ersten Entwicklungslinie erreicht, wobei die biomimetische Realisierung sich fast ausschließlich auf die erzeugten Formen und kaum auf die dazu eingesetzten Materialien bezieht. Der Trend der Signal- und Informationsverarbeitung, der Biokybernetik, Sensorik und Robotik und den darin enthaltenen Regelkreisen spielt hier eher eine untergeordnete Rolle. Der dritte Ansatz versucht das Defizit des ersten Ansatzes zu beheben. Hier wird vermehrt auf die Eigenschaftskombinationen hierarchisch strukturierter Materialien und bei der Herstellung der Strukturen auf molekulare Selbstorganisation und Nanobiotechnologie gesetzt. Daher fokussierte in der jüngeren Vergangenheit die Forschung vorwiegend auf die Funktionsmorphologie und auf die Erforschung von Selbstorganisationsprinzipien (Vincent 2008; Dunlop und Fratzl 2012).

Nachfolgend soll der beginnende Einfluss der Synthetischen Biologie in dieser Fallstudie anhand dreier Hauptgruppen aufgezeigt werden. Zu diesen Hauptgruppen zählen die Forschung und Entwicklung a) zur Nukleinsäurebasierten

Nanotechnologie, b) auf der Proteinebene sowie c) Entwicklungen zur Herstellung von Lipiden bzw. Kompositen.

Nukleinsäurebasierte Nanotechnologie

Die Nukleinsäuren DNA oder RNA können neben der Kodierung von genetischen Informationen auch als biologische Materialien und/oder Matrizen für technologische Zwecke verwendet werden. In der Vergangenheit lag der Schwerpunkt der Erforschung der technologischen Möglichkeiten von Nukleinsäurebasierter Nanotechnologie (NbN) auf der Desoxyribonukleinsäure (DNA) und weniger auf der Ribonukleinsäure (RNA). Die RNA hat jedoch in diesem Zusammenhang in den letzten Jahren vermehrt Aufmerksamkeit erlangt (Guo 2010). Nachfolgend sollen beide Nukleinsäuren gemeinsam unter demselben Begriff betrachtet werden.

Der Ursprung der NbN geht auf eine Arbeit von Nadrian Seemann aus dem Jahre 1982 zurück. In seiner Veröffentlichung zeigte er, dass die DNA neben der bekannten Doppelhelixform auch andere Formen unter Berücksichtigung der Watson-Crick-Basenpaarungen und deren gegenseitiger Affinitäten (Guanin-Cytosin- und Adenin-Thymin-Basenpaare) annehmen kann und sich dadurch präzise vorbestimmt falten lässt (Seeman 1982). Nukleinsäuren sind im Vergleich zu Proteinen weniger komplex, da aufgrund der geringen Basenanzahl nur wenige Verbindungsmöglichkeiten bestehen und deswegen der Faltungsprozess relativ genau vorhersagbar ist (Zhang, D. Y./Seelig 2011). Ihre Nukleotide besitzen zudem folgende Vorteile (Lin et al. 2006):

- eine bekannte geometrische Struktur (3,4 nm schraubenförmige Drehung, 2 nm Durchmesser),
- vorhersagbare intra- und intermolekulare Interaktionen (Watson-Crick-Paarung)
- einfache Synthesemöglichkeiten, inkl. physikalischer und chemischer Stabilität,
- etablierte Methoden zur (DNA-)Manipulation und
- als Material sind sie formsteif und zugleich flexibel.

Die NbN kann in die Bereiche

- der strukturellen Nukleinsäurebasierten Nanotechnologie und
- der dynamischen Nukleinsäurebasierten Nanotechnologie

unterschieden werden. Die Einteilung ist nicht ganz unumstritten, da die Grenzen zwischen beiden Forschungsgebieten nicht eindeutig, sondern eher fließend sind. Für einen grundsätzlichen Überblick soll an dieser Stelle diese grobe Einteilung beibehalten werden.

Die strukturelle NbN verwendet im Vergleich zur dynamischen NbN statische Konstruktionen und strebt bezogen auf das Gesamtsystem im thermodynamischen Sinn ein energetisches Gleichgewicht an.

Die strukturelle NbN lässt sich wiederum in die zwei Bereiche

- tile-based self assembly und
- (scaffolded) DNA Origami

unterteilen.

Der Ansatz des „tile-based-self-assembly" verwendet versetzte DNA-Stränge, so genannte „sticky ends". Die DNA-Stränge verbinden sich über die Wasserstoffbrücken der Watson-Crick-Basenpaarungen (Lin et al. 2006; Seeman 2010).

Unter Berücksichtigung der Bindungsaffinitäten der einzelnen Stränge können zwei- und dreidimensionale Strukturen erstellt werden. Diese Strukturen werden Motive genannt, die verschiedene Formen wie Gitter oder Röhren annehmen können. Sofern gleiche DNA-Stränge miteinander gekoppelt werden, wird von symmetrischen Sequenzen gesprochen, die in den Anfängen der DNA-Nanotechnologie für kleinere DNA-Gitteranordnungen zuverlässig und stabil verwendet werden konnten. Allgemein wird jedoch eine geringe Symmetrie der verwendeten Stränge empfohlen, um eine gewünschte Faltung zu ermöglichen und eine ungewünschte Bindung zu vermeiden (Seeman 2010).

Eine Weiterentwicklung des „tile-based-self-assembly"-Ansatzes stellt die DNA-Origamitechnik als zweite Untergruppe dar. Die Forschergruppe von Rothemund stellte diese Methodik im Jahr 2006 vor. Das DNA-Origamiprinzip nutzt die gleichen Bindungsmechanismen, allerdings wird als Grundlage bzw. Gerüst (Scaffold) ein sieben Kilobasenpaare langer viraler Einzelstrang (Phage M13mp18) verwendet. Der Einzelstrang wird mittels mehrerer Oligonukleotide (bis zu einigen hundert) an zuvor definierten Stellen überkreuzt und dadurch der Gesamtstrang entsprechend der Basenpaaraffinitäten gefaltet (Rothemund 2006). Dieser Ansatz stellt eine aufwändigere Vorgehensweise dar, die jedoch auch die Herstellung komplexerer Strukturen im Größenbereich von 100 nm mit relativ hoher Auflösung (bis zu 6 nm) im zwei- oder dreidimensionalen Raum ermöglicht (Rothemund 2006; Seeman 2010; Jungmann et al. 2011).

Neue Entwicklungen im Bereich der strukturellen DNA-Nanotechnologie demonstrierten Han et al. (Han et al. 2011; Saccà/Niemeyer 2012). Ausgangspunkt ist bei dieser so genannten „DNA-Kirigami", analog zum Papierpendant, ein DNA-Strang, der durch Einschnitte gefaltet wird. Durch eine Einzelstrangverdrängung (strand displacement) können andere Radien bei der Faltungskrümmung ermöglicht werden (Saccà/Niemeyer 2012). Für dreidimensionale Strukturen werden mehrere einlagige DNA-Strukturen verwendet, die dadurch mechanisch belastbarer sind (Saccà/Niemeyer 2012).

Im Unterschied zur strukturellen NbN nutzt die dynamische NbN mehrere energetische Gleichgewichte und kann dadurch dynamische Vorgänge zwischen diesen Gleichgewichtspunkten abbilden. Sie befasst sich beispielsweise mit DNA-Walkern, die zum gezielten Transport von Substanzen auf zuvor festgelegten Bahnen eingesetzt werden können. Anwendungen für die dynamische NbN werden auch auf dem Gebiet der DNA-Computer („molecular computation“) angestrebt. Hierbei soll die DNA als Datenspeicher und zur Datenverarbeitung (als logische Entität) eingesetzt werden (Church et al. 2012; Prokup et al. 2012; Ouldridge et al. 2013). Die dynamische DNA-Nanotechnologie nutzt ebenfalls den Mechanismus der Einzelstrangverdrängung. Allerdings wird die DNA-Struktur nicht mit dem Ziel eines thermodynamischen Gleichgewichts gestaltet, sondern mit einem energetischen Ungleichgewicht, so dass die DNA-Struktur dynamisch auf umgebende Gegebenheiten reagieren kann. Dies wird durch kaskadenförmige Strangverdrängungen erreicht. So können zwei kompetitive Komplementärstränge durch eine zusätzliche Domäne („toehold“) differenziert werden, und je nach Umgebungsbedingung eine spezifische Bindung mit dem Basisstrang durchführen, die zu einer definierten Faltung führt. Auch im Fall einer vorherigen nicht geplanten Bindung mit einem kompetitiven Einzelstrang kann der gewünschte Einzelstrang den vorherigen Strang aufgrund der zusätzlichen Domäne verdrängen (Yurke/Mills 2003; Zhang, D. Y./Winfree 2009; Zhang, D. Y./Seelig 2011).

Die vielfältigen möglichen Einsatzgebiete der NbN sind nachfolgend stichpunktartig aufgeführt:

- templat-gesteuerte Selbstorganisation für Proteine und Metall(-oxide) (Rothemund 2006),
- molekulare Messtechnik (Steinhauer et al. 2009),
- Verabreichung medizinischer Therapeutika durch DNA-Käfige als Carrier,
- Molecular Computation für DNA-basierte Computer (Seeman 2007) und
- molekulare DNA-Walker (Proteine, die auf vorgefertigten „DNA-Bahnen“ laufen).

Auf die Zugehörigkeit der NbN zur in-vitro Synthetischen Biologie wurde auch von den Autoren um Jungmann et al. hingewiesen, da die NbN wie auch die Synthetische Biologie das Design und die Herstellung von biologischen Komponenten und Systemen verfolgt (Jungmann et al. 2008, S. 99).

Protein-, Peptid- und Aminosäurebasierte biologische Materialien

Weitere Möglichkeiten zur Herstellung von biologischen und biomimetischen Materialien bieten Ansätze auf der Protein- und (Poly-)Peptidebene. Proteine und ihre Bausteine, die Aminosäuren, sind als strukturelle oder reaktive Bestandteile für Lebensprozesse unersetzlich. Der organismische Stoffwechsel basiert auf Enzymen, die eine sehr hohe Reaktionsspezifität aufweisen. Enzyme besitzen reaktive Zentren, die durch ein Schlüssel-Schloss-Prinzip die Reaktionsspezifität für viele Prozesse ermöglichen. Beim rationalen Design von Proteinen besteht die Kernherausforderung in der korrekten Faltung des Proteins in einer definierten zwei- und dreidimensionalen Struktur (Boyle/Woolfson 2011). Dabei steuert die Primärstruktur die dreidimensionale Sekundärstruktur und die räumliche Faltung der Tertiärstruktur. Dieses Sequenz-Strukturverhältnis ist bisher auch im Bereich der Proteine nicht vollständig aufgedeckt (Woolfson et al. 2012).

Die Forschergruppe um Derek Woolfson setzt für die Herstellung biologischer Materialien auf Basiseinheiten, die Informationen für die weitere Anordnung mehrerer Einheiten auf den höheren Organisationsebenen beinhalten. Diese Basiseinheiten werden „Tectons“ genannt und sind auch auf andere Biomoleküle wie zum Beispiel DNA oder Lipide anwendbar (Channon et al. 2008). Ausgangspunkt des tectonbasierten Proteindesigns sind so genannte Coiled-Coils, die aus zwei einzelnen, ineinander gewundenen α-Helices bestehen und in einer Vielzahl von intra- und extrazellulären Prozessen vorkommen, wie z.B. der Transkription, der ATP-Synthese und dem intrazellulären Transport, um nur einige Beispiele zu nennen (Woolfson et al. 2012). Coiled-Coils sind der Forschung schon seit über fünfzig Jahren bekannt. Sie sind aufgrund ihres ubiquitären Vorkommens in das Forschungsinteresse gerückt, um grundlegende Selbstorganisationsprozesse zu verstehen und im zweiten Schritt auch anwenden zu können (Woolfson et al. 2012).

Potenzielle Anwendungsgebiete sind:

- Biomaterialien und Medizin,
- Werkstoffe,
- Nanopartikelsynthese und
- Template zur Kristallisation (Shen et al. 2011).

Spinnenseide als Materialbeispiel

Die biokompatible und zudem biologisch abbaubare Spinnenseide ist bereits seit mehreren Jahrzehnten ein bedeutendes Thema im Bereich der biologischen Materialien (Porter/Vollrath 2009; Eisoldt et al. 2011). Spinnentiere sind in der Lage, die Konstitution ihres Spinnfadens in Abhängigkeit vom Einsatzzweck zu variieren und dadurch bis zu sieben verschiedene Spinnenfäden herzustellen (Vollrath 2000; Vendrely/Scheibel 2007). In der Vergangenheit wurde dabei der Zugleine aufgrund ihrer hohen Elastizität bei gleichzeitig hoher Zugfestigkeit eine besondere Aufmerksamkeit in der Erforschung der Materialeigenschaften zuteil.

Die Spinnenseide im Allgemeinen sowie die Zugleine im Speziellen besteht zu neunzig Prozent aus sich wiederholenden langkettigen Proteinen (vorwiegende Aminosäuren sind Alanin, Glycin, Glutamin und Prolin), die sich wiederum in zwei Hauptproteine „Major ampullate silk“ (MaSp1 und MaSp2) unterscheiden (Hinman et al. 2000; Brooks et al. 2008). Diese so genannten Spidroine stellen die primäre Struktur dar und sind mit bis 350 kDa relativ große Proteine (Eisoldt et al. 2011). An die modulare Primärstruktur grenzen je nach Spinnenart unterschiedliche, sich nicht wiederholende Proteine an (Hayashi 2000; Eisoldt et al. 2011). Der modulare Aufbau der repetitiven Proteinsequenzen steuert zum einen die strukturellen aber auch die funktionalen Eigenschaften des Fadens, die durch Variation der modularen Anordnung beeinflusst werden (Hayashi 2000; Brooks et al. 2008). Trotz der Kenntnis des molekularen Aufbaus konnten bisher keine Fäden mit vergleichbaren Eigenschaften hergestellt werden (Sponner et al. 2007). Offensichtlich spielt die hierarchische Strukturierung des Spinnfadens eine wichtige Rolle (Tarakanova/Buehler 2012). Dementsprechend sind in der Forschung der Spinnprozess und die Proteinfaltung von großer Bedeutung (Vollrath 2000; Vollrath/Knight 2001). Die Struktur des Zugleinenfadens besteht im Kern aus mehreren Fibrillen, die mit einer dünnen Schicht überzogen sind. Die Fibrillen bestehen wiederum aus kleineren β-Faltblatt-Kristallen, die durch eine amorphe Matrix mit größeren Kristallen verbunden sind und dadurch die herausragenden mechanischen Eigenschaften des Fadens herstellen (Eisoldt et al. 2011).

Die Synthese der Spinnenseide wurde in der Vergangenheit sehr forciert. Versuche, Spinnenfarmen als eine von zwei grundsätzlichen Alternativen zu betreiben, gestalteten sich aufgrund des territorialen und kannibalistischen Verhaltens der Spinnentiere als schwierig und wenig produktiv. Die zweite Alternative, die Herstellung der Spidroine in anderen Wirtssystemen wie Bakterien, Säugerzellen, Pflanzen oder gar Seidenraupen, ließ sich bisher nur schwer umsetzen. Im Vergleich zum natürlichen Pendant konnten bisher keine großen Spidroine in akzeptabler Ausbeute mit den gewünschten Eigenschaften hervorgebracht werden (Xia et al. 2010; Chung et al. 2012). Erst vor kurzem gelang es einer Forschergruppe, Spidroine im Größenbereich von 284 kDa im *E. coli* Wirtssystem herzustellen und damit mechanische Eigenschaften zu ermöglichen, die dem natürlichen Pendant (im Größenbereich von ca. 320 kDa) nahekommen (Xia et al. 2010). Für eine optimale Fadenqualität müsste jedoch die genaue Primärstruktur der rekombinanten Fadenproteine und die Konzentration der im Spinnprozess verwendeten Spinnadditive bekannt sein (Omenetto/Kaplan 2010). Zudem stellen die biotechnologische Aufreinigung und der Fadenspinnprozess zwei weitere Hürden dar, weil die Proteine für den Spinnprozess in gelöster Form vorliegen müssen und dies derzeit nur schwer möglich ist (Chung et al. 2012). Der Aufreinigungsschritt durch Zellaufschluss konnte durch gezielte Implementierung eines Sekretionsmechanismus aus Salmonellen (*Salmonella Typ III*) in das *E. coli*

Wirtssystem eingespart werden (Widmaier et al. 2009). Dies ermöglichte unter anderem eine einfachere Konzentration der Proteinlösung. Nichtsdestotrotz bleibt der Spinnprozess eine Herausforderung für die Synthese der Spinnenseide (Teulé et al. 2009; Chung et al. 2012). Die geschilderte gezielte Vorgehensweise in *E. coli* lässt aber bereits erste Einflüsse der Synthetischen Biologie erkennen (Chung et al. 2012).[52]

Biologische Klebstoffe als Materialbeispiel

Diverse Muschelarten haben die Fähigkeit, mit Hilfe von Haftfäden an unterschiedlichsten Substraten unter Wasser auch in schwierigen Umgebungen zu haften. Die Haftfäden werden Byssusfäden genannt und entstehen in der Seidendrüse der Muschel. In der Vergangenheit sind besonders im Zusammenhang mit biologischen Ablagerungen an Schiffsrümpfen („fouling") solche Haftmechanismen in den Forschungsfokus gerückt (Wiegemann 2005; Callow/Callow 2011). Der biologische Klebstoff der Miesmuschel *Mytulis edulis* ist bisher am besten charakterisiert, aber auch andere Arten wie *Mytulis californianus* werden erforscht (Wiegemann 2005; Nicklisch/Waite 2012).

Die Bestandteile der biologischen Klebstoffe sind im Allgemeinen eine Kombination aus Proteinen, Polysacchariden, Polyphenolen und Lipiden (Wiegemann 2005). Der Byssusfaden besteht aus vier verschiedenen Abschnitten, die aufgabenspezifisch unterschiedlich konstituiert sind. Mindestens zehn Proteine sind Bestandteil der Byssusfäden. Der Hauptfaden besteht zu einem großen Teil aus Elastin und zu einem weiteren großen Teil aus Kollagen (Silverman/Roberto 2007). Während das Kollagen dem Byssusfaden die Zugfestigkeit verleiht, federt das Elastin eventuelle Stoßeinflüsse ab. Der Fuß des Fadens, der im Wesentlichen für die Haftung am Substrat verantwortlich ist, besteht aus sechs Proteinen, die „mussel foot proteins" (Mfp) genannt werden (Grunwald et al. 2009; Nicklisch/Waite 2012). Die Mfps unterscheiden sich neben ihrer Sequenz vor allem durch ihren Anteil an der Aminosäure L-3,4-Dihydroxyphenylalanin (DOPA). Die Mfp-Arten besitzen verschiedene Aufgaben beim Haftungsmechanismus des Fadens am Substrat. Diese Aufgaben sind noch nicht abschließend erforscht (Lee et al. 2011). Die in der Literatur diskutierten Mechanismen decken ein weites Spektrum ab, das von Wasserstoffbrückenbindungen über Metall/Metalloxidationsprozesse bis hin zur oxidativen Vernetzung reicht (Nicklisch/Waite 2012).

DOPA ist keine natürliche Aminosäure. Allerdings ist die Muschel in der Lage, Tyrosin mittels Tyrosinase zu hydroxilieren und dadurch in DOPA umzu-

52 Ebenso gibt es erste start-up-Unternehmen wie „Boltthreads", die sich mit der kommerziellen Herstellung von Spinnenseide beschäftigen (Church et al. 2014).

wandeln. Die Herstellung von DOPA kann bisher nur aufwendig über die künstliche Peptidsynthese oder durch Extraktion aus der Muschel ermöglicht werden. Die Nutzung der rekombinanten DNA-Technologie war bisher durch die Schwierigkeiten bei der Übertragung eukaryotischer Mechanismen in Prokaryoten behindert (Larregola et al. 2012).

Neben DOPA ist auch hydroxyliertes Prolin im Mfp enthalten, aber im Gegensatz zu DOPA ist seine Bedeutung bisher weniger gut untersucht. Für die Herstellung einer synthetischen Aminosäure modifizierte die Forschungsgruppe um Nediljko Budisa Prolin mit Fluor und testete die Flexibilität und Grenzen der natürlichen Translationsmechanismen (Larregola et al. 2012). Fluor ist bekannt für die Stabilisierung von Proteinen, so dass bei erfolgreicher Integration der synthetischen Aminosäure in das Mfp ein neuartiges biologisches Material hergestellt werden könnte. In dieser Studie zeigten Larregoa et al., dass trotz des fluorinierten Prolins eine erfolgreiche Translation stattfinden konnte. Um die niedrigere Einbaurate über die endogene tRNA der Bakterien für Prolin zu kompensieren, wurde über ein zusätzliches Plasmid eine Synthetase für Prolyl-tRNA exprimiert, so dass eine vergleichbare Translationseffizienz erreicht werden konnte. Bei diesem Experiment konnte ein stereochemischer Effekt beobachtet werden, der darin bestand, dass nur die (4R-)Prolin-Varianten im exprimierten Protein umgesetzt wurden. Die Eigenschaften dieses neuen Proteins werden zum gegenwärtigen Zeitpunkt untersucht (ebd.).

Die Anwendungen des Muschelklebstoffs bzw. seiner Abwandlungen liegen vor allem im medizinischen Bereich und hier insbesondere in der Zahnmedizin, da er an einer Vielzahl von Substraten, vor allem in wässerigen Medien, haften kann (z.B. an Glas, Plastik, Metall, Holz, Knochen, biologischen Organismen und [bio-]chemischen Molekülen; Silverman/Roberto 2007). Des Weiteren ist durch die variable Substrataffinität des DOPAs sein Einsatz u.a. als Biomarker möglich (Brubaker/Messersmith 2012).

Perlmutt als Beispiel für ein Kompositmaterial

Natürliches Perlmutt ist ein Kompositmaterial, das als Verbundwerkstoff mehrere Materialien mit unterschiedlicher Härte vereint. Es besteht aus abwechselnden Schichtungen von Kalziumkarbonatplatten in der Aragonit-Kristallformation und einer Chitin-Proteinschicht, die als weiche organische Matrix dient (Murck 2013). Durch die charakteristische Stapelung der Aragonitplatten und der dazwischen liegenden weichen organischen Matrix können bei mechanischer Einwirkung Risse nur unter hohem Kraftaufwand entstehen. Dadurch besitzt das Perlmutt eine bis zu 3000-fach größere Härte als die Summe seiner Einzelmaterialien (Barthelat/Zhu 2011). Erst die besondere räumliche Materialkombination (hierarchische Strukturierung) lässt die bekannten Eigenschaften entstehen. Die organische Matrix steuert die Selbstorganisationsprozesse, die schließlich zum Aufbau des Perlmutts führen. Aufgrund seiner Härte und seiner Bruchzähigkeit ist Perlmutt mit seinen Strukturprinzipien eine durchaus interessante Inspiration für High-Tech-Werkstoffe (vgl. Sun/Bhushan 2012). Perlmutt wird deshalb seit mehreren Jahren erforscht. Bis 2011 konnten jedoch keine vergleichbaren emergenten Verstärkungseffekte durch die Kombination von Einzelmaterialien erzeugt werden (Barthelat/Zhu 2011).

Die Forschergruppe um Laaksonen et al. hatte mit Nanozellulose, Graphen und einem Diblock-Protein ein perlmuttähnliches Kompositmaterial herstellen können. Das Protein wurde genetisch verändert, so dass zum einen durch die Einbringung eines Hydrophobinblocks für die Bindung an das Graphen und zum anderen durch die Einbringung eines zellulosebindenden Blocks die Verlinkung mit der Nanocellulose bewerkstelligt werden konnte (Laaksonen et al. 2011). Das entstandene Komposit weist vergleichbar gute Eigenschaften auf.

Methodische Ansätze zur Erzeugung biologischer Materialien

Biologische Materialien besitzen in der Regel hierarchische Strukturen, die auf der Basis von Selbstorganisationsprozessen vom Organismus auf unterschiedlichen Systemebenen erstellt werden können. Die vorgestellten Ansätze besitzen derartige Strukturen, die mit Hilfe eines mehr oder weniger gesteuerten Selbstorganisationsprinzips hergestellt werden. Dabei werden entweder bekannte Regeln wie Ladungs- und Bindungsaffinitäten oder bekannte Umgebungseinflüsse genutzt, um eine gerichtete Selbstorganisation einzuleiten. Für das Design der Selbstorganisationsprozesse werden computergestützte Berechnungen benötigt, wie sie beispielsweise beim Protein Engineering und bei der Nukleinsäurebasierten Nanotechnologie eingesetzt werden. Für diese Berechnungen ist allerdings eine Fülle von Vorkenntnissen zum Verhalten der verwendeten Komponenten und zu grundlegenden Regeln der Selbstorganisation notwendig, die erst durch Synthese-Analyse-Zyklen erworben werden können.

Ein interessanter Ansatz auf dem Gebiet der Materialwissenschaft ist der Modellierungsansatz der Materiomics aus der Forschergruppe um Bühler vom Massachusetts Institute of Technology (MIT). Die Materiomics stellen eine interdisziplinäre Verbindung von Materialwissenschaft, Physik, Chemie und Biologie dar (Buehler 2010a). Das Ziel besteht darin, vor der späteren praktischen Umsetzung die gewünschten Materialeigenschaften auf der Ebene einer atomistischen Modellierung zu gestalten. Die Hypothese des Ansatzes ist, dass jede Hierarchieebene in der Längenskala vom Quanten- bis zum Makrobereich unterschiedliche Eigenschaften, Prozesse und Funktionen besitzt und durch die Verlinkung dieser verschiedenen Ebenen die gewünschten Materialeigenschaften zustande kommen. Zudem bieten die verschiedenen Hierarchien die Möglichkeit der Einbindung von mehreren Funktionen (Vincent 2008). Für eine Längenskalen übergreifende Modellierung muss folglich das Material vollständig hinsichtlich dieser Aspekte charakterisiert sein. Am Beispiel der Spinnenseide konnte zum einen gezeigt werden, dass die Materialeigenschaften auf der Makroebene durch die darunter liegenden Ebenen bestimmt werden. Auf der untersten Ebene sind die Aminosäuren(-sequenzen) bestimmend (Tarakanova/ Buehler 2012). Es geht dabei um die Modellierung von Proteinen auf molekularer Ebene und die geplante Zusammenstellung der molekularen Elemente zu einem Makromolekül (Tarakanova/Buehler 2012). Dies ähnelt der Vorgehensweise von Woolfson, der an einem „Periodensystem" funktioneller Proteine („Tectons") arbeitet, die aufgrund ihrer Struktur und Ladung zur Selbstorganisation fähig sind.

Im Bereich der biologischen und biomimetischen Materialien und ihrer Herstellung stellen sich verschiedene Herausforderungen. Erstens stößt man mit den gegenwärtig genutzten Modellorganismen bei der Synthese von biologischen Materialien mittlerweile an Grenzen. Im Fall der Spinnenseide kommt es zu Problemen bei der intrazellulären Herstellung der relativ großen Seidenproteine. Der verwendete Modellorganismus ermöglicht nur die Herstellung von Proteinen bis zu einer bestimmten Maximalgröße. Zwar konnte durch den Einbau eines Sekretionsmechanismus diese Limitierung teilweise umgangen werden, jedoch besteht gegenwärtig noch keine adäquate Möglichkeit des Spinnens von Fäden mit einem definierten molekularen Aufbau; eine Bedingung, die für die charakteristischen Eigenschaften unerlässlich ist. Daher erreichen die synthetisierten Spinnenproteine nicht gänzlich die Originaleigenschaften der natürlichen Vorbilder (Keerl/Scheibel 2012). Auch bei der NbN werden mögliche Inkompatibilitäten großer, in-vivo gefalteter DNA-Konstrukte diskutiert. Dabei werden der RNA-Nanotechnologie die größeren Chancen für eine in-vivo-Faltung in Zellen eingeräumt (Pinheiro, A. V. et al. 2011). Allerdings muss hierbei berücksichtigt werden, dass dieses Forschungsfeld noch relativ jung ist und möglicherweise noch ein breites Spektrum an Entwicklungsmöglichkeiten birgt.

Die Selbstorganisation biologischer Materialien über mehrere Größenskalen hinweg ist noch mit großen Herausforderungen verbunden. Zum einen fehlt bisher noch das Verständnis für die Änderung der Eigenschaften bei den Skalensprüngen von der Quantenebene bis hin zur Makroebene (z.B. bei Proteinen, aber auch auf der Zell- und Gewebeebene; Buehler 2010b). Zum anderen muss die mehr oder weniger starke (oder zumindest passiv gerichtete) Steuerung der Systemsegmente bei der Selbstorganisation beherrscht werden, weil derartige, bis hin zur Nanoebene feinstrukturierte Materialien nicht nach dem top-down-Prinzip verwirklicht werden können. Das Verständnis biologischer Selbstorganisationsprozesse ist bisher noch sehr unvollständig. Erste Anfänge seiner molekularen Modellierung gibt es, jedoch fehlen zur Validierung der in-silico erstellten Modelle Analysemethoden mit einer entsprechenden Exaktheit auf der molekularen Ebene (Tarakanova/Buehler 2012).

Der Schlüssel für die erfolgreiche Synthese biomimetischer Materialien scheint in der Selbstorganisation von biologischen Komponenten über mehrere Systemebenen hinweg zu liegen. Dafür ist es notwendig, ein Grundlagenverständnis für die Prozesse der Selbstorganisation zu erhalten. Hierfür muss jedoch ein ingenieurwissenschaftlicher Paradigmenwechsel erfolgen, denn entgegen der vorherrschenden Vorstellung von Kontrolle und der Realisierung eines eindeutigen Ergebnisses im Herstellungsprozess, sind Selbstorganisationsprozesse mit größeren Freiheitsgraden, d.h. im ingenieurtechnischen Sinne mit Kontrollverlust verbunden und liefern Ergebnisse, die einer natürlichen Variabilität unterliegen.

5.4 Grüne Biotechnologie

Die vorliegende Analyse geht insbesondere der Frage nach, inwieweit die Ansätze Synthetischer Biologie die technologischen Hürden, vor denen die Grüne Gentechnik seit Jahrzehnten steht, zu überwinden verspricht. Im Zuge der Analyse wird sich allerdings zeigen, dass entscheidende Durchbrüche bisher nicht in Sicht sind. Zudem fällt die Abgrenzung der aktuellen synthetisch-biologischen Ansätze gegenüber den Konstruktionen und Methoden der Grünen Gentechnik nicht immer leicht.

Daher wird in den nächsten Abschnitten zunächst die Entstehung der Grünen Biotechnologie kurz skizziert, um anschließend ihre klassische Zielstellung und die gegenwärtigen Methoden darzustellen. Der Betrachtungsfokus liegt auf der Identifikation der gegenwärtigen Herausforderungen. Im Anschluss daran werden die Ansätze der Synthetischen Biologie erläutert, mit denen diese Problemstellungen angegangen werden sollen.

Zur Geschichte und Abgrenzung der Grünen Biotechnologie

Prinzipiell lässt sich die Biotechnologie in die drei Bereiche der Weißen-, Roten- und Grünen Biotechnologie unterscheiden. In allen drei Bereichen können grundsätzlich Pflanzen zum Einsatz kommen. Die Grüne Biotechnologie bzw. die Agrobiotechnologie verbindet unter diesem Begriff die Agrarkultur, die mit Hilfe von Pflanzen die Erzeugung von Nahrungsmitteln sichern soll. In diesem Kontext werden Pflanzen zur reinen Nahrungsmittelproduktion verstanden. Die Rote Biotechnologie verbindet mit der Pflanze die Fabrikation verschiedener Medikamente und Impfstoffe für den medizinischen Einsatz. Des Weiteren können auch die nichtpflanzliche Gentherapie und die Herstellung von Biomaterialien (Gewebe und Organe auf nichtpflanzlicher Basis), unter dem Begriff der Roten Biotechnologie subsumiert werden. Die Weiße Biotechnologie umfasst dagegen die industrielle Herstellung von Feinchemikalien, Biopolymeren und die Biomasseverarbeitung (Fallstudie Energie), bei denen ebenfalls Pflanzen zum Einsatz kommen können. Der Fokus dieser Fallstudie soll jedoch auf der Grünen Biotechnologie liegen. Eine Übersicht über die Verwendungsarten von Pflanzen in den Bereichen der Biotechnologie zeigt die folgende Abbildung:

Abb. 6: Einsatz von Pflanzen im Bereich der Biotechnologie.

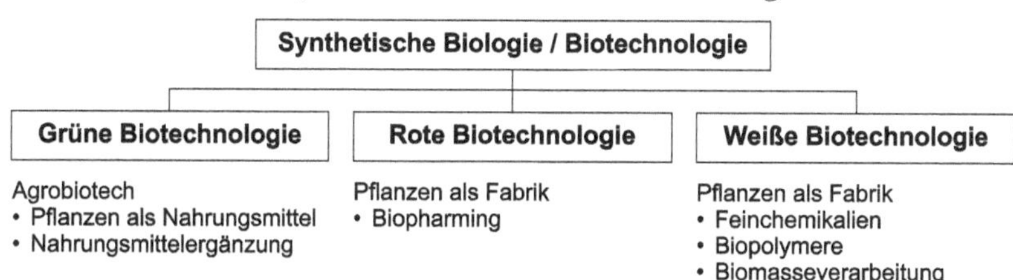

Die Entstehung der Grünen Biotechnologie liegt geschichtlich bedingt in der Nahrungsmittelproduktion, die zunächst für die Selbstversorgung und später für den Handel betrieben wurde. Seitdem der Mensch sesshaft wurde, werden Pflanzen zur Verbesserung des Ernteertrages domestiziert (Fedoroff 2010; Heslop-Harrison, J. S./Schwarzacher 2012). Die Auslese und Selektion wird anhand des Phänotyps und bestimmter Ertragsaspekte durchgeführt. Später verhalfen vor allem die Entdeckung der Mendelschen Gesetze und die Formulierung der Darwinschen Evolutionstheorie zur Erkenntnis, dass der Phänotyp vom Genotyp der Pflanze bestimmt wird. Evolutiv setzt sich die am besten angepasste Spezies mit Hilfe von Mutations- und Selektionsmechanismen erfolgreich durch (Flavell 2010; Dassanayake et al. 2012). Auf Basis dessen wurden vom Menschen eine innerartliche und überartliche Züchtung künstlich forciert und erfolgreiche Züchtungen selektiert.

Im Laufe der 1950er und 1960er Jahre konnten erste Erfolge bei der Züchtung von Halbzwergsorten (Weizen, Reis) erzielt werden, die gegenüber ihren größeren Artgenossen den Vorteil besitzen, beim Düngen nicht umzuknicken. Diese Erfolge wurden jedoch kontrovers diskutiert, da der vermeintliche Ertragszuwachs gleichermaßen ökologische Nachteile mit sich bringt (Khush 2001; Evenson/Gollin 2003). Diese Phase der Agrartechnologieentwicklung wird auch als Grüne Revolution bezeichnet.

Im Laufe der frühen 1980er Jahre entstand die Grüne Gentechnik. Ihre wichtigsten technischen Entwicklungen bestanden im Einsatz von DNA-Markern zur Nachverfolgung der Genvererbung, der umgebungs- und ortsspezifischen Mutagenese sowie der rekombinanten Gentechnik, die wiederum Grundlage der neuen Biotechnologie ist.

Ziele der Grünen Biotechnologie

Aufgrund der Teilbereiche der Biotechnologie (siehe Abb. 6) können verschiedene Zielstellungen für die Grüne Biotechnologie abgeleitet werden. Die Zielstellungen können verschiedenen Generationen der Grünen Biotechnologie zugeordnet werden. Statt eines Definitionsversuchs sollen in dieser Studie die methodologischen Ansätze nach ihren jeweiligen Zielen eingeordnet werden. Die Hauptzielstellungen beziehen sich auf die Veränderung der pflanzlichen Eigenschaften, der sogenannten Traits.

Zu den Hauptzielen der Grünen Biotechnologie zählt die Ertragserhöhung durch erhöhte Stresstoleranz, verbessertes Wachstum und optimierte Produkteigenschaften für die Phase nach der Ernte (Flavell 2010). Ein weiteres Hauptziel ist die Erzeugung von „Functional Foods". Der Kerngedanke dieser Zielstellung ist die Anreicherung der Pflanzenfrüchte mit Vitaminen und/oder Fettsäuren (neben anderen nahrungsrelevanten Komponenten), um den Lebensmitteln dadurch eine „zusätzliche Funktion" zu geben. Ein dritter Zielaspekt befasst sich mit dem Molecular Farming. Diese Zielstellung zählt jedoch zur Weißen und Roten Biotechnologie und ist nur zur Vollständigkeit aufgeführt. Abbildung 7 zeigt die eben beschriebenen Zielstellungen zur Grünen Biotechnologie sowie der Roten und Weißen Biotechnologie in einer Übersichtsgrafik.

Abb. 7: Zielstellungen der klassischen Ansätze in der Grünen, Roten und Weißen Biotechnologie

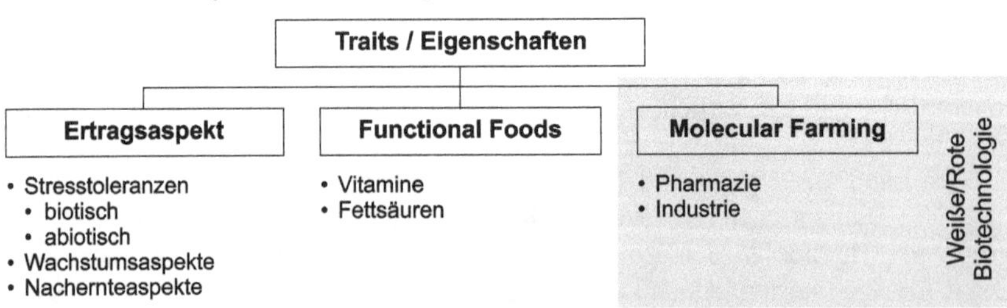

Die unter den Ertragsaspekten aufgeführten Stresstoleranzen können nach biotischen und abiotischen Stressoren unterschieden werden (Stamm et al. 2011). Biotischer Stress umfasst sämtliche Stressfaktoren, die mit Krankheiten und natürlichen Schädlingen im Zusammenhang stehen. Entsprechend stehen in einer Vielzahl von Untersuchungen Insekten-, Bakterien- und Pilzresistenz vermittelnde Traits im Forschungsfokus.

Abiotischer Stress umfasst dagegen Einflüsse, die auf klima- bzw. klimawandelbedingte Änderungen zurückgehen und drastische Auswirkungen auf die Pflanze und ihre Erträge haben können (Mittler/Blumwald 2010). Zu den Traits werden die Eigenschaften der Kälte- und Hitzetoleranz sowie der Trockentoleranz und dem damit verbundenen geringeren Wasserverbrauch gezählt (Fedoroff 2010). Auch der Salinitätstoleranz von Pflanzen wird ein hoher Stellenwert beigemessen. Auf Grund des gegenwärtigen verstärkten Einsatzes von Schädlingsbekämpfungsmitteln werden zudem Herbizidtoleranzen angestrebt (Dassanayake et al. 2012).

Während also Stresstoleranzen auf eine höhere Ernteausbeute zielen, fokussieren andere Traits, die einer Optimierung der Erträge dienen sollen, auf die Verbesserung des Pflanzenwachstums. Ein Weg dies zu erreichen, ist die Erhöhung der Kohlenstofffixierung. Dabei wird versucht, die in diesem Zusammenhang weniger produktiven C_3-Pflanzen, zu denen eine Vielzahl von Nahrungs- und Nutzpflanzen wie beispielsweise Reis, Getreide oder Kartoffeln gehören, mit dem CO_2-Fixierungsmechanismus der produktiveren C_4-Pflanzen (z.B. Mais) auszustatten. C_4-Pflanzen benötigen im direkten Vergleich weniger Wasser pro Kilogramm Pflanzenmassezuwachs (Wenzel, G. 2004; Bar-Even et al. 2010). Dies würde zu einer erhöhten Biomasseproduktion bei geringerem Wasserverbrauch und gleichzeitig verbesserter Trockenheitstoleranz führen. Ein weiteres wünschenswertes Trait unter Produktivitäts- und Wachstumsaspekten ist die Implementierung und Verbesserung der Stickstofffixierung von Pflanzen, die einen (weiteren) limitierenden Faktor für das Wachstum tendenziell überwindet (Kraiser et al. 2011; McAllister et al. 2012).

Ein anderer Ertragsaspekt setzt bei den Eigenschaften des Erntegutes an (Lers 2012). Dabei sollen die Eigenschaften der Erntefrucht oder der später zu verwertenden Pflanzenteile für den jeweiligen Anwendungszweck verbessert werden. Zu diesen zählen unter anderem Mechanismen und Strukturen, die die Seneszenz (Alterung) und Abszission (Blattverluste), die Kältesensitivität und die Beschaffenheit der Ernte beeinflussen (Lers 2012). Beispielsweise ist eine härtere Außenmembran der Frucht für den Transport wünschenswert, um eventuelle Schäden zu vermeiden. Ein anderes Beispiel betrifft die Optimierung der Güte von Pflanzenfasern, die in (technischen) Textilien verwendet werden. Letztendlich soll die Güte und Qualität der geernteten Produkte in der Zeit zwischen Ernte und Konsum gleich bleiben und den jeweiligen Ansprüchen angepasst werden.

Neben den Ertragsaspekten besteht das zweite Hauptziel der Grünen Biotechnologie in der Produktion von „Functional Foods“ zur Nahrungsergänzung. Vorwiegend sollen dabei die Farben, der Geschmack und die Aromen nach Bedarf geändert werden. Daneben spielt die Optimierung der essenziellen Nährstoffinhalte der Ernte eine bedeutende Rolle, um beispielsweise den Anteil von mehrfach ungesättigten Fettsäuren, von essenziellen Aminosäuren und von Vitaminen sowie Fettsäuren, die nicht gleichermaßen in jeder Region der Welt verfügbar sind, zu erhöhen. Als ein Beispiel kann der „Golden Rice" genannt werden, bei dem der Anteil von Beta-Karotenoid erhöht wurde (Beyer et al. 2002). Als Gründe für diese Veränderung wird angeführt, dass Karotenoide der Ketogruppe wie das Astaxanthin, die für ihre unterstützende Rolle bei der photosynthetischen Aktivität bekannt sind, auch antioxidative Eigenschaften aufweisen, mit denen eine antikarzinogene Wirkung verbunden sein kann (Miki 1991; Krinsky 1993; Fujisawa et al. 2009). Zudem werden erste Feldversuche mit der Pflanze *Camelia sativa* durchgeführt, welche genetisch so verändert wurde, dass sie Omega-3-Fettsäuren produziert (Usher et al. 2015).

Zu den typischen Pflanzen, die in der Grünen Biotechnologie genetisch verändert werden, zählen Soja, Raps, Zuckerrüben, Mais, Reis, Kartoffeln und Weizen. Je nach Land und Region kann diese Zusammenstellung variieren. Einen Überblick über die verwendeten Pflanzen geben die Veröffentlichungen von James und von Pandey et al. aus dem Jahre 2010 (James 2010; Pandey et al. 2010).

Neben den Zielen der Grünen Gentechnik wird in der Grünen Biotechnologie auch die Herstellung von Pharmazeutika, Impfstoffen und Feinchemikalien durch Pflanzen bzw. pflanzliche Zellen angestrebt (Birchler et al. 2010). Des Weiteren werden Anwendungsbereiche von pflanzlichen Technologien dort gesehen, wo herkömmliche Verfahren ökonomisch nicht tragbar sind (Macek et al. 2008). Zu diesen Bereichen zählen allgemeine Ökosystemdienstleistungen, wie zum Beispiel die

- Bepflanzung verwüsteter Landstriche (Heslop-Harrison, J. S. P./Schwarzacher 2011),
- Dekontamination von mit Schwermetallen belastetem Grundwasser (Macek et al. 2008; Harfouche et al. 2011),
- neue Dienstleistungen wie Carbon Capturing (Heslop-Harrison, J. S. P./ Schwarzacher 2011) oder
- die Anwendung als Biosensoren für große Flächen (Antunes et al. 2011) und
- das selbstgesteuerte Wachstum von Pflanzengewebe (Dupuy, L. et al. 2010).

Konventionelle Ansätze im Bereich der Grünen Biotechnologie

Die drei etablierten Bereiche der Grünen Biotechnologie gliedern sich in die Domestizierung, in die Grüne Gentechnik und als deren Weiterentwicklung die rekombinante Gentechnik. Die Domestizierung verfolgt den Ansatz, Sorten mit viel versprechenden Eigenschaften manuell miteinander zu kreuzen. Diese vom evolutionären Zufall geprägte Vorgehensweise ist sehr zeitintensiv und nicht immer erfolgreich, da die gewünschten Traits aus verschiedenen gleichartigen Pflanzen nicht immer im gleichen Umfang an die nächste Generation weiter gegeben werden. Das Ergebnis der erfolgreichen Kreuzung ist nach einer relativ langen Wachstumsphase meist erst in der Reifephase der Pflanze zu erkennen (Weckwerth 2011; Altman/Hasegawa 2012; Heslop-Harrison, J. S./Schwarzacher 2012).

Eingeleitet von der „Grünen Revolution" in den 1960er Jahren wurden die ersten Erfolge des systematischen Kreuzens und Auslesens (siehe oben) durch die Entwicklung von Weizenhalbzwergarten verzeichnet (Khush 2001; Evenson/ Gollin 2003; Weckwerth 2011). Im Laufe der frühen 1980er Jahre entstand die Grüne Gentechnik als weiterer Ansatz, der durch die rasante Kopplung der Entwicklung von „Enabling Technologies", wie beispielsweise der DNA-Klonierung, und -Sequenzierung und den Transformationsmethoden begünstigt wurde (Weckwerth 2011; Ben-Ari/Lavi 2012).

Eine weitere Technik, die bei diesen Ansätzen Anwendung findet, ist die allgemeine und später auch ortsselektive Mutagenese. Die Mutationen im Pflanzenerbgut werden durch Chemikalien und/oder ionisierende Strahlung hervorgerufen. Ein anschließender Vergleich mit dem Pflanzenwildtyp ergibt Aufschluss über den Effekt der Mutation. Bei der Mutagenese können zwei Methoden unterschieden werden: Der Ansatz der generellen Mutagenese versucht, durch die zufällige Mutation des pflanzlichen Erbguts neue Traits zu erzeugen (Ling/Robinson 1997; Sikora et al. 2011). Die ortsspezifische Mutagenese hingegen strebt eine gezieltere Mutation des Genoms an (Sikora et al. 2011).

Die rekombinante Gentechnik verfügt im Vergleich dazu über weiterentwickelte Methoden, die eine Übertragung artfremder Gene mit Hilfe von Gen-Vektoren ermöglicht. Die rekombinante Gentechnik brachte auch eine verbesserte Selektion und Auslese durch den Einsatz von DNA-Markern mit sich, wodurch eine erfolgreiche Übertragung schneller und effektiver nachgewiesen werden konnte (Ben-Ari/Lavi 2012). Durch die Weiterentwicklung der Sequenzierungsmethoden, wie z.B. der High-Throughput-Analytik, werden neue Datensätze bzw. Erkenntnisse schneller erzeugt. Dadurch kann der Erfolg genetischer Manipulationen schneller überprüft werden.

Im Allgemeinen zielen die Strategien der konventionellen Gentechnik vorwiegend auf die Steuerung der Über- oder Unterexpression von Cis-Elementen ab (Zurbriggen et al. 2012). Cis-Gene nennt man die Steuerabschnitte, die regulativ bei der Transkription durch Verstärkung („enhancer") oder Verminderung („silencer") wirken (Schopfer/Brennicke 2006, S.119). Auf diese Weise sollen die Traits des Wirtsorganismus in der gewünschten Weise modifiziert werden (Century et al. 2008; Stamm et al. 2011; Zurbriggen et al. 2012).

Darüber hinaus wird bei der rekombinanten Gentechnik prinzipiell versucht, durch das zusätzliche Einbringen von einem oder wenigen Genen die angestrebten Traits in der Wirtspflanze zu etablieren. Dabei können die eingebrachten Gene auch artfremd, d.h. transgen sein. Vereinzelt wird die rekombinante Gentechnik auch als Modern Breeding bezeichnet.

Mit Blick auf die Herangehensweise der Ansätze lässt sich erkennen, dass vorwiegend die Vorstellung der eineindeutigen Zuordnung einzelner Gene zu einzelnen gewünschten Eigenschaften dominiert. Bei weniger komplexen Traits, wie Herbizid- oder Insektizidtoleranz waren diese Strategien zumindest kurzfristig erfolgreich. Im Gegensatz dazu konnten komplexere Traits wie Trockentoleranz nicht durch transgene Transformationen in den Wirtsorganismus eingebracht werden (Waseem et al. 2011). Je mehr es gelingt die gewünschten Eigenschaften durch die gleichzeitige Übertragung und erfolgreiche ortsspezifische Etablierung mehrerer Gene in die Wirtspflanze einzubringen, desto näher kommt man allerdings auch dem Erfolg (Naqvi et al. 2010).

Welche Herausforderungen gibt es bei den etablierten Ansätzen der Grünen Gentechnik?

Die grundlegenden Probleme der gegenwärtigen Ansätze bestehen in Wissensdefiziten. Für eine erfolgreiche Implementierung und Modifizierung von Traits müssen folgende Fragen beantwortet werden (Orzaez et al. 2010):

- Welche(s) Gen(-Netzwerke) ist/sind für welche Traits verantwortlich?
- Wie hängen diese Gene bzw. Gen-Netzwerke im Gesamtsystem der Pflanze zusammen?
- Wie können diese in eine Wirtspflanze implementiert werden? An welche Stelle, auf welche Weise?

Für einen Ansatz, der auf der Synthetischen Biologie (in bottom-up-Sicht) beruht, stellt sich zudem die Frage:

- Können Pflanzen von Grund auf neu konstruiert werden bzw. gibt es Minimalpflanzen?

Um diese Fragen beantworten zu können, ist es notwendig, die biochemischen Abläufe und deren Zusammenspiel auf den verschiedenen Systemebenen sowie deren Korrelation zu den entsprechenden Genen zu kennen. In diesem Zusammenhang wird auch von Genbereichen, den so genannten „quantitative trait loci“ (QTL) gesprochen (Langridge/Fleury 2011). Traits beschränken sich nicht auf einzelne Gene, sondern auf mehr oder weniger zusammenhängende Genbereiche.

Zur Erzeugung der gewünschten Traits ist es zweckmäßig, für die erfolgreiche Transformation der transgenen Konstrukte ihre Einbringungsstelle im pflanzlichen Organismus zu kennen und kontrollieren zu können (Dhar et al. 2011).

Im Zuge der genetischen Erforschung von Pflanzen traten bisher verschiedene Probleme bei der Einbringung von Genen und beim Einbau dieser Gene ins Genom auf. Dabei wurde u.a. die Erkenntnis gewonnen, dass mutmaßlich vorteilhafte QTLs mit nachteiligen Traits korreliert sein können (Gertz et al. 1999 zitiert in Kotschi 2008; Waseem et al. 2011). Eine eineindeutige Zuordnung scheint mit den gegenwärtigen technischen Möglichkeiten nicht möglich oder nur mit einem sehr hohen Aufwand verbunden zu sein.

Auch die Größe der DNA-Abschnitte ist bei der Transformation mehrerer Gene gegenwärtig noch ein limitierender Faktor (Dhar et al. 2011). Aktuelle Strategien zur Transformation umfassen zwei Hauptmethoden:

- der biolistische Transfer mittels einer Genkanone und
- die Nutzung des natürlichen Pathogens *Agrobacterium tumefaciens* als DNA-Vektor.

Andere Transformationsmethoden konnten sich bisher aus ökonomischen und verschiedenen anderen Gründen nicht durchsetzen (vgl. Matsumoto/Gonsalves 2012).

Basierend auf den vorangegangenen Beschreibungen lassen sich folgende Herausforderungen im Bereich der Transformation zusammenfassen:

- keine direkte Kontrolle der Genaufnahme (Moeller/Wang 2008),
- Probleme bei der Einbringung mehrerer Gene, insbesondere für biosynthetische Pfade durch Wechselwirkung (Cross-Talk) mit wirtseigenen metabolischen Pfaden (Gutterson/Zhang 2004; Dhar et al. 2011),
- verminderte Stabilität und erhöhte Variabilität in der Expressionsrate und Ausprägung der jeweiligen Traits, die durch Positionseffekte hervorgerufen werden können und teilweise zu Gen-Silencing bzw. Mis-Expression führen können (Fedoroff 2010; Singer et al. 2011; Waseem et al. 2011).

An der Lösung dieser Probleme wird zur Zeit geforscht. Ein Durchbruch scheint allerdings nicht in Sicht, da die zugrunde liegenden Mechanismen nicht verstanden sind. Beispielsweise könnte eine mögliche Erklärung für die Instabilität des genetischen Konstrukts sowie seiner unterschiedlichen Expressionsraten in der beeinträchtigten Interaktion von multiplen Enhancer- und Promotorbereichen liegen, die bei der Translation (Übersetzung der Geninformation in Aminosäuresequenzen bzw. Proteine) meist unabhängig von Position und Orientierung sind und dadurch bei der Ablesung von Genen interferieren können (Singer et al. 2011).

Nicht nur die Beobachtung, dass transgene Konstrukte miteinander interferieren, legt die Vermutung nahe, dass komplexere Abläufe für die Traits verantwortlich sind. Es ist zudem die Erkenntnis, dass in Pflanzen durchaus multiple und komplexe Reaktionen als Stressantwort ablaufen (Singer et al. 2011). Sie lassen die Notwendigkeit für eine integrierte Systemansicht der Pflanzen erkennen (Century et al. 2008; Mochida/Shinozaki 2011), was zu zwei weiteren Herausforderungen führt, die nachfolgend erläutert werden sollen.

In der Vergangenheit waren vorwiegend Mikroorganismen und säugerbasierte Zellsysteme Gegenstand der Synthetischen Biologie. Die Forschung an Pflanzenzellen erhielt eine relativ geringe Aufmerksamkeit (Purnick/Weiss 2009; Weber/Fussenegger 2010; Zurbriggen et al. 2012). Vermutlich ist dies damit zu begründen, dass sich zum einen Mikroorganismen aufgrund der weniger komplexen Reaktionen wesentlich einfacher untersuchen lassen, und dass zum anderen Säugetierzellen aufgrund der humanmedizinischen Relevanz im Vordergrund standen. Des Weiteren lag der anfängliche Forschungsfokus nur auf wenigen Modellpflanzen wie *Arabidopsis thaliana* sowie Reis und Mais (Langridge/Fleury 2011; Stamm et al. 2011). Reis und Mais sind weltweit relevante Nutz- und Nahrungspflanzen und dadurch von besonderer Bedeutung. *A. thaliana* ist dagegen ein repräsentativer Vertreter der höheren Pflanzen und bietet einige Vorteile gegenüber anderen Pflanzenarten. Zu diesen zählen die kurze Generationszeit von ungefähr acht Wochen und die Möglichkeit, diese Pflanze in Reagenzgläsern züchten zu können. Zudem besitzt *A. thaliana* das bisher kleinste bekannte Kerngenom höherer Pflanzen von etwa 120 Megabasenpaaren in fünf haploiden Chromosomen, die sich leicht mutagenisieren lassen. Aufgrund der geringen Kerngenomgröße und der kurzen Generationsdauer lassen sich erfolgreiche Transformationen und Mutationen in relativ kurzer Zeit nachvollziehen (Schopfer/Brennicke 2006, S. 142).

Der Fokus auf wenige Modellpflanzen ermöglichte zwar ein erstes Verständnis über die Pflanzenphysiologie, andererseits können diese Erkenntnisse nicht unbedingt auf andere Pflanzenarten mit größeren Genomen übertragen werden (Schopfer/Brennicke 2006; Peleg et al. 2012). Auf der Seite der „Enabling Technologies" werden ebenfalls Fortschritte benötigt, da diese Techniken bisher vorwiegend an Zellen von Mikroorganismen eingesetzt wurden (Yuan et al. 2008). Daher ist die Fokussierung auf wenige Modellpflanzen eher als Voraussetzung für eine sukzessive Verbesserung der Techniken zu sehen (Langridge/Fleury 2011).

Gleichwohl wird auch eine allgemeine, grundsätzliche Kritik an der Grünen Biotechnologie geäußert. Die bisherigen Bemühungen erbrachten nur minimale Verbesserung im Gesamtsystem „Pflanze", weil die Pflanze nur hinsichtlich eines partiellen Stressors optimiert wurde und somit nicht alle Umgebungsvariablen berücksichtigt wurden (Mittler/Blumwald 2010; Singer et al. 2011). Außerdem ist es aufgrund der variablen Umgebungsbedingungen schwierig, reproduzierbare Daten zu generieren (Sheehy et al. 2008). Deswegen sollten auch Bemühungen für reproduzierbare Laborverhältnisse mit in die Überlegungen zur Überwindung der beschriebenen Hindernisse einbezogen werden (Mittler/Blumwald 2010).

Systemische Lösungsansätze

In der Vergangenheit wurden Forschungsdaten auf unterschiedlichen Ebenen von Pflanzen generiert, die einzeln betrachtet allesamt nur begrenzte Einsichten in die Funktionsweise des Gesamtorganismus ermöglichten. Die Einzelbetrachtung der Datensätze der verschiedenen -omics Ebenen schien daher nicht zum gewünschten Transformationserfolg zu führen (Moreno-Risueno et al. 2010). Zu den -omics Ebenen zählen die (funktionale) Genomik, Epigenomik, Proteomik, Interaktomik, Metabolomik und Hormonomik, die auf diesen Zellebenen Forschungsdaten für die Systembiologie (Bioinformatik) zur Verfügung stellen (Mochida/Shinozaki 2011). Genomik bezieht sich auf Untersuchungen des Genoms mit Hilfe von DNA-Sequenzierung und Gen-Mapping. Funktionale Genomik betrachtet die Dynamik von Transkriptions- und Translationsprozessen sowie die Genfunktionen. Die Epigenomik versucht die Veränderungen des Phänotyps, die nicht ursprünglich im Genotyp festgelegt waren, zu erklären. Die Proteomik erforscht die Gesamtheit der zellulären Proteine und ihre Mengenverhältnisse in einer statischen Betrachtung. Im Unterschied dazu beschreibt die Interaktomik die dynamischen Aspekte von Protein-Protein-Interaktionen in Zellen. Hormonomik erforscht die Signalmoleküle, die die Entwicklung und das Stressverhalten der Pflanzen beeinflussen (Mochida/Shinozaki 2011). In diesem Zusammenhang steht auch die Metabolomik. Die Metabolomik ist eine relativ junge Methode im Vergleich zu den anderen -omics Ansätzen und untersucht alle Stoffwechselprodukte und deren Zusammenhänge in Zellen. Herausforderungen ergeben sich einerseits aus der natürlichen Variabilität der physikochemischen Eigenschaften der Metabolite und ihrer hohen Anzahl (derzeit geschätzt > 200.000). Anderseits ist die Übertragung von metabolischen Pfaden von Pflanze zu Pflanze nicht bzw. nur eingeschränkt möglich (Okazaki/Saito 2012). Die Abbildung 8 zeigt den Zusammenhang der verschiedenen -omics Ebenen mit dem Bezug zum Phänotyp sowie die Verbindung dieser Ebenen durch die Bioinformatik.

Den -omics Technologien und deren Vernetzung durch die Bioinformatik und Systembiologie wird mittlerweile eine besondere Bedeutung zugesprochen, da diese integrative Sicht auf das Pflanzensystem neue Erkenntnisse und Erklärungsmodelle für die beobachteten Phänotypen ermöglicht (Shulaev et al. 2008; Yuan et al. 2008; Fukushima et al. 2009; Moreno-Risueno et al. 2010; Ellis, D. I./Goodacre 2012). Es gilt also, die Pflanze als komplexes biochemisches System zu verstehen und dessen erlernte Reaktionen auf verschiedenste (gleichzei-

Abb. 8: Zusammenhang der einzelnen -omics Ebenen und der Bioinformatik

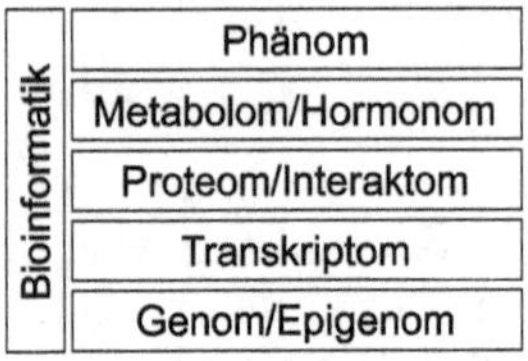

Bioinformatik	Phänom
	Metabolom/Hormonom
	Proteom/Interaktom
	Transkriptom
	Genom/Epigenom

tige) Umwelteinwirkungen nachzuvollziehen (Junker/Junker 2012). In diesem Zusammenhang dürften die pflanzlichen Metaboliten eine wichtige Rolle spielen. Beispielsweise ist die Reaktion der Pflanze auf biotischen oder abiotischen Stress weniger eine Reaktion auf einen einzelnen Einfluss, sondern eher ein komplexer, teils kaskadenartiger Ablauf, der die regulatorischen Kontrollnetzwerke steuert und beispielsweise die Genexpression für die jeweilige Stressantwort beeinflusst (Shulaev et al. 2008; Saito, K./Matsuda 2010; Okazaki/Saito 2012).

Einflüsse der Synthetischen Biologie auf neue Ansätze der Grünen Biotechnologie

An dieser Stelle sollen der Entwicklungsstand und die Entwicklungsrichtung neuer Ansätze beschrieben werden. Diese Ansätze setzen auf unterschiedlichsten Komplexitätsebenen an, vom Genom bis hin zur interzellulären Kommunikation. Im Folgenden wollen wir auf einige dieser Ansätze eingehen und daneben auch eine neue Transformationstechnik vorstellen.

Signaltransduktion

Auf der Ebene der Signaltransduktion setzen die Forschungsarbeiten von Antunes et al. aus der Forschergruppe um June Medford von der Colorado State University an (Antunes et al. 2009; Antunes et al. 2011). Im Allgemeinen laufen Signalübertragungen kaskadenförmig in nichtlinearer Form ab. Auslöser für diese Kaskaden sind Stimuli aus der Umwelt, die von der Pflanzenzelle wahrgenommen und zumeist durch Phosphorylierung verschiedener Proteindomänen kaskadenförmig ins Zellinnere weitergeleitet werden (Antunes et al. 2009). Die Signaltransduktion wird durch Phytohormone eingeleitet, die einen strategischen Ansatzpunkt für die geplanten Veränderungen darstellen (Stamm et al. 2011). Ein bekannter Signaltransduktionspfad basiert auf Histidinkinasen. Diese Enzyme kommen sowohl in Bakterien als auch in Pflanzen vor. Antunes et al. konnten einen synthetischen Signaltransduktionspfad ausgehend von einem Bakterium in die höhere Pflanzenart *A. thaliana* implementieren. Ein zusätzlich implementierter substanz-spezifischer Rezeptor kann diesen Signaltransduktionspfad in der

Pflanze aktivieren und dadurch für eine Genexpression sorgen (Antunes et al. 2011). Diese Technik könnte nach Antunes et al. für die Biosensorik auf größeren Landstrichen verwendet werden, weil die Rezeptorspezifität durch ein vorgelagertes, veränderbares Bindeprotein an unterschiedliche Substrate angepasst werden kann (Antunes et al. 2011).

Interzelluläre Kommunikation in der Morphogenese und Phytobricks

Die Forschergruppe um Jim Haseloff von der University of Cambridge beschäftigt sich mit der synthetischen Pflanzenmorphogenese und fokussiert mehr auf die interzelluläre Kommunikation (Osbourn et al. 2012). Ziel ist es, die Entwicklung von pflanzlichen Geweben nachzuvollziehen, modellhaft zu beschreiben sowie darauf aufbauend das Pflanzenwachstum in-silico zu modellieren und zu konstruieren. Dabei verfolgt die Gruppe die Hypothese, dass Zellen mit der nächsten Nachbarzelle in einer bilateralen Verbindung stehen und auf diesem Wege Informationen austauschen (Dupuy, L. et al. 2008). Für diese Hypothese spricht das Phänomen, dass einzelne kleine Gentransformationen bereits (große) Auswirkungen auf der Zell- und Gesamtsystemebene haben können. Für das Vorgehen verwendet die Forschergruppe niedere Pflanzenarten, wie z.B. die Grünalge *Coleochaete scutata*, um die komplexen Mechanismen der Zellproliferation besser nachvollziehen zu können (Dupuy, L. et al. 2010). Dupuy et al. konnten nachweisen, dass die Proliferation und Morphogenese zu einem großen Teil durch die biophysischen Einflüsse in Grenzflächennähe der Zellen bestimmt werden. Durch die in-silico-Modellierung mit Hilfe der zellulären Automatentheorie haben Dupuy et al. mit wenigen einfachen autonomen Grundregeln das Zell(-gewebe-)wachstum von *Coleochaete scutata* modellieren können (Dupuy, L. et al. 2010). Innerhalb dieser Studie weisen die Autoren darauf hin, dass die genetische Regulation im Zellinneren einen weiteren Einfluss auf die Morphogenese besitzt. Eine rationale Konstruktion kann folglich erst dann erfolgen, wenn beide Theorien entsprechend in einem Modell integriert sind und durch iterative experimentelle Versuche neue Datensätze generiert worden sind (Dupuy, L. et al. 2010). Des Weiteren müssen für die weitergehende rationale Konstruktion von Pflanzen(-modulen) die Verbindungen zwischen den verschiedenen Ebenen vom Genom bis hin zu einfachen Ökosystemen untersucht und verstanden werden (Osbourn et al. 2012).

Zum Zwecke der rationalen Konstruktion werden standardisierte genetische Bausteine, so genannte phytobricks, als pflanzliches Pendant zu den biobricks entwickelt und unter der Leitung von Jim Haseloff gesammelt (Orzaez et al. 2010; Junker/Junker 2012). Ziel ist es, eine Datenbank zu schaffen und verschiedene, standardisierte genetische Module (für Enzyme, Transkriptionsfaktoren und nichtkodierende Sequenzen wie Promotoren) für die Synthetische Pflanzenbiologie zur Verfügung zu stellen. Bisher sind in dieser Datenbank 241 pflanzenspezifische Bausteine gelistet (Editorial Nature 2015).

Orzaez et al. weisen in ihrem Artikel auf die im Vergleich zur Mikrobiologie gesteigerten Herausforderungen hin. Allein die Transformation erfolgt in vielen Fällen durch binäre Vektoren, bei denen die zu übertragende DNA-Sequenz und die Virulenzgene zur Übertragung in das Pflanzengenom in zwei unterschiedlichen Plasmiden enthalten sind. Zudem können aufgrund der Größe der phytobricks Probleme bei der Identifikation der richtigen Restriktionsstelle auftreten (Orzaez et al. 2010).

Eine weitere Herausforderung, die sich bei der Übertragung der Ansätze aus Mikroorganismen auf höhere Pflanzen stellt, ist die Identifikation der Ursache-Wirkungsbeziehung. Im Fall von niederen Pflanzen können zeitlich verzögerte Wirkungen zwar noch abgebildet werden, schwieriger wird es jedoch bei den höheren Pflanzen. Hier liegen wesentlich komplexere Abläufe vor, die zudem durch überlappende Reaktionen an Eindeutigkeit einbüßen. Des Weiteren weisen die Autoren auf beschränkte Möglichkeiten zur molekularen Manipulation hin (Dupuy, L. et al. 2010).

Minichromosomen als neue Transformationsmethode

Für das Einbringen komplexerer Traits, metabolischer Pfade oder vollständig neugestalteter Organellen werden größere DNA-Moleküle benötigt (Gibson et al. 2009; Que et al. 2010). Mögliche Strategien befassen sich mit dem klassischen Trait Stacking, bei dem mehrere Merkmale in den Zielorganismus eingebracht werden. Darüber hinaus gibt es neuere Trends bei den Transformationsmethoden, die in Naqvi et al. (2010) und Que et al. (2010) dargestellt werden. Neben einer Reihe von anderen Einbringungsarten wird dort der Methodik der Minichromosomen bzw. synthetischer Chromosomen ein hohes Potenzial zugetraut (Houben/Schubert 2007; Yu/Birchler 2007; Yu et al. 2007a; Birchler et al. 2010; Dhar et al. 2011; Gaeta et al. 2012). Die folgende Beschreibung basiert im Wesentlichen auf Gaeta et al. (2012).

Synthetische Chromosomen erlauben es, unabhängig vom vorhandenen Genom verschiedene Transgene zu schichten. Es wird dadurch möglich, mehrere Traits oder sogar metabolische Pfade in Pflanzen zu etablieren. Damit zählt dieser Ansatz zu den Multigen-Engineering-Ansätzen (Naqvi et al. 2010; Que et al. 2010; Gaeta et al. 2012). In Pflanzenzellen existieren Chromosomen nicht in Kreisform, sondern in einer X-förmigen linearen Anordnung. Die Form entsteht im Zellteilungszyklus, kurz vor dem Abschluss der Zellteilung. Die Einschnürungsstelle wird als Centromer und die jeweiligen Enden als Telomere bezeichnet. Die Telomere dienen der Stabilisierung des Chromosoms. Sie verbrauchen sich jedoch bei der Zellteilung. Für die Stabilisierung des Chromosoms muss eine Mindestanzahl an Wiederholungssequenzen in den Telomerbereichen vorliegen.

Telomere können Enzyme, so genannte Telomerasen, beauftragen, deren Enden (von denen eine Mindestanzahl bestehen muss) zu regenerieren (Yu et al. 2006). Unter Nutzung dieses Reparaturmechanismus können neue bzw. andere Chromosomen in Form von Telomersequenzen stabil in Zellen eingebracht werden. Dies wurde zuerst in Säugerzellsystemen gezeigt (Farr et al. 1991). Die Funktion des beschriebenen Mechanismus konnte auch in pflanzlichen Maiszellen mit einem Markergen nachgewiesen werden (Yu et al. 2006). Die Minichromosomen können aus bestehenden Chromosomteilen in-vivo hergestellt werden. Diese Vorgehensweise wird als top-down-Ansatz bezeichnet. Dagegen werden im bottom-up-Ansatz neue Minichromosomen (de-novo) künstlich zusammengestellt. Für pflanzliche Zellen ist bisher nur der top-down-Ansatz realisiert worden. Die Erfolgschancen des bottom-up-Ansatzes werden bislang noch kontrovers diskutiert (Houben/Schubert 2007; Yu et al. 2007b; Birchler et al. 2010).

Die allgemeinen Vorteile des Minichromosomen-Ansatzes werden in der vergleichbar großen Transgenanzahl und der Vermeidung der Probleme der konventionellen Gentechnik gesehen (Dhar et al. 2011). Zu diesen Problemen gehört die Verlinkung der Transgene zu unerwünschten Allelen, die nachträglich nicht korrigiert werden kann. Zudem können Minichromosomen als unabhängige Konstrukte über mehrere Zelllinien bestehen und unterliegen nicht der unvorteilhaften Ko-Segregation, bei der mehrere (auch unvorteilhafte) Gene zusammen vererbt werden (Yu et al. 2006; Gaeta et al. 2012). Prinzipiell kann diese Methodik an den weitverbreiteten regulären A-Chromosomen oder an den irregulären B-Chromosomen durchgeführt werden. Der letztere Ansatz über die B-Chromosomen und deren Bedeutung bei der Zellteilung ist noch nicht vollständig verstanden. Zudem sind diese Chromosomen nicht in allen Pflanzenspezies vorhanden (Houben/Schubert 2007; Gaeta et al. 2012). Die Transformation der Chromosomen wird in der Regel über das *Agrobakterium tumefaciens* ermöglicht (Yu et al. 2006).

Birchler fasst in seiner Publikation folgende Herausforderungen für die auf Minichromosomen beruhenden Techniken zusammen (Birchler et al. 2010):

- Übertragung des Minichromosomen-Ansatzes auf andere Pflanzenarten (Xu, C. et al. 2012),
- Verständnis der Telomer-Manipulationstechnik beim Minichromosomen-Ansatz,
- Aufklärung des Zusammenhangs zwischen Chromosomengröße und Regeneration sowie Funktionalität,
- Entwicklung weiterer Selektionsmarker für die Bestimmung des Transformationserfolgs,
- Entwicklung weiterer Systeme für eine nachträgliche Manipulation von Minichromosomen und
- Vergrößerung der transferierbaren DNA-Menge.

Liu, W. et al. (2013) ergänzen, dass mit den künstlichen Chromosomen Positionseffekte wegfallen und weniger unerwünschte Reaktionen mit anderen Genen des Wirtsorganismus stattfinden.

5.5 Potenziale der Synthetischen Biologie

Bezüglich des Entwicklungsstands kann fallstudienübergreifend festgestellt werden, dass sich fast alle synthetisch-biologischen Ansätze derzeit noch im Stadium der Grundlagenforschung befinden. Bei den meisten identifizierten Entwicklungen aus der Synthetischen Biologie konnte bisher lediglich das prinzipielle Funktionieren des jeweiligen Ansatzes gezeigt werden (Proof-of-Concept bzw. Proof-of-Principle). Nur in wenigen Einzelfällen haben synthetisch-biologische bzw. durch die Synthetische Biologie beeinflusste Forschungen bereits zu marktfähigen oder auf dem Markt befindlichen Produkten oder Verfahren geführt. Zu den Letzteren zählen beispielsweise im Bereich der Energiegewinnung diverse Kraftstoffe, insbesondere Bioethanol und Biodiesel, die auf mikrobiell umgesetzter, meist pflanzlicher Biomasse beruhen. Diese Verfahren sind allerdings stark von der konventionellen Bio- und Gentechnologie (Gentechnik und Metabolic Engineering) geprägt. Konkrete Beiträge der Synthetischen Biologie sind noch schwer festzumachen.

Potenziale im Bereich der Grundlagenforschung

Die Bedeutung der Synthetischen Biologie für die biologische Grundlagenforschung zeigt sich schon heute in einer Reihe von Teilgebieten. Beginnend mit biologischen Forschungen zur Entstehung von Leben auf der Erde überhaupt und zu den dafür notwendigen Strukturen und Prozessen können hier beispielhaft Arbeiten zur Erzeugung minimaler synthetischer Zellen genannt werden, mit denen zelluläre Selbstorganisationsprozesse und die für sie essenzielle, minimale molekulare Ausstattung untersucht werden (Luisi/Stano 2011). Der Aufklärung von Struktur-Funktions-Zusammenhängen dient die Variation molekularer Bestandteile (Benner et al. 2011). Dieser Bereich wird aufgrund der Relevanz der chemischen Synthese anstelle bloßer genetischer Veränderungen auch schon als „Chemische Synthetische Biologie“ bezeichnet (Chiarabelli et al. 2012). In ähnlicher Weise kann auch der im Zusammenhang mit der Systembiologie so wichtige Bereich der intra- und interzellulären Signalübertragung vom Einsatz synthetischer Komponenten profitieren, wie beispielsweise die Arbeiten von Schamel/Reth (2012) zur Analyse immunologischer Signaltransduktionsprozesse zeigen. Die Anwendung synthetisch-biologischer Methoden bietet also eine in ersten Ansätzen erfolgreich umgesetzte Chance, die konventionellen Methoden der biologischen (Grundlagen-)Forschung sinnvoll zu ergänzen und somit den Erkenntnisgewinn zu beschleunigen bzw. bereits gewonnene Erkenntnisse zu überprüfen. Vor dem Hintergrund der Tatsache, dass die biologische Grundlagenforschung wichtige und notwendige Erkenntnisse für die angewandte biologische Forschung bereitstellt, kann die Synthetische Biologie als eine Disziplin gewertet werden, welche indirekt wesentliche Beiträge zum Fortschritt der Biologie insgesamt sowie zum Gelingen von durch biologische Forschung vermittelten Anwendungen zu leisten in der Lage ist.

Eine Betrachtung der Rolle der Synthetischen Biologie in potenziellen Anwendungsfeldern macht schnell deutlich, dass auch hier die *charakteristische Methodik rationaler Konstruktion* mit ihrer Schrittfolge vom Modell über das Design hin zum Prototypen von zentraler Bedeutung ist. Denn die angestrebte konsequente Anwendung rationaler Konstruktion verspricht einen großen Vorteil gegenüber bisherigen bio- und gentechnologischen Lösungen, die nie ganz den Rest von „Black Box" abgestreift haben. Die Black Box reicht hier von unaufgeklärten Funktionszusammenhängen über evolutive Einflüsse bis hin zu ungewollten Wechselwirkungen innerhalb der komplexen Systeme lebender Organismen mit ihrer Vielzahl von meist für den Einsatzzweck gar nicht nutzbringenden Funktionen. Denn die von der Synthetischen Biologie verfolgte rationale Konstruktion brächte durch die Nutzung charakterisierter und standardisierter oder gar orthogonaler Elemente neben einer Beschleunigung der Entwicklung vor allem Durchschaubarkeit und Vorhersagbarkeit – so jedenfalls lautet die entsprechend formulierte These (Mutalik et al. 2013; Stanton et al. 2013). Inwieweit sich synthetisch-biologische Ansätze in ihren jeweiligen praktischen Anwendungsfeldern tatsächlich als gegenüber den mit weniger hohen Ansprüchen an die Exaktheit und Vollständigkeit des Verständnisses biologischer Struktur-Funktions-Zusammenhänge auskommenden, pragmatischen biotechnologischen Ansätzen überlegen herausstellen werden, bleibt noch abzuwarten. Wichtig ist in diesem Zusammenhang, inwieweit auch die spezifisch biologischen Phänomene des *Rauschens und der evolutiven Veränderungen* mit einbezogen werden können (Eldar/Elowitz 2010; Dymond et al. 2011; Wang, H. H./Church 2011) bzw. wie verlässlich die genetische Information der erzeugten Konstrukte über mehrere Generationen hinweg die angestrebte Funktion aufrechterhalten kann (Canton et al. 2008).

Die Konzentration bzw. Reduktion auf die im Fokus der jeweiligen Anwendung stehenden Prozesse und Strukturen bildet einen wesentlichen Vorteil der Synthetischen Biologie. Denn mit der Erzeugung und Nutzung einer Minimalzelle als Chassis für die Implementierung der konstruierten genetischen Module wird eine erhöhte Effizienz und genauere Steuerung der Prozesse durch den Verzicht bzw. das Ausschalten nachteiliger Wechselwirkungen angestrebt. Das Konzept einer primär auf die Reduktion des Genoms ausgerichteten Strategie wird jedoch nicht von allen Fachleuten als nützlich angesehen. Nach Einschätzung einiger Experten sollte das Gewicht eher auf einer Anpassung, d.h. einer Spezialisierung der Wirtszelle auf die angestrebte Funktion liegen (Dietz/Panke 2010).[53]

Die gezielte Reduktion nachteiliger Wechselwirkungen kann nicht nur die Güte und Menge des jeweils erzielbaren Produktes oder die Qualität einer angestrebten Funktion steigern, sondern auch eine Verminderung risikorelevanter Funktionalitäten bedeuten. Denn im Zuge einer gezielten Reduzierung eines Organismus auf wenige Kernkomponenten, -prozesse und -funktionen oder durch eine extrazelluläre Zusammenstellung biologischer Reaktionspartner und Strukturen könnten auch faktisch oder potenziell gefährliche Komponenten, Prozesse und Funktionen ausgeschlossen werden, wodurch entsprechende Gefährdungspotenziale entscheidend reduziert werden könnten. Dies gilt allerdings nur für jene Fälle, in welchen die gewünschten und intendierten Funktionalitäten nicht identisch oder untrennbar verknüpft sind mit jenen, aus welchen ein Gefährdungspotenzial resultieren kann. Bezogen auf mögliche gefährdungsarme Entwicklungspfade sei auf das noch folgende Kapitel 7 verwiesen, in dem eine entsprechende, sehr weitreichende Sicherheitsstrategie skizziert wird.

Potenziale bei der Energiegewinnung

Der Bedarf an alternativen Energietechnologien und -trägern wird von vielen in der Synthetischen Biologie aktiven Wissenschaftlerinnen und Wissenschaftlern als Motivation für ihre Forschungen mit synthetisch-biologischen Ansätzen im Energiebereich angegeben (beispielsweise: Anemaet et al. 2010; Jia et al. 2010). Meist wird argumentiert, dass (synthetisch-)biologische bzw. biotechnologische Verfahren ein sehr hohes Potenzial zur Gewinnung alternativer Energieträger hätten, weil sie die Strahlungsenergie der Sonne nutzen, welche quasi überall und endlos verfügbar sei. Diese synthetisch-biologischen bzw. biotechnologischen Ansätze reihen sich ein und ergänzen somit andere, auf der direkten Nutzung der Solarstrahlung basierende Technologien wie beispielsweise Photovoltaik und Solarthermie (siehe beispielsweise: Styring 2012).

Synthetisch-biologische Entwicklungen im Energiebereich würden von jenen methodisch-technischen Fortschritten profitieren, welche auch sonstige syn-

---

53 Die Gespräche mit Forschern aus den Bereichen der Biotechnologie und Synthetischen Biologie im Rahmen des Projekts zur Innovations- und Technikanalyse der Synthetischen Biologie zeigten, dass eine universell einsetzbare Zelle mit minimalem Genom unter Fachleuten auch kritisch gesehen wird. Ein Einwand lautet hier: Kann eine Minimalzelle die hochkomplexen Spezialisierungen ersetzen, die für die effektive Synthese einzelner Stoffe notwendig sind? Bisher wurde in solchen Fällen von Bakterienstämmen ausgegangen, die ohnehin schon durch die Synthese der gewünschten Komponente aufgefallen waren und deshalb eine natürliche Kompetenz für die jeweilige Synthese mitbrachten.

thetisch-biologische Ansätze bzw. die Biotechnologie insgesamt voranbringen. Zu nennen wären hier unter anderem Hochdurchsatzverfahren in der Analytik. Diese können beispielsweise zur schnelleren und effizienteren Identifikation von Genen beitragen, welche bestimmte erwünschte oder unerwünschte Eigenschaften kodieren (Jia et al. 2010 bezüglich Mechanismen und Genen für Alkoholtoleranz).

Als eines der größten Hemmnisse bei der Anwendung synthetisch-biologischer Ansätze dürfte sich ihre (groß-)technische Umsetzung erweisen (Turner et al. 2008), welche in vielen Fällen deutlich schwieriger ist, als es das bereits vorhandene theoretische Verständnis der betreffenden biologischen Systeme, die Geradlinigkeit vieler synthetisch-biologischer Lösungsansätze sowie die Leistungsfähigkeit etablierter Methoden erwarten lassen. Peterhansel (2011) stellt diesen Umstand ganz treffend heraus, indem er die Erwartungen an eine gentechnische[54] Implementierung von C_4-Pflanzen-spezifischen Photosynthese-Mechanismen in C_3-Pflanzen, welche vermutlich einen Transfer bzw. eine Modifikation von etwa zwanzig Genen erforderlich machen würde, mit dem Hinweis darauf dämpft, dass die Entwicklung des sogenannten „Golden Rice“[55] allein bis zum Stadium erster Feldversuche über zehn Jahre beansprucht hat, obwohl hier nur zwei Transgene zum Einsatz kamen.

Bezogen auf synthetisch-biologische („rationale“) Ansätze zur Erhöhung der Alkoholtoleranz bei Alkohol produzierenden Organismen stellen Jia et al. (2010) fest, dass die Mechanismen, welche bei natürlicherweise sehr Alkohol toleranten, aber nicht unbedingt Alkohol produzierenden Organismen für eben diese Alkoholtoleranz verantwortlich sind, erst noch aufgeklärt werden müssten. Außerdem seien die gentechnischen Modifikationen zur Steigerung der Alkoholtoleranz bei natürlichen oder veränderten Organismen sehr weitreichend und komplex und daher (derzeit noch) kaum umsetzbar. Aus diesem Grund sind evolutionsbasierte („zufällige“) Ansätze (derzeit noch) weiter verbreitet.

Wenngleich eine Einschätzung ihrer Realisierbarkeit schwierig ist, erscheinen die technischen Potenziale der synthetisch-biologischen Ansätze zur Verbesserung und Erweiterung biotechnologischer Verfahren zur Energiegewinnung als immer noch sehr groß. In allen Bereichen, in denen konventionelle biotechnologische Ansätze vor großen Herausforderungen stehen, bieten synthetisch-biologische Ansätze aber zumindest denkbare Lösungen. Diejenigen Ansätze aus

---

54 Peterhansel (2011) selbst erwähnt den Begriff „Synthetische Biologie“ allerdings nicht.

55 Bei den „Golden Rice“ genannten Sorten handelt es sich um transgene Reispflanzen der Art *Oryza sativa*, die relativ große Mengen des Provitamins A (Beta-Carotin) in ihrem Endosperm produzieren, was wilde Reissorten nicht können. Ihre Entwicklung wird mit dem Ziel verfolgt, einen in vielen Regionen der Erde verbreiteten Mangel an diesem Provitamin durch die Ernährung mit genetisch veränderten Reissorten zu beheben.

der Synthetischen Biologie, die bereits heute aktiv verfolgt werden, unterscheiden sich allerdings noch wenig von der etablierten Gentechnik. Deutlich darüber hinaus gehende Ansätze scheinen, wenn überhaupt, erst in weiterer Zukunft realisiert werden zu können, da sowohl das dazu notwendige systembiologische Verständnis, als auch die technischen Möglichkeiten zur Manipulation biologischer Strukturen und Systeme noch unzureichend sind.

Aufgrund der massiven Nachhaltigkeitsprobleme, welche durch die Nutzung fossiler Energieträger hervorgerufen werden, kommt der Bioenergiegewinnung eine hohe Bedeutung zu. Biotechnologische Forschungen und Entwicklungen auf diesem Gebiet gibt es bereits seit vielen Jahrzehnten und eine ganze Reihe von Verfahren ist seit längerem erfolgreich kommerzialisiert. In vielen Bereichen jedoch steht die klassische, auf pflanzlicher oder Algenbiomasse beruhende Bioenergiegewinnung vor enormen Herausforderungen, welche überwunden werden müssen, um ihren derzeitig eher geringen Anteil an der gesamten globalen Energieversorgung signifikant zu steigern. Diese Herausforderungen betreffen insbesondere die Steigerung der Primärproduktion der Biomasse sowie die Kraftstofferträge pro eingesetzter Einheit Biomasse in den jeweiligen Umwandlungsprozessen. In beiden Fällen bieten synthetisch-biologische Ansätze Potenziale für erfolgreiche Lösungen. Vieles deutet jedoch darauf hin, dass einer auf pflanzliche oder Algenbiomasse angewiesenen Bioenergiegewinnung aufgrund zu großer, insbesondere mit der Nahrungsmittelproduktion konkurrierender Flächenbedarfe enge Grenzen gesetzt sind.

Ansätze, die auf eine direkte (d.h. ohne den „Umweg" über pflanzliche oder Algenbiomasse) Kraftstoff- oder auch Stromproduktion durch chemoautotrophe – und in geringerem Maße auch photoautotrophe – Mikroorganismen setzen, sind weitaus weniger mit dem Problem der Flächenkonkurrenz konfrontiert. Allerdings gilt es bezüglich dieser Ansätze noch immense Herausforderungen zu bewältigen, bevor technisch machbare und ökonomisch vertretbare Verfahren realisiert werden können. Auch hier kann die Synthetische Biologie auf vielfältige Weise potenzielle Hilfestellungen liefern. Ob, in welchem Umfang und in welchen Zeiträumen jedoch erfolgreiche, synthetisch-biologisch ermöglichte Anwendungen umgesetzt werden können, kann derzeit aufgrund des sehr frühen Entwicklungsstadiums kaum abgeschätzt werden. Einige Autorinnen und Autoren sehen die Synthetische Biologie im Bereich der Energiegewinnung als einen Ansatz, der momentan in seinen Anfängen steckt und dessen zukünftige Umsetzung durch andere Ansätze beeinflusst wird (Jia et al. 2010, S. 427 bezogen auf die Steigerung der Alkoholtoleranz). So wird eine Kombination von gesteuerter Evolution zur Erzeugung von Varianten mit besonderen Eigenschaften, Hochdurchsatz-Analyseverfahren zur Charakterisierung der Geno- und Phänotypen dieser Varianten und Systembiologie zur Aufklärung von Mechanismen und Struktur-Wirkungs-Beziehungen (Mukhopadhyay et al. 2008) notwendig sein, um das Wissen und die theoretischen Grundlagen zu schaffen, die konstruktiven Methoden der Synthetischen Biologie überhaupt zielgerichtet anwenden zu können.

Sowohl für die Verbesserung bestehender, als auch für die Etablierung neuer biotechnologischer Verfahren zur Energiegewinnung mit Hilfe synthetisch-biologischer Ansätze gilt, dass genetisch und längerfristig auch bezüglich anderer biochemischer Strukturmerkmale stark veränderte, natürliche oder gänzlich synthetische Organismen und Strukturen geschaffen werden (müssten), deren Kontakt mit der (weitgehend) natürlichen Umwelt entweder unumgänglich wäre (beispielsweise bei Freiland- oder offenen Verfahren) oder nur unter enormem technischem und ökonomischem Aufwand auf ein Minimum reduziert werden könnte. Eine Exposition des Menschen und der Umwelt gegenüber diesen Organismen und Strukturen kann jedenfalls nicht ausgeschlossen werden. Wenngleich aus bisherigen Forschungen zu den Risiken und Folgen der Gentechnik einiges gelernt werden konnte, werden zumindest die weitergehenden und längerfristig zu erwartenden Produkte synthetisch-biologischer Forschungen und Entwicklungen wahrscheinlich eine neue Qualität aufweisen, weswegen hinsichtlich etwaiger Risiken allzu einfache Analogien zur Gentechnik nicht ohne Weiteres zulässig sind. Daher gilt es, synthetisch-biologische Ansätze zur Energiegewinnung (ebenso wie synthetisch-biologische Ansätze im Allgemeinen) entsprechend dem Vorsorgeprinzip zu entwickeln.

Potenziale bei biologischen Materialien

Biologische Materialien bestechen durch ihre einzigartige Kombination von Materialeigenschaften, die durch unsere bisherigen Werkstoffe nicht darstellbar sind, sowie durch ihre Biokompatibilität. Durch die biologische Abbaubarkeit besitzen sie insbesondere mit Blick auf die (naturkonforme) Recyclingfähigkeit einen entscheidenden Vorteil gegenüber den bekannten Werkstoffen. Zu den gegenwärtig dominierenden Werkstoffen zählen anorganische Werkstoffe wie petrochemisch basierte Polymere oder Metall(-oxide), die nicht in die Natur gelangen sollten und die zudem – wenn überhaupt – erst durch einen hohen technischen, ökologischen und ökonomischen Aufwand wiederverwertet werden können. Die Verwertung ist allerdings häufig mit qualitativen Einbußen verbunden, die auch als Downcycling diskutiert werden. Auch müssen die zu verwertenden Stoffe in entsprechenden Konzentrationen im Abfall vorliegen, damit eine Verwertung ökonomisch sinnvoll und technisch möglich erscheint. Dieser Aspekt besitzt besonders bei kritischen Metallen, bei denen Versorgungsengpässe befürchtet werden, eine größere Relevanz. Mit Blick auf Nachhaltigkeitsaspekte haben biologische Materialien nicht nur in ihrer unmittelbaren Werkstofffunktionalität, sondern auch im End-of-Life-Stadium und unter (öko-)toxikologischen Gesichtspunkten ein großes Potenzial.

Die Entwicklung der diskutierten biologischen Materialien befindet sich noch in der Phase der Grundlagenforschung, so dass die Herstellungsprozesse, sofern schon erfolgreiche Ergebnisse produziert werden können, nicht über den Labormaßstab hinaus gelangt und dementsprechend ökonomisch und ökologisch noch sehr aufwendig sind. In der wissenschaftlichen Literatur werden diese Aspekte bisher nicht beleuchtet. Vielmehr geht es in den meisten Fällen zunächst um die Entdeckung der grundlegenden Regeln der Selbstorganisation. Eine Hochskalierung der Prozesse wäre theoretisch zwar möglich, sie ist aber im Falle der frühen Grundlagenforschung nicht zweckmäßig, da die Syntheserouten (noch) nicht feststehen. Als verheißungsvoller Anwendungsbereich wird in allen identifizierten Fällen zunächst die Medizin angeführt, in der Kosten einen geringeren Stellenwert haben, als in Konsumprodukten.

Potenziale im Bereich der Grünen Biotechnologie

Der gegenwärtige Fortschritt in der Grünen Biotechnologie zeigt sich vor allem in den weiterentwickelten, umfangreicheren Gentransformationen, durch die einzelne aber auch mehrere Traits in Form umfangreicherer Gencluster in eine Wirtspflanze stabil eingebracht werden können. Die Anwendung der Prinzipien der Synthetischen Biologie in pflanzlichen Organismen steht noch am Anfang. Für ihre Verwendung im Sinne der Ziele der Grünen Gentechnik sei deshalb für die vertiefte Diskussion von Nutzen- und Gefährdungs- bzw. Risikoaspekten auf die Publikationen des Sachverständigenrats für Umweltfragen verwiesen (SRU 2004, 2008). In diesen Analysen wird insbesondere die Zwiespältigkeit vermeintlicher Potenziale deutlich herausgearbeitet. Gleichzeitig werden genauere Untersuchungen der mehrdimensionalen Aufgabenstellungen in der Grünen Gentechnik empfohlen, da die avisierten Ausbeuteerhöhungen von diversen Einflussfaktoren abhängig sind. Analog zur Gentechnikdebatte ist die Verdeutlichung des zusätzlichen Nutzens eine Grundvoraussetzung für die gesellschaftliche Akzeptanz der Synthetischen Biologie in der Landwirtschaft (vgl. Sauter 2005).

Erste Anzeichen für eine Entwicklung in Richtung Synthetische Biologie, d.h. hin zum Prinzip der umfassenden Umgestaltung von Lebewesen für bestimmte Zwecke, zeigen die Studien zum Einsatz von Pflanzen als Biosensoren (Antunes et al. 2009; Antunes et al. 2011). Dieser Anwendungsbereich bietet ein großes Potenzial, allerdings müssen in diesem Zusammenhang auch die Implikationen von Freisetzungen beachtet werden. Im Rahmen weiterer Ansätze wird versucht, Pflanzen (vor allem Bäume) zur Dekontamination verunreinigter Böden einzusetzen, insbesondere dort, wo die herkömmlichen Methoden ökonomisch nicht rentabel sind.

Auch für die Erschließung neuer Grünflächen durch die Bepflanzung verwüsteter Landstriche sollen neue Pflanzen zum Einsatz kommen, die im Vergleich zu konventionellen Pflanzen aufgrund der extremen Umweltbedingungen Fuß fassen können (Stresstoleranz hinsichtlich Wasser, Salinität, Temperatur). Ein Treiber dieser Entwicklungen ist die Aussicht auf eine langfristige Entschärfung des Flächenkonflikts für die Biomasseproduktion.

5.6 Erkenntnisse für die ausgewählten Anwendungsfelder

In den untersuchten Anwendungsfeldern befinden sich synthetisch-biologische Ansätze noch fast ausschließlich in der Phase der Grundlagenforschung. Dabei erscheint das Gebiet der *biologischen Materialien* als noch am weitesten von einer Kommerzialisierung entfernt. Synthetisch-biologische Ansätze sind vor allem in jenem Anwendungsfeld weiter vorangeschritten, das auf Massenmärkte abzielt: der *Energiegewinnung*. Das Feld der *Energiegewinnung* ist zudem mit einem starken gesellschaftlichen Problemdruck bzw. großen Bedarf konfrontiert. Zur Neige gehende fossile Rohstoffe (insbesondere Rohöl) und weiter steigende Treibhausgasemissionen verlangen (auch) nach alternativen technischen Lösungen, was neben vielen anderen eben auch synthetisch-biologische Ansätze motiviert. Die *Grüne Biotechnologie* bedient zwar ebenfalls einen Massenmarkt. Trotzdem sind synthetisch-biologische Ansätze erst, wenn überhaupt, in ihren Anfängen zu erkennen. Dies mag vor allem darin begründet liegen, dass in diesem Bereich zumeist Pflanzen als Syntheseorganismen im Fokus stehen. Diese wiederum sind aufgrund ihres sehr viel komplexeren Aufbaus ungleich schwieriger rationell und grundlegend im Sinne der Synthetischen Biologie zu modifizieren oder gar neu zu konstruieren als Mikroorganismen. Ebenfalls eine Rolle spielen könnte die Tatsache, dass zumindest in Europa die *Grüne Gentechnik*, aus der synthetisch-biologische Ansätze der *Grünen Biotechnologie* hervorgegangen sind und auf der diese Ansätze nach wie vor basieren, wenig akzeptiert ist. Dies könnte zu einer gewissen Zurückhaltung seitens der hier involvierten Akteure der Synthetischen Biologie geführt haben.

Fallstudienübergreifend zeigt sich die Schwierigkeit, spezifische und konkrete synthetisch-biologische Ansätze in den aktuellen Forschungen und Entwicklungen auszumachen. Denn trotz der deutlichen quantitativen und qualitativen Differenz zwischen den eher langfristig skizzierten Visionen der Synthetischen Biologie und der gängigen Praxis („Stand der Technik") in Feldern wie der Gentechnik, dem Metabolic Engineering oder den -omics Disziplinen, werden gegenwärtig eher vereinzelte und kleinere Schritte unternommen, um diese Visionen zu verwirklichen. Zudem stellt die Synthetische Biologie in forschungs- und entwicklungspraktischer Hinsicht keine Zäsur dar, sondern sie baut auf vorhandenen Theorien und Methoden auf und entwickelt sich entlang bestehender disziplinärer Stränge. Der sich mit und durch die Synthetische Biologie vollziehende Wandel in der Sichtweise (Paradigma) auf biologische Strukturen und Systeme und deren Manipulier- und Konstruierbarkeit findet eher graduell und nur schwer in praktischen Forschungs- und Entwicklungsarbeiten nachweisbar seinen Niederschlag.

Dennoch ist insgesamt durchaus erkennbar, dass das synthetisch-biologische Paradigma die wissenschaftliche Praxis der Forschenden zunehmend beeinflusst und zu neuen Lösungsansätzen führt. In der entsprechenden Literatur ist nachvollziehbar dargelegt, dass und wie eine erfolgreiche Umsetzung dieser synthetisch-biologischen Ansätze zu signifikant verbesserten und neuen Anwendungen führen kann. Allerdings deutet sich vor dem Hintergrund der bisher in den verschiedenen Anwendungsbereichen gemachten Fortschritte an, dass eine in ihrer Gänze umgesetzte synthetisch-biologische Herangehensweise noch in weiter Ferne liegt. So offenbart sich in den gemachten Versuchen immer wieder, dass das zunächst für ausreichend erachtete Systemverständnis noch immer zu gering ist und die theoretischen und praktischen Modelle selbst der Komplexität der bereits stark vereinfachten biologischen Strukturen und Systeme noch nicht gerecht werden. Insofern werden unter Anwendung etablierter Verfahren und Methoden eher robuste und für die industrielle Umsetzung brauchbare Ergebnisse erzielt, während synthetisch-biologische Ansätze zwar bezüglich bestimmter Leistungsparameter signifikante Verbesserungen zeigen – und damit häufig den Proof-of-Concept für den jeweiligen synthetisch-biologischen Ansatz erbringen – in anderer Hinsicht aber auch Probleme hervorrufen, deren Überwindung nicht trivial ist, aber die Voraussetzung für eine Überführung in industrielle Produkte und Prozesse darstellt.

Neben den skizzierten innerwissenschaftlichen Herausforderungen, welche beispielsweise das Feld der *biologischen Materialien* zu dominieren scheinen, zeigt die Analyse der Vertiefungsfelder auch, dass es mitunter gewichtige wissenschaftsexterne Faktoren sind, welche den Erfolg oder Misserfolg der Synthetischen Biologie in einem jeweiligen Feld maßgeblich beeinflussen können. Denn während die Synthetische Biologie beispielsweise im Feld der *Energiegewinnung* sehr wahrscheinlich zu signifikanten Effizienzsteigerungen bei der Synthese von Kraftstoffen aus Biomasse wird beitragen können, wird auch sie das Grundproblem der Flächenverfügbarkeit und insbesondere der Flächenkonkurrenz zur Nahrungsmittelproduktion nicht lösen können, wie in der Fallstudie zur Energiegewinnung gezeigt wurde. Sollte sich nun im Zuge der gegenwärtig laufenden kritischen Untersuchungen zur Praktikabilität und Nachhaltigkeit der nachwachsenden Rohstoff- und Bioenergiegewinnung herausstellen, dass diese keine oder nur eine marginale Rolle in der zukünftigen Rohstoff- und Energieversorgung spielen kann, würde dies auch die Möglichkeiten der Synthetischen Biologie schmälern, ihr Potenzial ausspielen zu können.

Zusammenfassend kann an dieser Stelle festgestellt werden, dass zwar *konzeptionelle* synthetisch-biologische Ansätze in den untersuchten Anwendungsfeldern vertreten sind, deren *praktische* Umsetzung jedoch größtenteils erst das Stadium der Grundlagenforschung erreicht hat, und bis auf wenige Ausnahmen noch keine Produkte auf dem Markt sind und auch nicht kurz vor der Markteinführung stehen. Synthetisch-biologische, praktische Ansätze erscheinen derzeit eher als kontinuierliche Fortentwicklungen traditioneller Disziplinen und Methoden sowie deren systemisch angelegte Anwendungsweise, weswegen exakte Abgrenzungen in der Forschungs- und Entwicklungspraxis schwierig sind. Generell existieren in allen Anwendungsfeldern große Potenziale, mithilfe der Synthetischen Biologie bestehende wissenschaftlich-technische Barrieren zu überwinden und so zu erfolgreichen industriellen Anwendungen entscheidend beizutragen. Allerdings erweist sich die Umsetzung synthetisch-biologischer Ansätze in der Praxis häufig als schwieriger denn erwartet, weswegen eher langfristig mit entsprechenden Anwendungen zu rechnen ist. Es deutet sich darüber hinaus an, dass in vielen Fällen weniger immanente Faktoren der Synthetischen Biologie selbst, als vielmehr andere, äußere Faktoren, wie beispielsweise die Kosten, die Rohstoffverfügbarkeit sowie die Sicherheitsanforderungen ausschlaggebend sein können für den Erfolg synthetisch-biologischer Ansätze.

Chancen

Was könnte mit Hilfe der Synthetischen Biologie innerhalb der betrachteten Anwendungsfelder zukünftig erreicht werden? Welche Probleme könnten aufgrund ihrer Potenziale gelöst oder zumindest besser gelöst werden? Auf diese Fragen soll eine zusammenfassende Darstellung der auf Grund von identifizierten Funktionalitäten absehbar mit ihr verbundenen Chancen eine Antwort geben. Wenn wir von Chancen sprechen, dann handelt es sich also im Unterschied zu den Potenzialen nicht um eine Beschreibung bestehender technischer Ressourcen, sondern um deren Beitrag zur Problembewältigung, zu Prozessen und Produkten, die in der Zukunft liegen.

Eine besonders naheliegende Chance bietet die Synthetische Biologie *für die biologische Grundlagenforschung*. Die Konstruktion – oder auch Synthese – biologischer Strukturen und Systeme, seien es gänzlich neue oder Modifikationen der natürlichen, birgt die Möglichkeit, Funktionen biologischer Strukturen durch Nachbau und Variation isoliert oder im komplexen biologischen Gesamtzusammenhang zu untersuchen (vgl. die Fallstudie zur Grundlagenforschung, Kapitel 5.1). Auch wenn der im Umfeld der Synthetischen Biologie häufig als Devise zitierte Ausspruch Richard P. Feynmans – „What I cannot create, I do not understand.“ – in dieser Absolutheit auf die Biologie als Disziplin sicherlich nicht zutrifft[56], so spricht doch einiges dafür, dass über das Konstruieren biologischer Strukturen und Systeme Erkenntnisse bestätigt oder zutage gefördert werden können, zu welchen die (rein) beobachtende Analyse nicht oder nicht mit Gewissheit hätte führen können. In diesem Sinne kann die Synthetische Biologie an den Erfolgen der Synthetischen Chemie und deren Beitrag zur Aufklärung chemischer Zusammenhänge von Struktur und Funktion anknüpfen (Yeh/Lim 2007).

Anwendungsübergreifend können für und durch die Synthetische Biologie insbesondere solche Chancen ausgemacht werden, die zunächst auch für die Biotechnologie im Allgemeinen gelten. Dies betrifft neben der Verkürzung von Entwicklungszeiten und der Optimierung von Produktionsprozessen insbesondere die tatsächlichen bzw. erwarteten positiven Beiträge zur ökologischen Nachhaltigkeit, welche vor allem auf der Tatsache beruhen bzw. aus dieser abgeleitet werden, dass biotechnologische Verfahren nachwachsende Rohstoffe nutzen, was zu einer Verminderung klimaschädlicher Emissionen sowie zu einer Schonung endlicher, fossiler Rohstoffe führen kann. Dies gilt insbesondere für Anwendungsfelder, welche aufgrund sehr hoher Stoffumsätze eine hohe Klima- und Ressourcenrelevanz besitzen wie die Herstellung von Kraftstoffen in der *Energiegewinnung*. Darüber hinaus weisen biotechnologische Verfahren den grundsätzlichen Vorteil auf, dass sie aufgrund der beteiligten biologischen Strukturen und Organismen unter milderen Prozessbedingungen ablaufen (geringe Temperaturen und Drücke) und sich der Einsatz (öko-)toxischer Reaktions-, Hilfs- und Lösungsmittel weitgehend verbietet. Daher können viele biotechnologische Verfahren auch in dieser Hinsicht eine höhere ökologische Nachhaltigkeit aufweisen als vergleichbare industrielle chemische Verfahren. Denn die chemische Synthese beispielsweise komplexer pharmazeutischer Wirkstoffe bedarf häufig einer Vielzahl teilweise (öko-)toxischer Reaktanden, Katalysatoren und Lösungsmittel sowie vieler Verfahrensschritte mit oft geringen Ausbeuten und daher großen Mengen an Bei- und Abfallprodukten sowie Emissionen pro Produkteinheit. In dem Maße, wie synthetisch-biologische Ansätze entsprechende biotechnologische Verfahren effektiver und effizienter werden lassen, tragen sie potenziell auch zu einer weiteren Steigerung der ökologischen Nachhaltigkeit dieser Verfahren bei. Aufgrund der erweiterten Synthesemöglichkeiten besteht mit der Synthetischen Biologie auch die Chance, eine breitere Palette von Ausgangsstoffen für bestimmte Anwendungszwecke nutzen zu können. Für die *Treibstoffsyn-*

56 Man führe sich nur die enorme Vielfalt und Menge an Wissen vor Augen, welche die Biologie in ihrer mehrere Jahrhunderte umfassenden Geschichte über die Strukturen und Prozesse des Lebendigen von der Molekulargenetik bis zur Evolutionsökologie hat hervorbringen können, ohne dass hierfür konstruierende Ansätze, wie jene der heute im Rahmen der Synthetischen Biologie verfolgten, nötig gewesen wären.

these und Energiegewinnung bestünde deshalb ein wichtiger Beitrag zur Lösung eines der drängendsten Probleme der Bioökonomie darin, die Rohstoff- und Flächenkonkurrenz zur Nahrungsmittelerzeugung in der Biomassenutzung durch die Verwendung von bisher ungenutzten bzw. in großer Menge zur Verfügung stehenden Reststoffen, wie z.B. Industrieabgasen (Evonik 2013) oder von atmosphärischem Kohlenstoff, zu minimieren.

Die größere Bandbreite und Intensität möglicher Stoffumwandlungen und Synthesen stellt eine Erweiterung der schon bestehenden, für die Biotechnologie typischen Kompetenz dar. Über enzymatische Funktionen hinausgehende, besondere Fähigkeiten von Organismen, wie das Wachstum und damit die Bildung von Geweben bzw. geordneten Strukturen, bleiben jedoch noch weitgehend ungenutzt. In der *Erzeugung komplexer hierarchischer Strukturen*, d.h. Strukturen komplexerer Form als einzelner (Makro-)Moleküle, liegt eine besondere Chance der Synthetischen Biologie, die möglicherweise auch bisherige Begrenzungen im Gebiet der Bionik zu überwinden vermag. Neben der eher langfristig erreichbaren Einbindung der Synthetischen Biologie in die Züchtung von Geweben und Organen für medizinische Zwecke könnte die *Entwicklung neuer biomimetischer Werkstoffe nach dem Vorbild biologischer Materialien* stark von den neuen und verbesserten Funktionalitäten der Synthetischen Biologie profitieren. Biologische Materialien, wie sie aus der Natur bekannt sind, weisen zum Teil Eigenschaften auf, welche für bestimmte technische Anwendungen hervorragend geeignet wären, durch konventionelle synthetische Materialien jedoch nicht erreicht werden. Insbesondere bestimmte Eigenschafts*kombinationen*, wie beispielsweise die hohe Reißfestigkeit bei gleichzeitig hoher Dehnbarkeit und niedrigem Gewicht, finden sich bereits in natürlichen Materialien (hier: bei der Spinnenseide) realisiert, nicht aber in technischen. Synthetisch-biologische Ansätze könnten in dieser Hinsicht durchaus zum Erfolg führen, allerdings auch eher langfristig, wie die relativ kleinen Fortschritte bisheriger Arbeiten vermuten lassen. Für die gezielte und systematische Gestaltung der zukünftigen Materialien ist die in den sogenannten „Materiomics“, einer interdisziplinären Verbindung von Materialwissenschaft, Physik, Chemie und Biologie (Buehler, 2010a), angestrebte Modellierung über verschiedene Größenskalenebenen wichtig. Denn zunächst müssen die hierarchieübergreifenden Zusammenhänge verstanden werden, um diese Erkenntnisse später zur Konstruktion einsetzen zu können (Buehler 2010a). Die besonderen, auf herkömmliche Weise nicht erreichbaren Kombinationen von mechanischen Materialeigenschaften, wie z.B. Elastizität *und* hohe Zugfestigkeit bei der Spinnenseide oder eine hohe Bruchfestigkeit *in Verbindung* mit einer hohen Bruchzähigkeit beim Perlmutt, können so kombiniert werden und bieten damit die Chance einer hohen Biokompatibilität und biologischen Abbaubarkeit. Dadurch wäre eine weitere Voraussetzung für die bessere Integration von Produkten in natürliche Stoffkreisläufe geschaffen.

Von der Synthetischen Biologie wird ein wesentlicher Beitrag zu einer Bioökonomie, d.h. einer nachhaltigen, biobasierten Wirtschaft erwartet (BMBF 2010). Denn ähnlich der konventionellen Biotechnologie, aber in signifikant gesteigertem Ausmaß, bergen synthetisch-biologische Ansätze bzw. Anwendungen das Potenzial, nachwachsende und/oder erneuerbare Ressourcen zu nutzen, eine hohe Energie- und Materialeffizienz aufzuweisen und emissionsarme, nicht(-öko-) toxische Verfahren zu verwenden. Ganzheitliche Lösungen können jedoch nur erreicht werden, wenn es dabei gelingt, die Grundforderungen der Industriellen Ökologie zu erfüllen, d.h. die technischen Energie- und Stoffkreisläufe sowohl qualitativ (Stoffqualitäten), als auch quantitativ (Mengen) so in die ökologischen Kreisläufe einzubetten, dass deren Tragekapazitäten nicht überbeansprucht werden. Mit Blick auf die Qualität und Konsistenz der Stoffe und Technologien gilt es dabei auch zu beachten, dass das Kontaminationsrisiko in Ökosystemen durch synthetisch-biologische Konstrukte und metabolische Wechselwirkungen extrem gering gehalten wird.

6 Risikopotenziale*

Mit dem 1990 in Kraft getretenen Gentechnikgesetz sollen das Leben und die Gesundheit des Menschen, die Umwelt in ihrem Wirkungsgefüge, Tiere, Pflanzen sowie auch Sachgüter vor den schädlichen Auswirkungen gentechnischer Verfahren geschützt werden (Gentechnikgesetz 1990, § 1 Nr. 1).[57] Dabei soll auch Vorsorge gegen das Entstehen dieser Schadwirkungen getroffen werden. Ob die Regelungen dieses Gesetzes auch etwaige Probleme der Synthetischen Biologie mit ihren durch ungleich weitreichendere Veränderungen bzw. komplette Neusynthesen zustande kommenden Organismen abdeckt, wurde in den vergangenen Jahren intensiv diskutiert (Engelhard 2010; Then/Hamberger 2010; Pühler et al. 2011). Das zentrale Problem dieser Debatte ist die noch einmal gesteigerte Unüberschaubarkeit möglicher Wirkungen dieser neuen Entitäten. Das vorliegende Kapitel soll in dieser Frage Orientierung bieten. Dazu wird zunächst auf den Charakter der generell mit biologischen Prozessen verbundenen Unsicherheiten eingegangen. Die darauf folgende Vorstellung des Technikbewertungskriteriums *Eingriffstiefe* als Verursacher besonders hoher technischer Wirkmächtigkeit bietet gerade für die vielfältigen und umfassenden Veränderungspotenziale der Synthetischen Biologie einen passenden Ansatz zur Umsetzung des Vorsorgeprinzips angesichts des unüberschaubaren räumlichen und zeitlichen Ausmaßes der jeweils ausgelösten Wirkungsketten. Die Eingriffstiefe führt tendenziell zur Nichtrückholbarkeit der Ergebnisse der Eingriffe. Mit dem Kriterium wird also versucht, diejenige Art von „Experimenten" zu identifizieren, bei denen, wenn etwas schief geht, kaum mehr korrigierend eingegriffen werden kann. Die Eingriffstiefe eröffnet so einen Zugang zur Abschätzung des Ausmaßes des durch den Eingriff ausgelösten Nichtwissens und damit zu Vorsorgemaßnahmen, die darauf aus sind, diesen technisch vergrößerten Raum des Nichtwissens durch alternative technologische Pfade, Substitute oder Maßnahmen des

---

* Wesentliche Aussagen dieses Kapitels sind in Giese/von Gleich (2015) in englischer Sprache in Giese et al. (2015) erschienen.

57 Risiko verstehen wir als Funktion von Gefährdung und Exposition (bzw. Eintrittswahrscheinlichkeit). In der prospektiven Betrachtung verstehen wir Risikopotenziale als Funktion von Gefährdungs- und Expositionspotenzialen. Beide Komponenten des Risikobegriffs, Gefährdung und Exposition, liegen unabhängig voneinander auf einer Ebene. Für die Risikovorsorge ist somit die Vermeidung bzw. Verminderung von Gefährdungspotenzialen genauso relevant wie die Vermeidung bzw. Verminderung von Expositionspotenzialen. Risiko kann in diesem Sinne also nicht mit nur einem seiner beiden konstituierenden Elemente, der Gefährdung, gleichgesetzt werden (siehe den Abschlußbericht der Risikokommission 2003, Internet: http://www.apug.de/archiv/pdf/RK_Abschlussbericht.pdf [zuletzt aufgesucht am 19.9.2015]).

Containment wieder einzuschränken. Früh im Innovationsprozess, wenn die Anwendungsziele und die Anwendungsumstände noch nicht bekannt sind, können kaum Aussagen über Risiken, also über die Kombination von Gefährdungen und Expositionen (bzw. Eintrittswahrscheinlichkeiten), gemacht werden. Wir müssen uns also auf Aussagen auf der Basis des schon Bekannten beschränken, auf der Basis der neuen und/oder verbesserten Funktionalitäten der Synthetischen Biologie. Im Wesentlichen geht es also um Aussagen über Expositionspotenziale (Welche Funktionalität kann als Hinweis auf eine erwartbar hohe Exposition verstanden werden?) und über Gefährdungspotenziale (Welche Funktionalität kann als Hinweis auf ein erwartbar hohes Gefährdungspotenzial verstanden werden?). Wir interpretieren diese Hinweise als „Gründe für große Besorgnis" im Sinne des Vorsorgeprinzips. Dabei wird einem hohen Expositionspotenzial dasselbe Gewicht beigemessen wie einem hohen Gefährdungspotenzial.

Die größte Herausforderung des Vorsorgeprinzips ist ein angemessener Umgang mit dem Nichtwissen (von Gleich 2013). Dieses Nichtwissen kann sich, wie vom WGBU in seinem Gutachten sehr schön gezeigt wurde (WBGU 1998), auf unterschiedliche Aspekte des Risikos beziehen: So kann z.B. das Gefährdungspotenzial weitgehend bekannt und nur die Eintrittswahrscheinlichkeit bzw. Exposition unbekannt oder extrem gering sein (Risikotypen „Zyklop" und „Damokles", beispielsweise Erdbeben oder Kernkraftwerkshavarie). Am problematischsten wird es, wenn über mögliche Schadensszenarien und -ausmaße weitgehende bis völlige Ahnungslosigkeit herrscht (Risikotypen „Pandora" und „Pythia").[58] Ein Risiko vom Typ „Pythia", d.h. eine Situation der Ahnungslosigkeit hinsichtlich Schadensbild, Schadensausmaß und Eintrittswahrscheinlichkeit bzw. Exposition muss bei der Betrachtung der Synthetischen Biologie mit einbezogen werden, nicht nur aufgrund der thematischen Nähe zu Überraschungen aus der jüngeren Vergangenheit wie AIDS oder BSE.

Angesichts der frühen Phase im Innovationsprozess, in der sich die Synthetische Biologie befindet, wird es mit Blick auf Risiken und Vorsorgemaßnahmen in den wenigsten Fällen um Risiken in dem Sinne gehen, dass klare (oder gar quantifizierbare) Vorstellungen über mögliche Wirkungsmodelle oder Schadensbilder einerseits und Eintrittswahrscheinlichkeiten andererseits existieren. Vielmehr geht es um die Identifizierung derjenigen Funktionalitäten (und derjeingen darauf aufbauenden potenziellen Anwendungen und Produkte) der Synthetischen Biologie, die schon aufgrund ihrer technologischen Qualität Gründe für eine große Besorgnis darstellen. In dem Vorgehen zur Umsetzung des Vorsorgeprinzips lehnen wir uns an die Europäische Chemikalienregulation nach REACH an. Dort müssen Stoffe mit bestimmten Eigenschaften allein aufgrund dieser Eigen-

---

58 Beispiele wären die Auswirkungen von Fluorchlorkohlenwasserstoffen sowie die Transmissiblen Spongiformen Enzephalopathien (TSE), wozu auch die Bovine spongiforme Enzephalopathie (BSE) gehört.

schaften – und damit noch unabhängig von einem bestimmten Risikoverdacht – im Rahmen eines konkreten Anwendungsszenarios ein spezielles Zulassungsverfahren durchlaufen. Allein die Eigenschaften dieser Stoffe werden als „Gründe für große Besorgnis" gewertet. Bei Chemikalien handelt es sich mit Blick auf Gefährdungspotenziale um sogenannte CMR-Stoffe, also Stoffe, die Krebs und Mutationen auslösen und die Fortpflanzung verhindern können, sowie um sogenannte vpvb-Stoffe, also Stoffe, die in der Umwelt sehr persistent und sehr bioakkumulativ sind.[59] Der mit REACH vollzogene Durchbruch mit Blick auf die Umsetzung des Vorsorgeprinzips auf der Basis von „Gründen für große Besorgnis" bezog sich dabei nicht vor allem auf das Gefährdungs-, sondern auf das Expositionspotenzial. Die Stoffeigenschaft einer hohen Persistenz und einer hohen Bioakkumulationsrate reicht jetzt für Maßnahmen nach dem Vorsorgeprinzip aus, ohne dass mit ihnen eine Vorstellung über ein bestimmtes Gefährdungspotenzial verbunden sein muss.[60] Die raum-zeitliche Entgrenzung der Ausbreitung in der Umwelt (hohes Expositionspotenzial) des neuen und gegebenenfalls naturfremden Stoffes reicht als Grund für Besorgnis somit aus. Wenn wir diesen Ansatz auf Konstrukte der Synthetischen Biologie übertragen, können wir feststellen, dass zum einen die „Fähigkeit zur Selbstreplikation" freigesetzter synthetisch-biologischer Konstrukte ein sehr hohes Expositionspotenzial mit sich bringt. Zum zweiten geht es um „Naturfremdheit". Es steht zu erwarten, dass mit völlig synthetischen, orthogonalen, naturfremden Konstrukten der Synthetischen Biologie ein hohes Expositionspotenzial in der Umwelt verbunden sein wird, wenn die natürlichen Stoffwechselwege zu ihrem biologischen Abbau fehlen – ähnlich wie dies bei der Persistenz als Eigenschaft von bestimmten Chemikalien der Fall ist. Selbstverständlich müssen darüber hinaus auch mögliche Gefährdungspotenziale ausgehend von synthetisch-biologischen Konstrukten in den Blick genommen werden.

---

59 Da das toxikologische Risiko als Funktion von Gefährdungspotenzial (Wirkungen) und Exposition (dem Stoff ausgesetzt sein) definiert wird, greift hier ein wirkungsunabhängiges Vorsorgeprinzip schon allein aufgrund der erwartbar hohen Exposition durch die Stoffeigenschaften Persistenz und Bioakkumulation. Die Expositionswahrscheinlichkeit wurde bei FCKWs noch durch ihre Gasförmigkeit (Volatilität) erhöht. Bei vielen anderen Persistant Organic Pollutants (PoPs) kamen als expositionsbegünstigende Faktoren ihre Fettlöslichkeit und damit auch Bioverfügbarkeit und Bioakkumulation hinzu. Letztendlich waren es die Erfahrungen mit diesen Chemikaliengruppen, die zu den erwähnten Regelungen in REACH geführt haben.

60 Dies ist ein schönes Beispiel dafür, dass die Eingriffstiefe als Technologie- bzw. Stoffqualität noch unabhängig vom konkreten Einsatzgebiet schon in der Gesetzgebung berücksichtigt wird. Der wesentliche Grund ist hier die raum-zeitliche Entgrenzung, insofern eine hohe Persistenz und Bioakkumulation in der Regel zu einer hohen Exposition führen.

Mit Hilfe des Kriteriums der „Eingriffstiefe" und mit Blick auf die darauf aufbauenden (tendenziell die Expositionspotenziale ins Unermessliche steigernden) Kriterien „Fähigkeit zur Selbstreplikation/Selbstreproduktion", „Persistenz" und „Mobilität" in Organismen bzw. Populationen und Umweltmedien versuchen wir angesichts neuer oder verbesserter technischer Möglichkeiten der Synthetischen Biologie „Gründe für große Besorgnis" zu identifizieren. Diese Funktionalitäten sind schließlich die konkrete Basis dessen, was die Synthetische Biologie überhaupt interessant macht. Sie sind die Basis sowohl ihrer Nutzen- als auch ihrer Gefährdungspotenziale. Aufgrund der noch geringen Anzahl von realen Anwendungsbeispielen für die Produkte der Synthetischen Biologie werden in diesem Kapitel somit vor allem die Gefährdungspotenziale und Expositionswahrscheinlichkeiten und die diesen zugrunde liegenden Funktionalitäten der Synthetischen Biologie vorgestellt. Deshalb beschäftigen wir uns im Folgenden kaum mit Risikopotenzialen, sondern vor allem mit deren Variablen, also mit Gefährdungs- und vor allem mit Expositionspotenzialen.

Im Anschluss daran wird ein erster Blick auf besonders sensible Anwendungskontexte geworfen, in denen die Gefährdungspotenziale, vermittelt durch bestimmte Wirkungsmodelle, zu konkreten Schadensbildern führen könnten. Konkrete Risiken werden schließlich nicht alleine durch die technischen Funktionalitäten determiniert, sondern sehr stark auch durch die Anwenderinnen und Anwender und deren Intentionen (beispielsweise gezielte Freisetzung in der Umwelt, militärische Nutzung, Missbrauch) sowie durch die Sensibilität des Feldes, in dem sie eingesetzt werden (beispielsweise medizinische Nutzung, Nahrungsmittel).

Viele der in anderen Bereichen, insbesondere im Chemie- und im Gentechnikbereich, entwickelten Vorsorgestrategien kommen insofern auch für einen vorsorgenden Umgang mit demjenigen Nichtwissen in Betracht, welches mit Produkten auf der Basis der Synthetischen Biologie verbunden ist. Dabei geht es vor allem um die Verringerung von Expositionswahrscheinlichkeiten durch physikalisches Containment, durch sogenannte Sicherheitsstämme, also durch Verringerung der Überlebensfähigkeit in Organismen und in der Umwelt, bis hin zum programmierten Tod. Inzwischen sind weitere an die Spezifika der Synthetischen Biologie angepasste Sicherheitsstrategien in der Diskussion. Bei diesen Strategien wird auf „semantische" und/oder „biochemische bzw. trophische" Isolation gesetzt.

Bevor die aus den neuen bzw. veränderten Funktionalitäten biologischer Entitäten hervorgehenden Gefährdungs- und Expositionspotenziale genauer betrachtet werden, sollen in den folgenden Abschnitten zunächst zwei für die Synthetische Biologie grundlegende Quellen von Unsicherheit und Nichtwissen akzentuiert werden: zum einen die für den Umgang mit lebenden Objekten bzw. mit der technischen Nutzung von Selbstorganisationsphänomenen typischen Instabilitäten und zum zweiten die besondere Eingriffstiefe bestimmter Methoden der Synthetischen Biologie.

Hintergrundanalyse: Instabilität als Quelle von Nutzen- und Gefährdungspotenzialen

Biologische Systeme sind gekennzeichnet durch Funktionalitäten wie z.B. Wachstum, Reproduktion, Evolution, Metabolismus, Regulation oder Selbstreplikation. Charakteristisch für diese Prozesse ist die Möglichkeit zur Selbstorganisation und Strukturbildung – das zeigt die Systembiologie. Fragt man weiter nach der Quelle von Selbstorganisation, so gilt: Konstitutiv für Selbstorganisation sind lokale Instabilitäten (Schmidt, J. C. 2008a, 2015b). Sie ermöglichen Systementwicklung sowie Systemerhalt. „Selbstorganisation wird in der Regel durch eine Instabilität der ‚alten' Struktur gegenüber kleinen Schwankungen eingeleitet", so Werner Ebeling und Reiner Feistel (Ebeling/Feistel 1994, S. 46). Instabilität erzeugt Kipp- und Umschlagspunkte, Rückkopplungs-, Wechselwirkungs- und Verstärkungsprozesse. Instabilität meint also nicht, dass Systeme kollabieren, sondern vielmehr, dass Transitionen zu veränderten Systemdynamiken möglich sind. Vielfach entsteht eine nicht vorhersehbare Systemdynamik.

Wer nun wie die Synthetische Biologie die Prinzipen der Selbstorganisation technisch nutzen oder gar induzieren will, muss bis zu einem bestimmten Punkt auch Instabilität in Kauf nehmen: Selbstorganisation bedarf des Durchgangs durch Phasen der Instabilität. Sie ist Bedingung für Symmetriebrüche, die aus lokaler Stabilität und Starre herausführen und somit erst das ermöglichen, was technisch als Quelle einer Produktivität genutzt werden kann.

Doch Instabilitäten sind für einen Engineering-Zugang, der auf technische wie gesellschaftliche Kontrollierbarkeit zielt, durchaus zweischneidig. Sensitivitäten können entstehen, etwa der berühmte Schmetterlingseffekt; kleine Ursachen können große Wirkungen nach sich ziehen; es kommt auf kleinste Details an. Technisch können diese Details – d.h. Ursachen, manifest in Anfangs- und Randbedingungen – aus prinzipiellen wie aus pragmatischen Gründen nicht vollständig beherrscht werden. Das gilt sowohl für den technischen Zugriff auf lebende Systeme und die Hervorbringung von Biosystemen wie für deren Kontrolle. Die damit einhergehenden Ambivalenzen hat Jean-Pierre Dupuy im Blick, wenn er sagt: „The engineers of the future will be the ones who know that they are successful when they are surprised by their own creations" (Dupuy, J.-P. 2004, S. 76). In diesen durchaus neuen Typ von Technik sind Nichtprognostizierbarkeiten und Nichtbeherrschbarkeiten (bio-)technisch eingebaut; ein prinzipielles Nichtwissen tritt hervor (Schmidt, J. C. 2012b, 2012a, 2015b).

Nichtwissen wird mitunter nicht allein als Problematik angesehen – d.h. als Wissensdefizit und Kontrollverlust thematisiert –, sondern als besonderes Kennzeichen und Potenzial der Synthetischen Biologie herausgestellt. Angesichts von Herstellungs- und Produktionszielen könne durchaus auf eine umfassende Kenntnis verzichtet werden: „In fact, ignoring the unknown is the main idea behind synthetic biology." (Breithaupt 2006, S. 22) Es stellt sich allerdings die Frage, ob dann noch der Anspruch der Synthetischen Biologie auf rationale Planung, Steuerung und Kontrolle gerechtfertigt werden kann. Dieser wird sowohl von Wissenschaftlern (Endy 2005) wie auch von politikberatenden Expertengremien formuliert: „In essence, synthetic biology will enable the design of 'biological systems' in a rational and systematic way." (NEST 2005, S. 5) Schon Hans Jonas hatte Zweifel daran, ob sich der Anspruch einer funktionellen Ausrichtung organischer Strukturen, die zur Selbstorganisation fähig sind, vollständig realisieren lassen wird (Jonas 1985b, S. 162f.). Und für die Biosicherheit erfordert diese Problematik aufwändige Maßnahmen, die entweder im genutzten Biosystem implementiert werden oder externe Vorkehrungen umfassen, wie Einschluss oder Nährstoffentzug.

Zusammengenommen ist in der Synthetischen Biologie ein Spannungsverhältnis angelegt zwischen einer selbstorganisationsfähigen (nachmodernen) Technik einerseits und dem Anspruch auf rationale Konstruktion und Kontrolle andererseits.

Der Umgang mit Unsicherheit und Nichtwissen

Es gibt verschiedene Quellen, Ausmaße und Formen von Nichtwissen.[61] Wir fokussieren hier auf Nichtwissen, das durch eine bestimmte Form von Technik erst hervorgebracht wird – und demzufolge durch eine andere Form von Technik auch vermieden oder zumindest gemindert werden kann. Neben den soeben beschriebenen Instabilitäten beim Umgang mit Lebendigem und bei der Nutzung von Selbstorganisationsprinzipien geht es hier vor allem um die durch hohe Eingriffstiefe und Wirkmächtigkeit induzierte enorme Steigerung des Ausmaßes von Nichtwissen. Es ist die Lücke zwischen der Reichweite unserer Handlungen und der Reichweite des Wissens über mögliche Folgen. Wenn FCKW aufgrund ihrer Persistenz und Mobilität so ziemlich überall hingelangen können, müssten wir sie auch unter so ziemlich allen möglichen Bedingungen testen – eine schiere Unmöglichkeit. Diesbezüglich hat sich nicht nur mit Blick auf die Regelung in REACH für sehr persistente und sehr bioakkumulative („very persistent and very bioaccumulative", vpvb) Stoffe einiges geändert. Von demjenigen, der Stoffe in die Umwelt entlässt, wird heutzutage nach REACH erwartet, dass er darlegen kann, inwieweit Klarheit darüber besteht, wie deren Verbleib und weiteres Verhalten in der Umwelt aussehen. Dies sollte auch für Nanomaterialien,

61 Zu Quellen des Nichtwissens, siehe Schmidt, J. C. (2012a).

genetisch veränderte Organismen und Objekte der Synthetischen Biologie gelten. REACH etablierte eine Form der Beweislastumkehr, in welcher der Produzent Daten zur Unbedenklichkeit des Stoffes und zu dessen Verbleib in der Umwelt vorlegen muss. Mitunter kann schon aufgrund der physikalisch-chemischen Eigenschaften von Stoffen auf deren potenzielle Gesundheits- und Umweltwirkungen geschlossen werden („quantitative structure-activity relations", QSAR). Und es können Ausbreitungsmodelle (Palm et al. 2002) durch die verschiedenen Umweltkompartimente erstellt werden. Als ausgereift können diese Verfahren für organische Chemikalien gelten. Für andere Stoffe, wie beispielsweise Nanomaterialien (Puzyn et al. 2011; Liu, R. et al. 2013; Rivera-Gil et al. 2013), konnten bisher hingegen kaum Eigenschaften identifiziert werden, die belastbare Rückschlüsse auf deren Gefährdungs- und Expositionspotenziale zulassen. Ob und inwieweit ein solcher Ansatz auf (synthetisch-)biologische Strukturen übertragbar ist, muss sich noch zeigen – ein erster Ansatz, der auf „Funktionalitäten" synthetisch-biologischer Objekte abhebt, wird in Kapitel 6.1 vorgestellt.

Eine zweite für unsere Fragestellung mit Blick auf die Synthetische Biologie besonders relevante Form des Nichtwissens ist das Noch-Nichtwissen. Ein angemessener Umgang mit dem Noch-Nichtwissen ist von hoher praktischer Relevanz, weil neben den oben angesprochenen Instabilitäten und der ebenfalls angesprochenen Kluft zwischen der Reichweite unserer besonders wirkmächtigen technologischen Eingriffe und der Reichweite unseres Wissens über mögliche Folgen noch eine zweite Kluft existiert, nämlich die Kluft zwischen der Geschwindigkeit, mit der Innovationen auf den Markt gebracht werden (müssen) und der Geschwindigkeit, mit der – im Falle einer begründeten Besorgnis – die Möglichkeit besteht, die dafür nötigen Ergebnisse aus toxikologischen und ökotoxikologischen Tests, aus technischen Risikoanalysen und aus Ökobilanzen zu generieren. Auch hier bestehen noch zweierlei Probleme: zum einen, dass solche Tests Zeit benötigen und Geld kosten (ganz abgesehen vom Leid der Versuchstiere), zum anderen, dass sehr früh im Innovationsprozess bestimmte Einsatzmöglichkeiten und Anwendungskontexte noch gar nicht bekannt sind, ganz zu schweigen von Erfahrungen über den Umgang mit Produkten am Ende ihres Produktlebenszyklus.

Das Konzept der Eingriffstiefe

Die Technikfolgenabschätzung und die wissenschaftliche Beschäftigung mit technischen Risiken können inzwischen schon auf eine lange Tradition zurück blicken. Allerdings basiert der vorherrschende gesellschaftliche Umgang mit der Unsicherheit, die generell mit fast allen Innovationen verbunden ist, nach wie vor auf dem *„Trial-and-error"*-Prinzip: Wir machen einen Schritt, beobachten die Folgen und korrigieren bzw. justieren nach, wenn es nötig und möglich ist.

Ein solches Vorgehen ist im Allgemeinen durchaus vernünftig, allerdings nur unter bestimmten Voraussetzungen. Zu diesen gehören zumindest, dass uns – wenn etwas schief geht – sowohl die Wahrnehmungs- und Wissensmöglichkeiten für ein rechtzeitiges Erkennen problematischer Folgen als auch die Handlungsmöglichkeiten für korrigierende Maßnahmen zur Verfügung stehen.

Problematisch wird das Trial-and-error-Vorgehen somit, wenn diese Voraussetzungen nicht gegeben sind. Dies kann aus dreierlei Gründen der Fall sein.

(a) *Kumulative Wirkungen:* Der einzelne Eingriff (z.B. Verbrennung eines bestimmten Quantums an Kohle) kann vergleichsweise harmlos und korrigierbar sein, in der Summe der Eingriffe ist dies aber nicht mehr der Fall. Infrage gestellt sind entsprechende Wahrnehmungsmöglichkeiten, wenn es sich um schlecht zugängliche, zeitverzögerte oder schleichende Wirkungen handelt (z.B. anthropogener Klimawandel).

(b) *Eingriffstiefe, Techniktyp bzw. Risikotyp „Pandora“ und „Pythia“:* Infrage gestellt sind die Möglichkeiten für korrigierende Handlungen, wenn es sich um Wirkungen handelt, die sofort ein irreversibles und tendenziell globales Ausmaß annehmen (z.B. Erzeugung von Plutonium mit einer Halbwertszeit von 240.000 Jahren, Freisetzung von FCKW mit Halbwertszeiten von über hundert Jahren, Freisetzung von zur Selbstvermehrung fähigen (Mikro-)Organismen).

(c) *Systemtyp:* Nicht nur auf der Eingriffs- bzw. Technikseite können die Gründe für extrem weitreichende Wirkungen liegen, sondern auch auf der Seite der Systeme, in die eingegriffen wird. Dies ist dann der Fall, wenn in besonders sensible Systeme bzw. in Systeme in einer instabilen oder sensiblen Phase (z.B. in besonders „vorgespannte“ Systeme) eingegriffen wird.

Für alle drei Gegebenheiten existieren Methoden zu ihrer Analyse bzw. Technikfolgenabschätzung. Die Untersuchung von etwaigen schleichenden Wirkungen ist auf Computermodelle angewiesen (z.B. Klimamodelle). Die Untersuchung der Möglichkeit der Auslösung sehr weit reichender Wirkungen durch einen einzelnen Eingriff auf dessen Wirkmächtigkeit ist auf die „Charakterisierung der Technologie“ mithilfe des Kriteriums Eingriffstiefe fokussiert. Und für die Analyse besonders sensibler Systeme bzw. Systemzustände existieren Methoden der Vulnerabilitätsanalyse (vgl. von Gleich et al. 2010a).

Ebenso können sich Vorsorgemaßnahmen auf alle drei Wege zur Auslösung globaler und irreversibler Wirkungen beziehen, allerdings in sehr unterschiedlichen Phasen von Innovationsprozessen. Die Technikcharakterisierung mit Hilfe des Kriteriums der Eingriffstiefe kann bereits dann erfolgen, wenn bisher nur die Technik und deren Funktionalitäten bekannt sind. Eine Vulnerabilitätsanalyse kann greifen, sobald die Anwendungsbereiche und -kontexte bekannt sind. Die

Bestimmung kumulierender Effekte kann (und darf) im Zuge eines begleitenden Monitorings erfolgen.

Auch hier lohnt sich ein Blick auf die Praktiken der Chemikalienregulation – nicht nur, aber vor allem auch nach REACH: (i) So kann z.B. die Intensität und das Ausmaß der vom Gesetzgeber verlangten Tests an die Produktionsmengen geknüpft werden (vgl. Führ 2011). Hohe Produktionsmengen erhöhen die Wahrscheinlichkeit einer Exposition und damit auch die Wahrscheinlichkeit von kumulativen und chronischen Wirkungen. (ii) Zum zweiten ist es schon lange üblich, an die Zulassung von Stoffen, die für einen besonders intensiven Kontakt mit Menschen vorgesehen sind, wie z.B. Lebensmittelzusatzstoffe und Arzneimittel, besonders hohe Testanforderungen zu knüpfen. Hier wird also auf die Sensibilität der Systeme abgehoben, in die bewusst und absichtlich eingegriffen wird. (iii) Ein weiterer Regulierungsansatz bezieht sich auf besonders problematische Wirkungen, insbesondere mit Blick auf sogenannte CMR-Stoffe, also Stoffe, die im Verdacht stehen, Krebs auszulösen und mutagen oder reproduktionstoxisch zu sein.

Ein wichtiger Untersuchungsansatz, der auch in dieser Studie verfolgt wird, fokussiert auf die *Qualität der Eingriffe* (der Technologie) und weniger auf die beiden anderen Wege zur Erreichung tendenziell irreversibler und globaler Wirkungen, also (a) weniger auf kumulative Wirkungen (Eingriffshäufigkeit) und (b) weniger auf den Zustand der Systeme, in die eingegriffen wird. Dies hat vor allem damit zu tun, dass der Charakter des Eingriffs bzw. die zum Einsatz kommende Technologie schon in einer Phase bestimmt werden kann, in der die Häufigkeit der Eingriffe und die Systeme, in die eingegriffen wird, zum Teil noch gar nicht bekannt sein können.

Im Fokus einer dem Vorsorgeprinzip verpflichteten, sehr früh im Innovationsprozess ansetzenden Folgenabschätzung stehen somit nicht vornehmlich solche Technologien, Eingriffe und Veränderungen, bei denen wir uns auch im Prinzip auf einen gesellschaftlichen Lernprozess nach dem Trial-and-error-Prinzip verlassen könnten, sondern diejenigen Eingriffe und Technologien, die zu den angesprochenen Entgrenzungen führen, deren Wirkungen unüberschaubar, unkontrollierbar und nicht revidierbar (rückholbar) sind: Im Fokus stehen also Technologien und Eingriffe, bei denen nichts schief gehen darf, weil bei Fehlern nicht angemessen gegengesteuert werden kann. Es geht um Technologien und Eingriffe, die nicht fehlerfreundlich sind. Diesen Typ von Eingriffen und Technologien versuchen wir mit dem Kriterium der Eingriffstiefe zu fassen. Im Unterschied zu verwandten Kriterien wie Wirkmächtigkeit, Rückholbarkeit oder Fehlerfreundlichkeit konzentriert sich das Kriterium der Eingriffstiefe nicht auf die Wirkungen, sondern auf die Eigenschaften (den Charakter) der Eingriffe bzw. Technologien, die diese entgrenzenden Wirkungen erst hervorbringen.

Als qualitative Definition von Eingriffstiefe kann formuliert werden: Eine besonders eingriffstiefe Technologie ist eine, bei der nicht mehr nur an den Phänomenen, also an den direkt wahrnehmbaren Erscheinungen von Gegenständen (physikalischen Objekten), Stoffen (chemischen Objekten) und Organismen (biologischen Objekten) technisch angesetzt wird, sondern direkt an Strukturen, die diese Phänomene sehr weitgehend steuern, also an den Atomen, der Molekülstruktur und den Genen (von Gleich 1989, 1999b, 1999a). Aus dem technischen Ansetzen an solchen Steuerungsstrukturen folgt eine besonders hohe Macht über die Phänomene, eine besonders hohe Wirkmächtigkeit dieser Manipulationen.

Zur Verdeutlichung des Technikbewertungskriteriums „Eingriffstiefe" und der daraus folgenden Wirkmächtigkeit von Technologien sei auf die Abbildung 9 verwiesen. Welche Eigenschaften (bzw. Ansatzpunkte) eines Eingriffs bzw. einer Technologie sind besonders wirkmächtig, indem sie besonders lange Wirkungsketten in Raum und Zeit auslösen, bis hin zu irreversiblen und globalen Wirkungen? Und welche Folgen haben solche Eingriffstiefen und erhöhten Wirkmächtigkeiten auf das Ausmaß unseres Wissens über mögliche Folgen? Besonders lange Wirkungsketten werden ausgelöst durch die Persistenz von Stoffen oder die erzeugten Funktionalitäten synthetisch-biologischer Konstrukte (durch deren Persistenz bzw. extrem lange Halbwertszeiten in der Umwelt), durch eine hohe Mobilität von Stoffen oder Konstrukten in Organismen (beispielsweise Überwindung der Blut-Hirnschranke) und in der Umwelt sowie durch die Fähigkeit der Konstrukte zur Selbstreplikation. Diese Eigenschaften und Fähigkeiten führen tendenziell zu einer sehr hohen Exposition und zur Nichtrückholbarkeit, wie dies bei den FCKW und den Persistant Organic Pollutants (PoPs) der Fall war, und wie es bei der Freisetzung genetisch veränderter, zur Selbstreplikation fähiger (Mikro-)Organismen oder der Freisetzung von biologisch-synthetischen, naturfremden (orthogonalen) Konstrukten, die in der Natur nicht abgebaut werden können, der Fall sein kann. Nicht nur, wenn etwas massiv in die Umwelt eingebracht wird, sondern auch, wenn sich etwas sehr lange in der Umwelt halten und dort vermehren kann, steigt die Wahrscheinlichkeit für problematische Expositionen, steigt die Möglichkeit, dass durch Ausbreitungs- und Verteilprozesse Orte erreicht werden, an die man bei der Produktion oder Freisetzung nicht im Geringsten gedacht hatte. Bei den FCKW war dies beispielsweise die Stratosphäre, in der die bis dahin für persistent und damit für ungefährlich gehaltenen Moleküle aufgrund der dort vorfindbaren harten UV-Strahlen doch „geknackt" wurden, so dass die anschließend freigesetzten Chloratome in einer über 100.000-fachen Kettenreaktion die schützenden Ozonmoleküle zu zerlegen begannen.

Abb. 9: Eingriffstiefe und Wirkmächtigkeit sowie raum-zeitliche Reichweite von Eingriffen und Wissen über mögliche Folgen

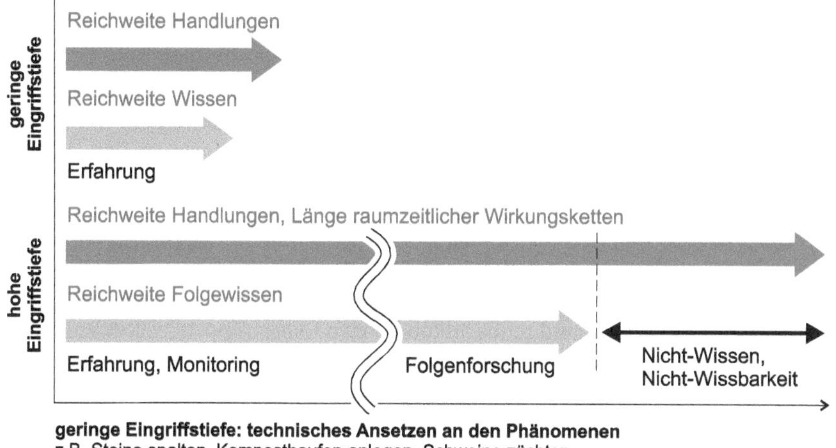

Exemplarisch wird in Abbildung 9 verdeutlicht, dass sich im Zuge der Erhöhung der Eingriffstiefe und Wirkmächtigkeit, also der Ausdehnung der auf einen Schlag ausgelösten Wirkungsketten in Raum und Zeit, das Ausmaß des Nichtwissens durch die Technik (als Charakteristikum des Eingriffs) drastisch erhöht. Die Reichweite unseres Wissens über mögliche Folgen kann mit der technischen Ausdehnung der Reichweite unserer Handlungen nicht Schritt halten. Es entsteht eine wesentlich größere Wissenslücke. Damit wird deutlich, dass sich in diesen Fällen ein Vorgehen nach dem Trial-and-error-Prinzip verbietet; denn wenn etwas schief geht, kann nicht mehr angemessen reagiert bzw. korrigierend eingegriffen werden. In diesen Fällen wird der Vorsorgeimperativ verletzt, der in freier Anlehnung an Hans Jonas lauten könnte: Handle so, dass Du für den Fall, dass etwas schief geht, immer noch korrigierend eingreifen kannst!

Festzuhalten bleibt, dass sich Technologien mit Blick auf ihre Eingriffstiefe und Wirkmächtigkeit unterscheiden lassen, und dass dies auch schon in einer Phase möglich ist, in der ihre Anwendungsbereiche und Anwendungsintensitäten noch gar nicht bekannt sind. Festzuhalten bleibt ferner, dass es Risikofreiheit (das sogenannte Nullrisiko) nicht geben kann, weil die Reichweite unseres Wissens über Technikfolgen immer hinter der Reichweite von Technikwirkungen zurückbleibt. Auch wenn also sowohl das Spalten von Steinen als auch das Spalten von Atomen gefährlich ist – genauso wie das Anlegen eines Komposthaufens und das Freisetzen von FCKW oder das Züchten von Organismen und deren gentechnische Veränderung – so gibt es doch qualitative Unterschiede zwischen diesen Eingriffsqualitäten, die wir durch eine „Charakterisierung" von Technologien (durch Bestimmung ihrer Eingriffstiefe) schon sehr früh im Innovationsprozess erfassen können.

Dabei geht es zunächst nur darum, dass eine hohe Eingriffstiefe als ein Indiz für eine berechtigte „hohe Besorgnis" anerkannt wird. Eine hohe Eingriffstiefe und Wirkmächtigkeit muss nicht quasi automatisch zu sehr großen Problemen und zu sehr weitreichenden Vorsorgemaßnahmen, wie ein gänzlicher Verzicht oder ein Verbot, führen. In einem ersten Schritt geht es zunächst einmal nur darum, diese Qualitätsunterschiede zu erkennen und anzuerkennen und nicht so zu tun, als existiere beispielsweise kein Unterschied zwischen der Züchtung durch Auslese und der gentechnischen Konstruktion über Artgrenzen hinweg.[62] Gefährdungspotenziale sind ohne Expositionen oder Eintrittswahrscheinlichkeiten bekanntlich noch keine Risiken. Und noch ein Weiteres gilt es zu bedenken: Neben die Analyse von Gefährdungspotenzialen (Risiken) muss immer auch die Analyse von Nutzenpotenzialen (Chancen) treten und sodann muss eine gegenseitige Abwägung zwischen den beiden erfolgen. Wenn wir zu besonders eingriffstiefen Technologien mit entsprechenden Gefährdungspotenzialen greifen wollen, lassen sich die Gefährdungspotenziale durch Gestaltung der Einsatzbedingungen eventuell deutlich mindern. Darüber hinaus können auf der Nutzenseite sehr gute Gründe vorliegen, die den Einsatz besonders eingriffstiefer Technologien in den jeweiligen Bereichen unter bestimmten Bedingungen rechtfertigen.[63]

Ähnlichkeit und Fremdheit

Die neuen technischen Möglichkeiten der Synthetischen Biologie erfordern auch neue Paradigmen in der Risikoregulation. Traditionell hat die Risikoforschung und Risikobewertung nicht zuletzt bei der Bestimmung des Gefährdungspotenzials gentechnisch veränderter Organismen mit dem Ähnlichkeitsprinzip gearbeitet, um Risiken qualitativ oder quantitativ zu beschreiben. Der Grundgedanke ist dabei: Wenn ein neuer Organismus einem bekannten ähnlich ist, dann wird er

---

62 Es darf an dieser Stelle daran erinnert werden, dass seinerzeit der groß angelegte partizipative Dialogprozess über die Grüne Gentechnik in Deutschland genau an diesem Punkt gescheitert ist, weil genau diese „besondere Qualität des gentechnischen Eingriffs" nicht anerkannt wurde (van den Daele et al. 1996).

63 Die Haltung der Bevölkerung gegenüber der Gentechnik entspricht dieser Auffassung, wenn sie die Forschung an Mikroorganismen und für medizinische Zwecke massiv unterstützt, Anwendungen der Gentechnik in der Landwirtschaft, in Nutztieren, Nahrungsmitteln und Pflanzen jedoch nur die geringste Zustimmung erhalten (EU 1993).

sich ähnlich verhalten und die Risiken werden vergleichbar sein. In der gentechnischen Risikobewertung werden manipulierte Biosysteme danach beurteilt, inwieweit sie dem natürlichen Vorbild ähneln oder einem anderen, gut untersuchten manipulierten Organismus (vgl. GenTSV 1990). Das Ähnlichkeitsprinzip läuft in der bottom-up- und orthogonalen Synthetischen Biologie, in der Biosysteme de-novo konstruiert werden und gegebenenfalls emergente Eigenschaften aufweisen, ins Leere – freilich nicht bei anderen Typen der Synthetischen Biologie. Nach einer radikalen Synthese existieren womöglich keine Ähnlichkeiten, auf die man sich stützen könnte. Eingeführte Risikoszenarien werden problematisch – bis unmöglich.

Das Ähnlichkeitsprinzip scheitert damit am Kern der Technik selbst – und an der von ihr erzeugten Komplexität und dem prinzipiellen Nichtwissen-Können.

(a) Durch Selbstorganisation und -replikation können sich DNA-Bauteile verwandeln und abrupt andere Eigenschaften aufweisen, etwa toxische Produkte kodieren (Verwandlungsproblematik). Bei Mutationen ist dieses Phänomen bekannt. Die Mutation eines einzigen Teils verändert die Eigenschaften des gesamten genetischen Schaltkreises, des Proteins oder einer Zelle.
(b) Eine Prognose-Problematik liegt in mehrfacher Hinsicht vor. Aus den basalen Sequenzen lassen sich die Eigenschaften nicht prognostizieren, weil diese möglicherweise gar nicht determiniert sind. Ferner lassen sich aus einem ähnlichen Gen nicht ähnliche Eigenschaften ableiten. Wie sich ein Organismus in einem anderen Milieu verhalten wird, ist nicht prognostizierbar. Das gilt insbesondere für die Freisetzung in die Umwelt. Zudem kann man wenig über das Langzeitverhalten selbst im selben Milieu aussagen. Das ist der Komplexität und Instabilität biologischer Systeme geschuldet.
(c) Daraus folgt in kognitiver Hinsicht eine Klassifikations-Problematik. Es existiert keine Taxonomie der Biosysteme der Synthetischen Biologie. Vielleicht kann es eine solche angesichts der vielfältigen möglichen Biosysteme auch gar nicht geben. Wir haben es mit einem prinzipiellen Nichtwissen zu tun.

Gegenüber der noch in der Gentechnik angewandten Ableitung möglicher Eigenschaften aus einem Vergleich wird unser Ansatz deshalb umso wichtiger. Denn er beruht darauf, die risikobestimmenden Funktionalitäten zu erkennen und auf dieser Basis den entsprechenden Umfang von Folgewirkungen abzuschätzen. Mit den folgenden Abschnitten soll eine entsprechende Diskussion des Gefährdungspotenzials möglicher Neuschöpfungen der Synthetischen Biologie angestoßen werden.

6.1 Quellen von Gefährdungs- und Expositionspotenzialen

In der nun folgenden Analyse der potenziellen (Aus-)Wirkungen neuer Funktionalitäten sollen *allgemeine* Aussagen über *Gefährdungs- und Expositionspotenziale* gemacht werden. Die Bestimmung von *Risiken* bedarf darüber hinaus eines konkreten Wissens über Anwendungsziele und Anwendungskontexte, um die spezifischen Expositionsmöglichkeiten und Eintrittswahrscheinlichkeiten abschätzen zu können. Aussagen über Risiken neuer biologischer Konstruktionen sind deshalb in dieser frühzeitigen Phase des Innovationsprozesses (sozusagen auf theoretischem Wege) kaum möglich. Die dafür nötigen Analysen müssen im Zuge der nächsten Phasen des Innovationsprozesses ausgiebigen Tests vorbehalten bleiben, die auch eine Beobachtung langfristiger Veränderungen sowohl der Konstrukte selbst als auch ihrer potenziellen Umgebungen im Anwendungskontext beinhalten müssen. Möglich hingegen sind Abschätzungen, die sich auf die zugrunde liegenden Funktionalitäten und deren Verknüpfungen beziehen.

Wir wollen uns bei der Diskussion der Gefährdungs- und Expositionspotenziale neuer Funktionalitäten auf Aspekte beschränken, die allgemein aus ihren bzw. den Eigenschaften der sie ermöglichenden Mechanismen bzw. Organismen ableitbar sind. Angesichts der erweiterten Kombinationsmöglichkeiten, die von der Synthetischen Biologie mit ihren möglichst unbegrenzten, teilweise standardisierten Konstruktionsansätzen angestrebt werden, muss neben den nutzbringenden Effekten auch mit einer entsprechenden Vielzahl nachteiliger Effekte gerechnet werden. Um das daraus entstehende Gefährdungs- und Expositionspotenzial der Organismen und Konstruktionen, die in den Teilgebieten der Synthetischen Biologie ermöglicht werden, benennen zu können, sollen zunächst Kategorien entwickelt werden, die sich an den Eigenschaften eines „lebenden" Organismus und seiner Nähe zur biomolekularen Grundlage der natürlichen Lebewesen orientieren.

Auf der Basis einer Darstellung von Benner et al. (2011) sind zunächst die Funktionalitäten, die diesen Kategorien zugrunde liegen, aufgelistet:

1) die Fähigkeit zur Vermehrung oder zumindest zur Selbsterhaltung,
2) die Fähigkeit zur Entwicklung und Anpassung sowie
3) eine natürliche oder nah verwandte genetische biochemische Grundlage, die einen Austausch genetischer Information mit natürlichen Organismen ermöglicht.

Eine vierte, für alle denkbaren Entitäten geltende Funktionalität ergänzt diese Aufzählung:

4) molekulare Interaktionen von Zwischenprodukten und Produkten der veränderten oder neuen (bio-)chemischen Reaktionen mit den (bio-)chemischen

Prozessen anderer Organismen oder organischer bzw. anorganischer Materie der Umgebung.

Im Gegensatz zu den Funktionalitäten eins bis drei umfasst die vierte Funktionalität alle natürlichen, veränderten und künstlichen biologischen Entitäten (vgl. Abb. 10). Deshalb muss auch vor jedem Anwendungsfall untersucht werden, welche molekulare Wechselwirkungen mit umgebenden Materialien und Organismen auftreten können. Die Diskussion der möglichen risikoerzeugenden Eigenschaften wird sich in diesem Kapitel jedoch auf Möglichkeiten der Proliferation, der Evolution und des Transfers genetischer Information beschränken. In Abbildung 10 sind die Kategorien der Gefährdungs- und Expositionspotenziale dargestellt, die sich aus den Kombinationen der Funktionalitäten eins bis drei ergeben.

Aus der teilweisen bzw. vollständigen Kombination dieser Eigenschaften können drei Kategorien der Gefährdungs- und Expositionspotenziale abgeleitet werden:

a) Konstruktionen bzw. Organismen der Synthetischen Biologie, die alle drei Eigenschaften vereinen, können der Kategorie mit dem komplexesten Potenzial zugeordnet werden. Sie bauen auf natürlichen biochemischen Grundla-

Abb. 10: Mögliche gefährdungs- und expositionsrelevante Funktionalitäten und ihre potenziellen Kombinationen[a] *(nach Benner et al. 2011)*

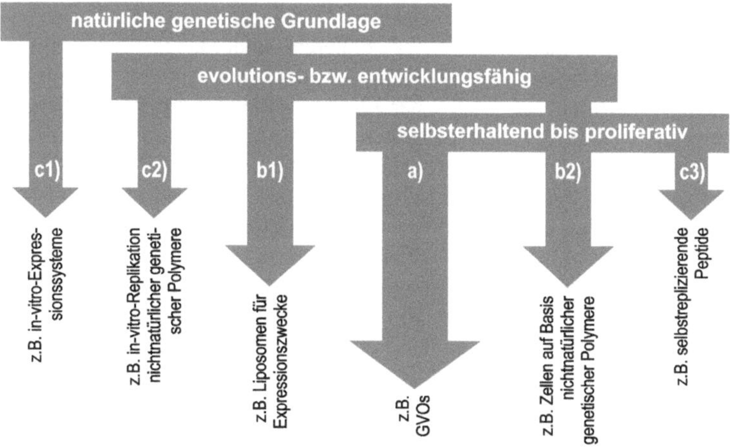

a – Der im abgebildeten Schema verwendete Ausdruck „genetische Polymere“ ist ein Sammelbegriff für die natürlichen (DNA) und alle in ihrem molekularen Grundaufbau veränderten bzw. vollständig synthetischen (also nichtnatürlichen) Varianten genetischer Informationsträger.

gen auf, d.h., sie können Erbinformation mit der natürlichen belebten Umwelt austauschen und möglicherweise auch in ihr parasitieren. Sie sind außerhalb des Labors selbsterhaltend, d.h., ihr Stoffwechsel ist unabhängig von naturfremden Chemikalien oder von künstlichen Umgebungsbedingungen. Zudem sind sie vermehrungsfähig. Ihre Population kann also zunehmen, was ihre weitere Ausbreitung fördert. Zusätzlich sind sie auch entwicklungsfähig, d.h., diese Organismen (oder auch virus- bzw. phagenähnlichen Konstruktionen) können sich und damit ihre Eigenschaften im Laufe der Zeit verändern und gegebenenfalls veränderten Umgebungsbedingungen anpassen. Bisher waren diese Eigenschaften in genetisch veränderten Organismen (GVO) vereint.[64]

b) Die mittlere Kategorie der Gefährdungs- und Expositionspotenziale vereint jeweils nur zwei der oben genannten Eigenschaften. Konstrukte, die in diese Kategorie fallen, sind daher (b1) nicht selbsterhaltend bzw. vermehrungsfähig, wie z.B. Liposomen, die funktionelle Biomoleküle und genetische Information zu Expressionszwecken einschließen (Nourian et al. 2012). Diese können aber durch die Möglichkeit des Austauschs von genetischer Information oder deren evolutive Veränderungen eine Gefährdung der belebten natürlichen Umwelt darstellen. Eine weitere Kombinationsmöglichkeit in dieser Risikokategorie besteht in Organismen, die (b2) eine im Vergleich zu natürlichen Lebewesen veränderte biochemische Grundlage besitzen (Schmidt, M./de Lorenzo 2012). Wenn sie entwicklungsfähig und sogar vermehrungsfähig sind, können auch sie zu einem höheren Gefährdungs- bzw. Expositionspotenzial beitragen. Trotz fehlender Möglichkeit zur Interaktion mit natürlichen Organismen auf genetischer Ebene stellen sie ein potenzielle Gefährdungsquelle dar, weil nicht ausgeschlossen werden kann, dass sie mit anderen Organismen auf ökologischer Ebene interagieren oder konkurrieren und, abhängig von ihrer biochemischen Grundlage, eventuell nicht vollständig abgebaut werden können. Unter Umständen könnten auch sie zum Parasitismus in natürlichen Organismen fähig sein.
c) Eine dritte Kategorie der Gefährdungs- und Expositionspotenziale umfasst Molekülkombinationen unterhalb von Organismen. Sie weisen nur eine der erwähnten grundlegenden relevanten Funktionalitäten auf. Hierzu zählen in-vitro-Zusammenstellungen von Biomolekülen, deren Zusammensetzung sich

64 Zudem liegt es nahe, die bereits in Kapitel 4.2 erwähnten Gene-Drive-Systeme (z.B. auf der Basis von CRISPR-Cas) ebenfalls hier einzuordnen (vgl. Esvelt et al. 2014). Einschränkend muss jedoch darauf hingewiesen werden, dass dieses System, das sich selbst und die von ihm bewirkten genetischen Veränderungen innerhalb von sich geschlechtlich vermehrenden Populationen verbreiten kann, auch als Bestandteil des jeweiligen Organismus betrachtet werden muss, in dessen Genom es integriert ist und durch den es auf seine Nachkommen übertragen wird.

wegen fehlender Replikationsprozesse (jenseits von Alterungsprozessen) nicht verändern kann, die also nicht entwicklungsfähig sind und sich ohne kontinuierliche Zugabe von Energieträgern und metabolischen Komponenten auch nicht selbst erhalten können (c1). Daneben gehören zu dieser Kategorie in-vitro replizierbare, nichtnatürliche genetische Systeme, deren Nukleobasen während der Replikationsschritte ausgetauscht werden können (c2), wie Sismour und Benner gezeigt haben (Sismour/Benner 2005; Benner et al. 2011). Sind die erzeugten Systeme lediglich selbsterhaltend bis proliferativ (c3), dann ist beispielsweise ein Ansatz zur Erzeugung einer künstlichen Zelle hier einzuordnen, der zunächst ohne Erbinformation angelegt ist (Solé 2009).

Auch wenn Konstruktionen der letztgenannten Kategorie nur eine der gefährdungs- oder expositionsrelevanten Funktionalitäten aufweisen, müssen auch sie unter Beachtung des Vorsorgeprinzips intensiv untersucht werden. Denn biologische Strukturen können zu vielfältigen Wechselwirkungen in der Lage sein. Dies ist besonders bedeutsam, wenn sie sich in natürlichen Organismen anreichern oder in der Umwelt persistent ubiquitär vorliegen. Deutlich wird dies am Beispiel der sogenannten Prion-Proteine, der Ursache für Transmissible Spongiforme Enzephalopathien (TSE), wozu auch die Bovine spongiforme Enzephalopathie (BSE) gehört. Sie können durch den Kontakt mit strukturhomologen Wirtsproteinen eine Konformationsänderung bewirken, die sich auf benachbarte Proteine überträgt. Letztendlich führt die Anhäufung dieses für die Zellen hinderlichen „Proteinmülls" zu einem Verlust großer Teile des Gehirns durch Gewebszerstörung (Norrby 2011).

Abschließend sei bemerkt, dass zwischen den drei gefährdungs- bzw. expositionsrelevanten Funktionalitäten, die den erwähnten Kategorien zugrunde liegen, durchaus qualitative Unterschiede bestehen. Die Besonderheit der auf evolutionären Prozessen beruhenden Entwicklungsfähigkeit sowie der Fähigkeit zur Vermehrung wird im Zusammenhang mit Mikroorganismen schon von Tucker und Zilinskas in ihrer vielzitierten Arbeit zur Synthetischen Biologie aus dem Jahre 2006 erwähnt:

> „[...] because engineered microorganisms are self-replicating and capable of evolution, they belong in a different risk category than toxic chemicals or radioactive materials." (Tucker/Zilinskas 2006, S. 31)

Vermehrungs- und Evolutionsfähigkeit sollten zudem auch in ihrer Bedeutung als expositions- bzw. gefährdungsrelevante Funktionalitäten über der reinen Möglichkeit zum Gentransfer eingeordnet werden, denn mit ihnen sind veränderte – und damit potenziell auch gefährdendere Eigenschaften – sowie eine erhöhte Exposition verbunden. Aber auch zwischen der Evolutionsfähigkeit und der Proliferation sollte noch einmal unterschieden werden. Denn mit der Vermehrung einer Entität wird 1.) eine erhöhte Exposition gegenüber ihren gefährdenden Eigenschaften möglich und 2.) können durch Gentransfer übertragene problematische Eigenschaften eine weitaus stärker verbreitete Wirkung hervorrufen.

Die auf der Grundlage neuer Kombinationsmöglichkeiten erzeugten Funktionalitäten bringen nicht nur Vorteile mit sich. Sie können, je nach dem Typ der Neukombination, unterschiedlichen Graden potenziell nachteiliger Kombinationen von Funktionalitäten zugeordnet werden:

Das Gefährdungs- und Expositionspotenzial der Kombination neuer molekularer Grundbausteine

Der Nachweis, dass synthetische genetische Systeme evolutionsfähig sind (Benner et al. 2011) bedeutet, dass sie entsprechend den im vorangegangenen Abschnitt vorgestellten Gefährdungskategorien als entwicklungsfähig, aber nicht selbsterhaltend einzuordnen sind (Kategorie c2, siehe oben). Dies gilt allerdings nur, solange diese Systeme noch abhängig von der Bereitstellung fremder Nukleobasen bzw. Aminosäuren sind. Sind die neuen Grundbausteine durch natürliche Prozesse nicht oder zumindest schwieriger abbaubar, dann führt ihre Persistenz zu einem erhöhten Expositionspotenzial (vgl. Tab. 1).

Da Systeme bzw. Organismen, die auf neuen molekularen Grundbausteinen aufbauen, wegen ihrer nur eingeschränkten Fähigkeit zum Austausch mit natürlichen Lebewesen als eine mögliche sichere Variante der Synthetischen Biologie betrachtet werden, werden wir ihre Vorzüge, aber auch ihr Gefährdungspotenzial ausführlich in Kapitel 7.1 behandeln.

Das Gefährdungs- und Expositionspotenzial der gezielten Gestaltung und Kombination von Genen und Molekülen

Für Gene und Kombinationen von Genen sowie genetischen Elementen muss, wenn sie eine natürliche genetische Grundlage besitzen, die oben vorgestellte, nächsthöhere Stufe der Kombination risikorelevanter Eigenschaften angenommen werden (Kategorie b1), da sie entwicklungsfähig (Mutation, Rekombination) sind. Zudem besteht das Risiko eines horizontalen Gentransfers. Wenn die Gene, Genkombinationen oder genetischen Elemente in Wirtsorganismen vorliegen, sind sie potenziell auch selbsterhaltungsfähig bis proliferativ und gehören dementsprechend zur komplexesten Gefährdungskategorie a).

Das Gefährdungs- und Expositionspotenzial komplexer Kombinationen natürlicher Elemente

Wenn die komplexen Neukombinationen natürlich vorkommender Proteine in Wirtszellen implementiert werden, dann kombinieren sie gemäß der oben eingeführten Beschreibung alle gefährdungs- und expositionsfördernden Eigenschaften und sollten dementsprechend der höchsten Gefährdungskategorie a) zugeordnet werden, ebenso wie Protozellen, die auch genetisch auf einer natürlichen biomolekularen Grundlage beruhen und selbsterhaltend sowie entwicklungsfähig sind. Das Expositionspotenzial dieser vollwertigen Zellen wird durch ihre Proliferation und das Gefährdungspotenzial durch ihre Adaption an veränderte Umweltbedingungen erhöht (vgl. Tab. 1). Nicht selbsterhaltende bzw. zusätzlich nicht entwicklungsfähige Konstruktionen, wie etwa zellfrei verwendete Kombinationen von Enzymen zu Synthesezwecken (Hodgman/Jewett 2012), können entsprechend niedriger eingestuft werden (Gefährdungskategorien b1 bzw. c1).

Das Gefährdungs- und Expositionspotenzial komplexer Kombinationen nichtnatürlicher Elemente

Für alle Konstrukte und Organismen – und somit auch für Mikro- und Nanoreaktoren (vgl. Kapitel 4.5) sowie für alle sonstigen „zellfreien" (immobilisierten und nichtimmobilisierten) Ansätze gilt, dass bei einer Verwendung von DNA- bzw. RNA-Material auch die Möglichkeit eines horizontalen Gentransfers zu natürlichen Zellen und mehrzelligen Organismen in Betracht gezogen werden muss.

Falls die Möglichkeit eines Gentransfers nicht gegeben ist, dann kann immer noch die Proliferations- und Adaptionsfähigkeit (Evolution) synthetischer Zellen ihr Expositions- und Gefährdungspotenzial erhöhen (Kategorie b2, vgl. auch Tab. 1). Bei Mikro- und Nanoreaktoren beschränkt sich die Gefährdungsanalyse auf ihre stofflichen Eigenschaften, weil die beiden zusätzlichen Gefährdungskategorien der Evolutionsfähigkeit und der Möglichkeit der Selbsterhaltung nicht vorliegen.

Falls die naturfremden molekularer Grundbausteine (z.B. nichtnatürliche Nukleinsäuren) dieser Entitäten schlechter oder sogar überhaupt nicht natürlich abbaubar sein sollten, dann muss aufgrund ihrer verstärkten Persistenz auch ein erhöhtes Expositionspotenzial angenommen werden (vgl. Tab. 1).

Tab. 1: Biologische Funktionalitäten und ihre Gefährdungs- und Expositionspotenziale, die mit der Synthetischen Biologie relevant werden könnten

Funktionalität oder Kombination von Funktionalitäten	ermöglichende Struktur[a]	ermöglichender Prozess	Expositionspotenzial	Gefährdungspotenzial
Wachstum	• Zelle	• Anabolismus	• –	• Möglicher Verbrauch von knappen Rohstoffen zum Biomasseaufbau • Nahrungskonkurrenz mit natürlichen Organismen
Reproduktion	• Zelle	• Anabolismus • Replikation	• Steigerung durch erhöhte Präsenz (Folgegenerationen) und Populationsvergrößerung (bei mehr als einem Nachkommen pro elterlichem Organismus)	• Konkurrenz zu/Verdrängung von natürlichen Organismen
Evolution	• Gene	• Mutation (inkl. Neukombination und Sequenzverlust)	• Steigerung durch erhöhte Persistenz (Überlebensfähigkeit) • Verbesserung der Fitness, Widerstands- bzw. Überlebensfähigkeit	• Kolonisierungskapazität, Wirtsbereich • Entwicklung gefährdender Eigenschaften oder Funktionen
Selbstorganisation	• Abhängig von der Ebene der Selbstorganisation: – Moleküle (z.B. DNA, RNA, Proteine) – Supramolekulare aber noch subzelluläre Strukturen (z.B. Organellen, Membranen) – Regulatorische Netzwerke – Zellen – Organismen – Populationen	• molekulare Selbstorganisation • intrazelluläre Selbstanordnung und Selbstregulation • interzelluläre Selbstanordnung und Selbstregulation	–	• Unkontrollierte Selbstanordnung oder Selbstregulation biologischer Prozesse mit nachteiligen Effekten

Tab. 1: (Fortsetzung)

Funktionalität oder Kombination von Funktionalitäten	ermöglichende Struktur[a]	ermöglichender Prozess	Expositionspotenzial	Gefährdungspotenzial
Strukturbildung	• Proteine • Nukleinsäuren • Zucker (Proteoglykane) • Fettsäuren (Membranen) • zelluläre Gewebe	• molekulare Anziehungs- oder Bindungskräfte	• –	• Toxizität oder Sensibilisierungspotenzial der resultierenden Strukturen
Metabolismus (Synthese (Anabolismus] und Degradation [Katabolismus] von chemischen Verbindungen)	• Zellfreie Systeme • Protozellen • Zellen	• Metabolische Reaktionswege	• –	• Schädlicher Abbau wertvoller bzw. unentbehrlicher Materialien (z.B. Lignozellulose) • Störung bedeutender bio-geo-chemischer Prozesse (Stickstofffixierung, pH-Regulierung) • Umweltkontamination durch gefährliche chemische Substanzen, produziert durch (synthetische) biologische Strukturen oder Entitäten, die zur Replikation bzw. Reproduk_tion fähig sind und Kontakt zur Umwelt erlangt haben
Signalwahrnehmung	• Signalsensitive Proteine und Nukleinsäuren (DANN und RNA)	• Molekulare Wahrnehmung durch: – Bindung – Modifikation	• –	• –

Tab. 1: (Fortsetzung)

Funktionalität oder Kombination von Funktionalitäten	ermöglichende Struktur[a]	ermöglichender Prozess	Expositionspotenzial	Gefährdungspotenzial
Signalübertragung	• Integration von – Signalmolekülen (Proteine, RNA) – Zellulären Sensoren – Zellulären Aktoren – Genetischen Schaltkreisen	• Signalübertragungswege	• –	• –
Genregulation	• genregulatorische Sequenzen und Moleküle, z.B. – Promotoren – Enhancer – Silencer – RNA-Moleküle – DNA-/RNA-bindende Proteine	• Kontrollmechanismen für Transkription und post-transkriptionelle Regulation	• –	• Interferenz mit natürlicher Genregulation nach horizontalem Gentransfer
Modularität	• frei kombinierbare Gene und Genprodukte • als (Minimal-)Genom, Minimalzelle, Protozelle, Mikro-/Nanoreaktor	• Standardisierung • Orthogonalität	• –	• leichtere Entwicklung und Herstellung von Pathogenen und umweltgefährdenden Strukturen und Organismen für kriminielle oder terroristische Anwendungen
Kompartimentierung	• Strukturen auf der Basis von Lipiden und Proteinen	• Assemblierung durch molekulare Anziehungskräfte	• –	• –
Einkapselung	• Hüllstrukturen auf der Basis von – Proteinen – Lipiden	• Assemblierung durch molekulare Anziehungskräfte	• Verbreitung durch erhöhte Persistenz und/oder Mobilität, z.B. Fähigkeit Überlebensstrukturen zu bilden (Sporen)	• –

Tab. 1: (Fortsetzung)

Funktionalität oder Kombination von Funktionalitäten	ermöglichende Struktur[a]	ermöglichender Prozess	Expositionspotenzial	Gefährdungspotenzial
Orthogonalität	• genetische Schaltkreise • regulatorische Signalwege • metabolische Reaktionswege	• Separation auf Genom-/Protein- oder Metabolomebene	• Steigerung durch persistente chemische Strukturen	• ambivalentes Verhältnis: – signifikante Reduktion des Gefährdungspotenzials durch strukturelle Entkopplung natürlicher und synthetischer biologischer Systeme – insbesondere bei vollständig entkoppelten synthetischen Systemen signifikante Erhöhung des Gefährdungspotenzials durch Unfähigkeit natürlicher Systeme zum Umgang mit synthetischen
Spezifische chemische Eigenschaften (inklusive nichtnatürlicher chemischer Eigenschaften biologischer Strukturen und Systeme)	• diverse (bio-)chemische Molekülsorten, wie z.B.: – DNA – RNA – Peptide – Proteine – Enzyme – Lipide	• physikalische und chemische Eigenschaften der (bio-)chemischen Entitäten	• –	• schädigende chemische Wechselwirkungen mit der belebten und unbelebten natürlichen Umgebung
Selbstreplikation	• DNA • RNA • Peptide	• templatabhängige Vervielfältigung, Autokatalyse	• Steigerung durch Mengenzuwachs	• –

Tab. 1: (Fortsetzung)

Funktionalität oder Kombination von Funktionalitäten	ermöglichende Struktur[a]	ermöglichender Prozess	Expositionspotenzial	Gefährdungspotenzial
Molekulare Bindung	• DNA • RNA • Proteine, Peptide	• physikochemische und strukturelle Eigenschaften der Bindemoleküle	• –	• durch Bindung (Blockierung, Aktivierung von Rezeptoren) hervorgerufene Funktionsstörung natürlicher biologischer Strukturen und Systeme • Zell- und Gewebszerstörung/funktionelle Beeinträchtigung eines Wirtsorganismus durch Infektiösität von Mikroben, Viren, Phagen durch Adhäsion, Invasion oder Endozytose vermittelnde Moleküle
Molekularer Transport	• DNA • RNA • Proteine	• physikochemische und strukturelle Eigenschaften der Transportmoleküle	• –	• –
Aktive und passive Mobilität	• aktive Antriebssysteme (z.B. Flagellen) zum Vortrieb von Bakterien und Extremitäten zur Lokomotion	• Herstellung von mechanischen Kräften durch Nutzung von (u.a.) chemischer Energie • Übertragungswege passiv (Aerosole, Wasser, Lebensmittel, Hautkontakt)	• Steigerung durch Verbreitung	• –

a – Diese Spalte bezieht sich auf (modifizierte) natürliche biologische Strukturen sowie auch auf synthetische biologische Strukturen.

6.2 Gefährdungs- und Expositionspotenziale aufgrund biologischer Funktionalitäten

Innerhalb der Ebenen biologischer Komplexität (vgl. Kapitel 4.6) kann die gesamte Palette biologischer Funktionalitäten ausgeschöpft werden. Um unabhängig von den Komplexitätsebenen eine Gesamtübersicht der für die Entstehung eines Gefährdungs- oder Expositionspotenzials wichtigen expositions- bzw. gefährdungsrelevanten Charakteristika der biologischen Funktionalitäten zu ermöglichen, wurden sie in Tabelle 1 einzeln aufgeführt.

Diese Übersicht von Funktionalitäten, welche durch die Synthetische Biologie neu ermöglicht oder auch nur verbessert werden, verdeutlicht, dass insbesondere mit einer Erhöhung der Persistenz und Mobilität biologischer Strukturen durch Reproduktion, Selbstreplikation, Evolution, Verkapselung sowie auch durch Orthogonalität die Erhöhung des Expositionspotenzials und eine Diversifizierung möglicher Wirkungen verbunden sind. Neben der oben bereits angesprochenen Gefahr der Verdrängung natürlicher Organismen besteht insbesondere bei evolutiven Veränderungen neben der persistenzsteigernden Adaption (durch ihre Entwicklungsfähigkeit) auch die Gefahr, dass sich schädliche Eigenschaften im veränderten oder künstlichen Organismus entwickeln können.

Toxische Wechselwirkungen können bei einer Vielzahl von Funktionalitäten mit den entstehenden Verbindungen und Strukturen verbunden sein, wenn beispielsweise neue chemische Eigenschaften erzeugt werden, wenn die verwendeten signalübertragenden Moleküle mit natürlichen Signal- und Regulationswegen wechselwirken, wenn die Genregulation in natürlichen Organismen nach horizontalem Gentransfer durch veränderte oder synthetische funktionale Sequenzen gestört wird, wenn die erzeugten molekularen Strukturen Infektiösität bewirken, wenn durch erhöhte Fitness oder Orthogonalität eine Nahrungs- oder Flächenkonkurrenz zu natürlichen Organismen entsteht oder wenn quasi durch Selbstorganisation, wie im Falle von BSE, eine sich verbreitende Konformationsänderung mit toxischen Auswirkungen induziert wird. Und schließlich gilt es, etwaige Interaktionen mit grundlegenden bio-geo-chemischen Prozessen in den Umweltmedien Böden, Wasser und Atmosphäre zu beachten, von deren Funktionieren wir stark abhängig sind.

Ein Gefährdungspotenzial ist auch mit einer Veränderung oder einem Wechsel der Rohstoff- bzw. Nährstoffbasis für Lebenserhaltung, Wachstum, Proliferation und Produktsynthese verbunden, wenn es sich bei den Ausgangsstoffen (Substraten) um bisher in natürlichen Ökosystemen nicht oder nicht in ähnlicher Weise verwertete Substanzen handelt. Ein anschauliches Beispiel hierfür ist Lignozellulose, welche nur von sehr wenigen Organismen und auch nur sehr langsam abgebaut werden kann. Bereits laufende Arbeiten, welche auf die Entwicklung (effizienterer) lignozelluloseabbauender Organismen abzielen (siehe die

Fallstudie zur Energiegewinnung, Kapitel 5.2), könnten im Falle ihres Erfolges katastrophale ökosystemare, aber auch technische Folgen haben. Denn sollten natürliche, auf lignozellulosehaltigen Pflanzen basierende Ökosysteme oder technische Strukturen von den entstandenen modifizierten bzw. künstlichen Organismen befallen werden, wären sie diesen wahrscheinlich schutzlos ausgeliefert und würden einfach verstoffwechselt werden. Ähnliche Szenarien sind für weitere biologische Stoffe, aber auch für technische organische (beispielsweise Kunststoffe) und sogar anorganische (beispielsweise Metalle) Stoffe denkbar.

Mit der angestrebten Standardisierung und Modularisierung geht schließlich ebenfalls eine Erhöhung des Gefährdungspotenzials einher, weil damit gerechnet werden muss, dass die Entwicklung und Herstellung von Pathogenen und umweltgefährdenden Strukturen bzw. Organismen für kriminelle oder terroristische Anwendungen erheblich erleichtert würde.

6.3 Kritische Anwendungskontexte

Bisher wurde von Eigenschaften gesprochen, die für die Entstehung eines Gefährdungs- oder Expositionspotenzials bzw. eines Risikos von Bedeutung sind. Etwaige Risiken sind daneben jedoch auch von den jeweiligen spezifischen Anwendungskontexten und Zielen abhängig. Ein Ansatz, der sich durch ein geringes Gefährdungspotenzial auszeichnet, kann nichtsdestotrotz in einem sehr empfindlichen System zu unübersehbaren Konsequenzen führen (beispielsweise Kipppunkte im Klimasystem der Erde; Lenton et al. 2008). Die Erfahrung mit Fluorchlorkohlenwasserstoffen (FCKW) hat zudem gezeigt, dass sich die schädliche Wirkung kritischer Eigenschaften nicht sofort zeigen muss. Für die Konstruktionen der Synthetischen Biologie sollten deshalb Langzeiteffekte, die durch Persistenz, Vermehrung und die Ausbreitung ihrer (neuen) Eigenschaften entstehen, bei der Beurteilung zukünftiger Anwendungskontexte berücksichtigt werden.[65] Vor allem die Erzeugung von Organismen, die alle der in Tabelle 1 erwähnten risikorelevanten Funktionalitäten vereinen, ist in Verbindung mit dem Ziel einer umweltoffenen Anwendung besonders beunruhigend. Dana et al. (2012) weisen auf den insbesondere bei Mikroorganismen zu befürchtenden Kontrollverlust und die eingeschränkte Vorhersagefähigkeit hin:

> „[...] unlike transgenic crops, synthetic microbes will be altered in more sophisticated and fundamental ways (such as elimination of metabolic pathways), making

---

65 In diesem Zusammenhang wird insbesondere für umweltoffene Anwendungskontexte bereits eine neue Generation von Sicherheitsmechanismen gefordert, vgl. Schmidt, M./ de Lorenzo (2012).

> them potentially more difficult to regulate, manage and monitor. They might also have environmental impacts that are difficult to predict." (Ebd., S. 29)

Auch in aktuellen Veröffentlichungen zu den möglichen Sicherheitsstrategien wird auf diese Aspekte hingewiesen. So erwähnen Moe-Behrens et al. (2013), dass es durch evolutive Veränderungen zu einem Kontrollverlust und zur Ausbreitung von Organismen kommen kann. Wright et al. (2013) und auch Moe-Behrens et al. (2013) betonen die Möglichkeit eines horizontalen Gentransfers. Dieser ist durchaus auch für höhere Organismen relevant, bei Pflanzen kann er auch zwischen GVOs und Wildtypen sowie den verwandten Arten auftreten (Andow/Zwahlen 2006). Neben dem Transfer veränderter oder künstlicher Erbinformation in natürliche Organismen sollte auch die umgekehrte Richtung des Transfers beachtet werden: Auch die Integration genetischer Information aus natürlichen Organismen, die schließlich über den gesamten Zeitraum der Lebensentwicklung auf unserem Planeten in evolutiven Prozessen optimiert wurde, kann einen aus Sicherheitsgründen eingebauten ökologischen bzw. evolutionären Nachteil aufheben. Sie kann die Eigenschaften modifizierter oder künstlicher Organismen in die verschiedensten Richtungen verändern und damit die Unsicherheit über zukünftige Wirkungen vergrößern (M. Schmidt 2010). Unabhängig von den genetisch bedingten Auswirkungen nehmen auch auf metabolischer Ebene mit der unkontrollierten Ausbreitung von GVOs (oder vollständig künstlicher Organismen) die Möglichkeiten für toxische Wechselwirkungen mit natürlichen Organismen zu (Holmes et al. 1999; Hilbeck et al. 2012). Zudem sind auch Verdrängungseffekte zu befürchten (Wright et al. 2013). Auch hier wird deutlich, dass Vermehrung und Persistenz eines Organismus durch die damit verbundene Steigerung der möglichen Expositionen zu den bedeutendsten Eigenschaften für die Entstehung eines Risikos gehören.

Die Kultivierung in einem geschlossenen bzw. isolierten System kann das Risiko verringern. Bisher gibt es jedoch keine technische Lösung, die auch bei einer Fehlbedienung oder im Falle von Missbrauch die Freisetzung von Organismen zuverlässig verhindert, wie Wright et al. ganz treffend feststellen:

> „[...] no matter how ingenious a protective device or material may be for a GMM [genetically modified microorganisms] field application, an inventive way will eventually be found by an operator to compromise it. Failure in this case is a matter of when, not if. Although some form of physical containment is obviously prudent, inbuilt biological mechanisms remain crucial to biosafety." (Wright et al. 2013, S. 1223)

Die physische Isolation ist also nicht vollständig und endlos realisierbar. Aus diesem Grunde sollte nicht nur an der physischen Isolation, sondern auch am Gefährdungspotenzial im Sinne einer Vorsorgestrategie angesetzt werden. Dies kann durch den Einsatz harmloser, natürlicher Organismen oder die Integration biologischer Sicherheitsmechanismen in die Organismen selbst geschehen (Thomas/Nielsen 2005; Moe-Behrens et al. 2013; Wright et al. 2013).

Wenn im Rahmen der Anwendung anstelle einer geschlossenen Kultivierung ein umweltoffenes System geplant ist, muss von einer ungleich höheren Exposition ausgegangen werden. Offene Systeme beginnen bereits mit der nur als teilweise geschlossenen zu bezeichnenden Kultivierung von z.B. Algen in offenen Teichen (Qin et al. 2012). Beispiele für vollständig umweltoffene Anwendungen sind der Einsatz von GVO bzw. künstlichen Organismen für die in-situ-Bioremediation in der Umwelttechnik (M. Schmidt/de Lorenzo 2012) sowie die Freisetzung genetisch veränderter Insekten zur Bekämpfung von als schädlich bezeichneten natürlichen Insektenpopulationen (Lacroix et al. 2012).

In diesem Zusammenhang wird auch ein Einsatz der im Kapitel 4.2 bereits angesprochenen Gene-Drive-Systeme diskutiert, die mittlerweile für diverse Anwendungen, wie beispielsweise die Populationskontrolle von Krankheitserregern (z.B. Insekten), die Beseitigung von Herbizid- und Pestizidresistenzen in der Landwirtschaft oder die Kontrolle invasiver Spezies ins Spiel gebracht werden (vgl. Esvelt et al. 2014). Ihre Verbreitung und die damit verbundenen Folgen zu kontrollieren, wird von Forschern im Bereich der Synthetischen Biologie als sehr problematisch angesehen und bereits intensiv diskutiert (Esvelt et al. 2014; Oye et al. 2014; Baltimore et al. 2015). Die Folgen ihrer mit Freisetzungen verbundenen möglichen Anwendungen sind deshalb räumlich und zeitlich kaum beherrschbar. Es werden zwar auch „Reversal Drives“ diskutiert, mit denen die Wirkung von Gene Drives wieder rückgängig gemacht werden soll (Oye et al. 2014). Diese müssten sich innerhalb einer Population aber ebenso effektiv ausbreiten und zudem sind damit nicht alle der einmal angestoßenen Wirkungen in Ökosystemen wieder rückgängig zu machen.

Auch die für medizinische Zwecke eingeplanten synthetischen Organismen (Ruder et al. 2011) gelangen durch ihren Einsatz im menschlichen Körper in ein offenes System. Neben den möglichen gefährdenden Nebeneffekten von Viren und Mikroben (also sehr „selbstständigen“ Therapeutika) im Zielorganismus, die zunächst in langfristigen, gründlichen Erprobungen analysiert werden müssen, sind diese Anwendungen potenziell auch immer mit Freisetzungen dieser Organismen in die Umwelt verbunden. Die Freisetzung von Pharmazeutika deutet mögliche Verbreitungswege bereits an (Kümmerer 2010). Es ist deshalb fraglich, ob eine ausreichende Prüfung ihrer Wirkungen (vgl. Tab. 1 auf S. 164ff.) auf die sehr hohe Anzahl infrage kommender Nichtzielorganismen und deren Ökosysteme überhaupt realisierbar ist.

Unabhängig vom Einsatz von Mikroben und Viren als Therapeutika oder Vektoren muss im medizinischen Kontext zudem darauf hingewiesen werden, dass Keimbahnmodifikationen bei höheren Organismen eine in ihren Folgewirkungen noch viel weitreichendere Stufe der Eingriffstiefe darstellen, deren Gefährdungspotenzial noch nicht abgeschätzt werden kann.

Die Beurteilung der veränderten oder vollständig künstlichen Organismen wird durch die Unvorhersehbarkeit interner Interaktionen erschwert, die neue Eigenschaften hervorbringen können und insbesondere bei höheren Organismen erst spät erkannt werden. Aus der mittlerweile jahrzehntelangen Erfahrung mit transgenen Pflanzen sind einige Beispiele für unbeabsichtigte Änderungen von Eigenschaften bekannt, wie beispielsweise ein Wechsel von der Selbstbestäubung zur Fremdbestäubung (Bergelson et al. 1998, in Breckling 2003) oder eine erhöhte Samenproduktion (Pilson et al. 2002, in Breckling 2003). Auch wenn die Effekte dieser Veränderungen nicht direkt toxische Wirkungen entfalten, so können sie doch Folgen auf der Ökosystemebene haben (Breckling et al. 2012). Im Zusammenhang mit umweltoffenen Anwendungen stellt auch die Arbeit mit Antibiotikaresistenzgenen eine Gefahr für natürliche Organismen und Ökosysteme dar, weil ihre Übertragung auf andere Organismen nicht ausgeschlossen werden kann.

Vom Umgang mit umweltgefährdenden Substanzen ist bereits bekannt, dass neben den spezifischen Funktionalitäten (im Falle von Organismen: Proliferation, Persistenz, Evolution und Gentransfer) auch Kontrollverluste durch quantitative bzw. Masseneffekte auftreten können, wenn die produzierten Mengen stark ansteigen oder ubiquitär genutzt werden. Dies ist gerade bei der Synthetischen Biologie durch den steigenden Anteil von Automatisierung, den Preisverfall für Gensynthesen und nicht zuletzt durch das Interesse von „Do-it-yourself"-Biologen (Ledford 2010) zu befürchten.

Aufgrund der genannten Effekte müssen bei der Anwendung von GVO bzw. künstlichen Organismen Vorsorgemaßnahmen getroffen werden, um die unkontrollierte Verbreitung der Organismen bzw. ihrer genetischen Information zu unterbinden oder zumindest zu minimieren. Dabei sollten die veränderten oder künstlichen Organismen in ihrer Fitness bzw. ihrer Evolutionsfähigkeit den natürlichen Organismen ihrer Umgebung unterlegen sein und dies auch bleiben. Die heutigen Sicherheitsmechanismen basieren auf Auxotrophien oder der Wirkung von Toxinen, die im Falle eines Ausbruchs der GVO wirksam werden (Wright et al. 2013). Bei klassischen Auxotrophie-Strategien ist in den Organismen ein Gen deletiert oder zumindest inaktiviert, welches für das Überleben der Organismen außerhalb kontrollierter Bedingungen essenziell ist (ebd.). Alle bisherigen Mechanismen sind jedoch in ihrer Wirksamkeit beschränkt, auch wenn mehrere dieser Sicherheitsmechanismen in redundanter Weise innerhalb eines GVO implementiert sind, denn sie fußen auf einer Information, die in der genetischen Ausstattung der Organismen kodiert vorliegt und damit Mutation, Rekombination oder dem schieren Verlust von Sequenzabschnitten ausgesetzt ist. Daneben besteht die Möglichkeit, dass auch neue genetische Information aus anderen Organismen in die genetische Ausstattung des GVO aufgenommen wird. Der Einfluss dieser Vorgänge zeigt sich in den Überlebensraten sogenannter Sicherheitsstämme, die trotz der eingesetzten Sicherheitsmechanismen zu beobachten sind (Moe-Behrens et al. 2013).

Neben den Veränderungen der genetischen Information ist im Falle von auxotrophie-basierten Sicherheitsmechanismen mit einem weiteren beeinträchtigenden Effekt zu rechnen: abhängig vom Habitat, in dem sich der GVO aufhält, kann er mit den für ihn essenziellen Metaboliten versorgt werden, auf denen gerade seine zu Sicherheitszwecken implementierte Auxotrophie beruht. Dies kann durch aktive (Sekretion durch einen anderen Organismus) oder passive Mechanismen (Aufnahme der Überreste eines abgestorbenen Organismus) geschehen, wie kürzlich gezeigt werden konnte (Wintermute/Silver 2010a, 2010b).

Zudem ist auch eine funktionierende Beschränkung der Überlebensfähigkeit im Falle einer unkontrollierten Freisetzung von GVO keine Garantie dafür, dass auch die Verbreitung ihrer veränderten genetischen Information unterbunden ist. Denn aufgrund der stabilen Struktur von DNA ist nicht ausgeschlossen, dass relevante Abschnitte erhalten bleiben und Teil von mobilen genetischen Elementen oder dem Genom anderer Organismen werden (Lorenz/Wackernagel 1994; de Vries/Wackernagel 2002).

Im Bereich der Synthetischen Biologie und ihrem Umfeld sind verstärkt Wissenschaftler tätig, die bisher nur wenig oder keine Erfahrungen im Umgang mit potenziell riskanten biologischen Systemen gesammelt haben. Hierzu zählen beispielsweise Ingenieure, Physiker oder Informatiker. Auch dies kann zu neuen Sicherheitsrisiken führen. Daher ist es grundsätzlich wichtig, dass in diesen interdisziplinären Arbeitsgruppen ein grundlegendes Verständnis zur biologischen Sicherheit entwickelt wird, und dass die Arbeit unter Rahmenbedingungen zur Routine wird, die die biologische Sicherheit gewährleisten (M. Schmidt et al. 2009).

Damit sind allerdings nur Aktivitäten angesprochen, die im Bereich öffentlicher Forschungseinrichtungen oder der Privatwirtschaft durchgeführt werden. Die sich zunehmend im Bereich der Synthetischen Biologie entwickelnde Kultur der „Do-it-yourself"-Biologie entsteht außerhalb dieser etablierten Systeme und stellt daher grundsätzlich ein neues Sicherheitsrisiko dar (Schmidt, M. 2008).

6.4 Risikopotenziale in Anwendungsfeldern

Dort, wo sich die Synthetische Biologie nur wenig von der klassischen Gentechnik abhebt, können auch die Risiken als vergleichbar mit jenen der Gentechnik angesehen werden. Die Risiken der Gentechnik sind Gegenstand einer Jahrzehnte lang intensiv geführten und gut dokumentierten Debatte, welche hier aus

Platzgründen nicht wiedergegeben werden kann. Beispielhaft genannt sei hier lediglich die unvermeidliche Freisetzung von modifizierten Cyanobakterien oder Mikroalgen aus entsprechenden photobiotechnischen Anlagen und die zwar unwahrscheinlich erscheinende, aber eben nicht ausreichend geklärte Gefahr der Verdrängung natürlicher Organismen durch eben diese modifizierten (Wijffels et al. 2013).

Was jedoch die radikal neuen Ansätze der synthetischen Biologie anbelangt, deren Umsetzung eher langfristig zu erwarten ist, sollte durchaus mit neuen Risiken gerechnet werden, die eine andere oder deutlich gesteigerte Qualität gegenüber den Gentechnikrisiken aufweisen. Zu denken wäre hierbei beispielsweise an eine versehentliche oder gar beabsichtigte Freisetzung von Organismen, die naturfremde und für den Menschen und andere Organismen schädliche Stoffe produzieren und damit zu einer Gefahr für Mensch und Umwelt werden könnten – wobei diese Möglichkeit aus heutiger Perspektive und bei der Betrachtung des bisher im Rahmen der Biotechnologie, Gentechnik oder auch Synthetischen Biologie Realisierten als eher unwahrscheinlich erscheint.

Risiken im Bereich der Energiegewinnung

Neben den oben angesprochenen Möglichkeiten sind im Bereich der Energiegewinnung vor allem jene Risiken bedeutsam, die wenig mit den gentechnisch veränderten bzw. synthetisch-biologischen Organismen und Strukturen selbst zu tun haben. Gemeint sind Implikationen, welche die Biomassenutzung allgemein aufwirft und deren Auswirkungen bereits heute festgestellt werden können. Zu nennen wäre hier vor allem die Flächenkonkurrenz zwischen Nahrungsmittel- und Energiepflanzenanbau, aber auch die generell mit dem Anbau pflanzlicher Biomasse verbundenen ökologischen und sozial-ökologischen Folgen.

Einige Untersuchungen deuten darauf hin, dass der Anbau von Biomasse zur energetischen Nutzung einen seiner Hauptzwecke, nämlich die Verminderung von Treibhausgasemissionen, erst nach Jahrzehnten oder sogar Jahrhunderten wird erfüllen können (Fargione et al. 2008; Searchinger et al. 2008). Denn der Anbau von Biomasse zur energetischen Verwertung wird sehr wahrscheinlich (auch) zu massiven Landnutzungsänderungen führen; insbesondere werden dabei Flächen, die bisher viel Kohlenstoff gespeichert haben (sowohl in den Pflanzen selbst als auch im Boden) und/oder zukünftig mehr Kohlenstoff aus der Atmosphäre binden (sequestrieren) als sie selber freisetzen würden (wie beispielsweise Wälder und Grünland), in landwirtschaftliche Ackerflächen umgewandelt. Diese Umwandlung würde einen Großteil des gespeicherten Kohlenstoffs (als Kohlendioxid) sowie eine Reihe weiterer Treibhausgase in die Atmosphäre freisetzen und/oder eine zukünftige Netto-Entnahme von Kohlenstoff aus der Atmosphäre verhindern. Die freigesetzten und/oder zukünftig nicht sequestrierten Mengen an Kohlenstoff können die gegenüber einer Nutzung fossiler Energieträger jährlich eingesparten Kohlenstoffemissionen um ein Vielfaches übersteigen, weswegen es im günstigsten (aber eher seltenen) Fall einige wenige Jahre, in den ungünstigeren (und sehr viel häufigeren) Fällen jedoch einige Jahrzehnte bis Jahrhunderte dauern würde, bis in der Summe durch die energetische Nutzung von Biomasse Treibhausgasemissionen eingespart werden (Fargione et al. 2008; Searchinger et al. 2008). In eine ähnliche Richtung weisen Ergebnisse von Ökobilanz-Studien zur energetischen Verwertung von Algenbiomasse: Demnach ist nach wie vor unklar, ob und gegebenenfalls in welchem Umfang überhaupt mehr Energie in Form von Kraftstoffen durch die Anwendung entsprechender Verfahren gewonnen werden kann, als zuvor in die Prozesse investiert werden muss, insbesondere beim Biomasseanbau und bei deren Trocknung bzw. der Extraktion verwertbarer Verbindungen (Sills et al. 2013).

Einiges deutet darauf hin, dass diese Probleme auch von den heute anvisierten Ansätzen der Synthetischen Biologie nicht gelöst werden. Denn im Grundsatz bauen die meisten synthetisch-biologischen Ansätze im Bereich der Bioenergiegewinnung auf dasselbe Prinzip wie die klassischen biotechnologischen Verfahren: Biomasse, meist pflanzlichen Ursprungs, wird durch Mikroorganismen in energiereiche und -dichte Kraft- und Brennstoffe umgewandelt. Dies bedeutet aber, dass zunächst die Biomasse bereitgestellt werden muss, wozu Flächen, Wasser sowie (meist mit hohen Ausstößen an klimaschädlichen Gasen verbundener) Dünger und Energie benötigt werden.

Diese Problematik ist zwar durchaus von einigen Akteuren der Synthetischen Biologie erkannt und benannt worden; u.a. als Reaktion darauf wird denn auch versucht, Pflanzen zu entwickeln, die auf für die Nahrungsmittelproduktion ungeeigneten Flächen gedeihen, weniger Wasser und weniger Dünger benötigen. Allerdings würde es – falls es überhaupt gelingt – wahrscheinlich Jahrzehnte dauern, bis diejenige Pflanze entwickelt ist, die auf Grenzertragsflächen gedeihen oder gar buchstäblich in der Wüste wachsen kann. Als mittelfristige Alternative stünde dieser Weg daher nicht zur Verfügung. Auch der als Ausweg aus diesem Dilemma beschriebene Ansatz einer unter Einsatz synthetisch-biologischer Methoden optimierten Algenproduktion erscheint nur mäßig erfolgversprechend. Denn aufgrund der hohen ökologischen Risiken bzw. des immensen anlagentechnischen Aufwands sind – zumindest aus heutiger Perspektive – Ansätze der Algenproduktion in natürlichen Binnengewässern, künstlichen offenen Becken an Land oder gänzlich geschlossenen technischen Anlagen eher unwahrscheinlich. Daher bliebe lediglich die Algenproduktion im Meer, womit jedoch das Risiko einer unkontrollierten Freisetzung und Verbreitung der manipulierten bzw. synthetischen Organismen sehr stark steigen würde.

Risiken im Bereich der biologischen Materialien

Zu den Risiken biologischer Materialien lassen sich aufgrund ihrer zumeist noch recht frühen Entwicklungsphase keine konkreten Aussagen formulieren, denn ihre Anwendungskontexte und damit auch die Eintrittswahrscheinlichkeiten von Gefährdungen sind nur unzureichend bekannt. Auf der Seite der Gefährdungspotenziale können dagegen ausgehend vom Charakter der jeweiligen Technik bereits einige Informationen gewonnen werden. Eine grundlegende Unterscheidung der vorgestellten potenziellen zukünftigen biologischen Materialien orientiert sich an ihrer Veränderungsfähigkeit. Sofern Materialien wie z.B. Spinnenseide oder Perlmutt in ihrem Endstadium unveränderlich sind, dürften keine über die chemischen und physikalischen Eigenschaften hinausgehenden neuartigen Gefährdungspotenziale auftreten, die allein auf das Produkt zurückzuführen wären. Allerdings sollten der Herstellungsprozess sowie der gesamte Lebenszyklus des Produktes unter besonderer Berücksichtigung von Freisetzungspotenzialen und deren Folgen untersucht werden.

Eine besondere Herausforderung würde sich dann stellen, wenn die biologischen Materialien mit multifunktionellen Eigenschaften und dadurch mit einem gewissen Maß an Intelligenz ausgestattet sind. Materialien wären damit in der Lage, auf (willkürliche) Umwelteinflüsse zu reagieren und zu agieren. Eine vielfältige Wechselwirkung mit dem Anwendungskontext ist damit gewünscht und beabsichtigt. Solche Materialien sind zudem darauf angewiesen, einen eigenen Stoffwechsel zu betreiben. Sie stehen damit, sofern sie in offener Anwendung eingesetzt werden, in einem engen Kontakt mit dem umgebenden Ökosystem. In diesem Fall ist zu untersuchen, inwieweit das Material durch seinen Stoffwechsel, die verwendeten Ressourcen sowie die primären und sekundären Metaboliten ein Gefährdungspotenzial für Mensch und Umwelt birgt.

Risiken im Bereich der Grünen Biotechnologie

Die Diskussion von Umweltwirkungen der GVO in Ökosystemen bezieht sich auf das unbekannte Verhalten der genetisch veränderten Organismen in der offenen Umwelt sowie auf die mögliche Einschränkung der Biodiversität. Ein zusätzliches Problem ist die sehr beschränkte Vorhersagbarkeit bei Eingriffen in komplexe natürliche Systeme. Beispielsweise weist Kotschi (2008) auf epigenetische Effekte hin, bei denen sich genetische Netzwerke über die Zeit verändern können und nicht mehr dem zuvor hergestellten Organismus entsprechen. Ursache hierfür ist die Evolutionsfähigkeit der Organismen, deren Auswirkungen bei der Risikoabschätzung nicht oder nur sehr schwer vorhergesehen werden können. Erkenntnisse aus Langzeitstudien sind hierzu bisher nicht vorhanden.

Im Falle der Synthetischen Biologie ist die Risikoabschätzung aufgrund der angestrebten umfangreichen Veränderungen entsprechend erschwert. Pflanzen sind mehrzellige Organismen, die allein schon in ihren intrazellulären Prozessen einen höheren Komplexitätsgrad als Mikroorganismen aufweisen. Zudem setzen Eingriffe der Synthetischen Biologie hier umfangreiche Veränderungen voraus. Bei der Einbringung mehrerer (Trans-)Gene insbesondre zur Steigerung von Toleranzen gegen Umweltstress muss analog zur Grünen Gentechnik im offenen System eine erhöhte Wahrscheinlichkeit für deren Ausbreitung angenommen werden (vgl. Sauter 2005).

Da die Verwendung von genetisch veränderten Pflanzen in der Regel mit einer Freisetzung verbunden ist, sollten für die Risikobeurteilung nicht nur die inhärenten Eigenschaften der Pflanze in Betracht gezogen werden, sondern auch ihre Wechselwirkungen mit anderen Organismen. Ein weitere Herausforderung stellen zeitliche Skaleneffekte und emergente Eigenschaften dieser komplexen Systeme (Pflanzen und Ökosysteme) dar, welche die Ermittlung von Ursache-Wirkungsbeziehungen erschweren, wenn nicht sogar unmöglich werden lassen.

Auch auf das Argument, dass wir Menschen mit sehr hoher Wahrscheinlichkeit keinen Organismus mit derartigen Fitnessvorteilen erschaffen könnten, welcher der evolutionserfahrenen Natur gefährlich werden könne (de Lorenzo 2010), ist kein Verlass. Höchstwahrscheinlich wird sich bei Eingriffen wieder ein Gleichgewicht im Ökosystem einstellen, aber die Frage ist nicht, ob die Natur damit umgehen kann, sondern ob das neue Systemgleichgewicht die gewünschten oder gar benötigten – wenn überhaupt die ursprünglichen – Ökosystemdienstleistungen für die Natur und damit letztendlich auch für die Menschen bereitstellen kann.

Aus der Sicht des Risikomanagements sollte im Sinne des Vorsorgeprinzips in Anbetracht von bekannten und noch unbekannten Gefährdungspotenzialen und – bei entsprechender Fitness – erwartbar hohen Expositionspotenzialen bei Freisetzungen eine vollständige Rückholbarkeit der synthetischen Pflanzen möglich sein. Eine Begrenzung der Ausbreitung von synthetischen Pflanzen ist jedoch aufgrund der vielfältigen Ausbreitungswege nur sehr eingeschränkt möglich. Gründe dafür liegen neben der Verbreitung durch Samen auch im horizontalen Gentransfer, der auf verschiedenen Wegen eintreten kann (Andow/Zwahlen 2006). So besteht einerseits über den natürlichen Pollenflug die Möglichkeit des Gentransfers zu artverwandten Organismen und Wildtypen. Andererseits kann ein Transfer über bzw. auf Bakterien oder Viren stattfinden. Die Ergebnisse von Untersuchungen des pflanzlichen Erbguts weisen auf eine Reihe von natürlichen transgenen Transferereignissen hin (Conner et al. 2003; Gressel 2010). Die eingeschränkte Rückholbarkeit der in transgene Pflanzen eingebauten Fremdgene beruht auch auf der Möglichkeit einer nicht beabsichtigten Auskreuzung mit Wildtypen und artverwandten Pflanzen[66] sowie mit Durchwuchs (Durchwachsen einer vorherigen gesäten Pflanzenkultur innerhalb der späteren Kultur). Hierbei sind zeitliche Verzögerungen von mehreren Jahren möglich, da Samen imstande sind, erst nach geraumer Zeit zu keimen (Wilsen et al. 2006 zitiert in Kotschi 2008).

Aus diesen Gründen werden in der Grünen Biotechnologie „Confinement"- und „Containment"-Strategien ins Spiel gebracht. Containment bedeutet eine physikalische Abtrennung der künstlichen bzw. veränderten Organismen von der natürlichen Umwelt zur Verhinderung einer ungewollten Ausbreitung. Diese Methodik wird insbesondere im Kontext der notwendigen separaten Handhabung der GVO im Landwirtschaftsbereich kritisiert, da hierfür ein technologisches Parallelsystem zur herkömmlichen Landwirtschaft erforderlich wäre. Ein gemeinsamer Systembetrieb wäre nicht umsetzbar, da herkömmliche ökologische Produkte leicht kontaminiert werden können. Entsprechende ökonomische Anstrengungen müssten weltweit betrieben werden, um ein Parallelsystem zu etablieren (vgl. Then/Lorch 2009). Die Confinement-Strategie versucht dagegen, durch die Sterilisierung von Pflanzen deren Fortpflanzung zu verhindern. Auch die Wirksamkeit dieser Technik wird jedoch kontrovers diskutiert.

Im Bereich der Synthetischen Biologie sind mittlerweile erste Anzeichen von Confinement-Strategien erkennbar, die mittels orthogonaler Organismen umgesetzt werden sollen. Dieses „biologische Confinement" soll durch einen auf nichtnatürlichen Molekülen beruhenden „xenobiotischen" Ansatz erreicht werden (M. Schmidt 2010). Mittels einer möglichst „inkompatiblen" xenobiotischen Grundlage soll die Wechselwirkung mit natürlichen Organismen eingeschränkt bzw. verhindert werden. Dafür werden verschiedene xenobiotische Strategien – bisher allerdings nur für den mikrobiellen Bereich – verfolgt (für eine ausführlichere Darstellung dieser Strategie siehe Kapitel 7.1). Die Realisierung in Pflanzen dürfte aufgrund des höheren Komplexitätsgrades ungleich schwieriger sein. Andererseits birgt dieser Ansatz auch eigene Probleme, weil mit Wechselwirkungen auf der Ebene des Metaboloms und mit evolutiven Veränderungen gerechnet werden muss.

Neben diesen ökologischen Phänomenen haben die Technologien auch generelle sozioökonomische Folgen. In der Debatte zum Einsatz der Gentechnik für die Nahrungsmittelproduktion wurden diese Auswirkungen umfangreich diskutiert. Deshalb soll an dieser Stelle nur auf die entsprechende Literatur verwiesen werden (Kotschi 2008; Levidow/Paul 2008).

---

66 Eine erhöhte Ausbreitungswahrscheinlichkeit besitzen Pflanzen der Gattung der Windbestäuber, die eine Pollenflugreichweite von bis zu 21 Kilometer aufweisen. Für diese Pflanzen sind die gegenwärtigen gesetzlichen Regelungen völlig unzureichend (Sauter 2005; Kotschi 2008).

Wenn es also ein Feld gibt, auf dem der Charakterisierung der Synthetischen Biologie als „extreme Gentechnik" eine gewisse Berechtigung zukommt, dann ist es die Grüne Biotechnologie. Hier verspricht die Synthetische Biologie die Überwindung bisheriger technischer Schranken. Dies kann zum einen dazu führen, dass viele bisher unerfüllte Ziele und Versprechungen der Grünen Gentechnik realisiert werden können, und zwar nicht nur beim Anbau und bei der Lagerung von landwirtschaftlichen und gartenbaulichen Produkten, sondern auch für die Verbraucherinnen und Verbraucher. Es ist aber auch damit zu rechnen, dass mit der größeren Wirkmächtigkeit auch größere Gefährdungs- und Expositionspotenziale einhergehen.

Allgemeine Betrachtung der Risiken in den Anwendungsfeldern

Bezüglich der potenziellen ökologischen und gesundheitlichen Risiken werden in den gerade beschriebenen Anwendungsfeldern Parallelen zu den Risiken der Synthetischen Chemie, der Gentechnik und der Nanotechnologie deutlich: Weil das Verhalten der modifizierten oder synthetischen biologischen Strukturen und Systeme im Menschen und in der Umwelt schwierig oder gar nicht (prospektiv) abgeschätzt werden kann, werden potenzielle Risiken vor allem dort gesehen, wo im Zuge der technischen Nutzung eine hohe Exposition durch Freisetzung erfolgt. Diese könnte zu einer unkontrollierten Verbreitung und Anreicherung sowie – bei reproduktionsfähigen Strukturen – zu einer Vermehrung führen.

Die Gefahren der Freisetzung betreffen insbesondere umweltoffene Anwendungen in der *Grünen Biotechnologie* und bei der *Energiegewinnung.* Zumindest scheint der Anwendungsbereich mit Blick auf den Menschen relativ gut eingrenzbar.

Auf sehr große Produktionsmengen abzielende Ansätze wie diejenigen zur *Energiegewinnung* scheinen eher mit sozialen und sozioökonomischen Risiken verbunden zu sein. Denn sowohl die mikrobiellen synthetisch-biologischen Prozesse, als auch die von uns im nachfolgendem Kapitel ins Spiel gebrachten gefährdungsarmen Strategien auf der Basis zellfreier Systeme sind auf die Bereitstellung großer Mengen vor allem pflanzlicher Biomasse angewiesen, aus welcher die Rohstoffe (wie z.B. Kohlehydrate, Fette/Öle und Fettsäuren) für die jeweiligen Syntheseprozesse gewonnen werden. Die Flächen, welche für den Anbau dieser Biomasse genutzt werden (müssen), sind jedoch zum großen Teil dieselben Flächen, die für den Nahrungsmittelanbau benötigt werden, so dass eine direkte Konkurrenz entsteht (Das et al. 2010; ETC Group 2010; FoE 2010). Je nach den regionalen und temporalen ökonomischen Gegebenheiten wird dieser Wettbewerb möglicherweise zu Ungunsten der Nahrungsmittelproduktion entschieden, was zu Nahrungsmittelengpässen und entsprechenden sozioökonomischen Verwerfungen führen kann. Wie die Analysen der Anwendungsfelder zur

Grünen Biotechnologie zeigen (siehe Kapitel 5.4), wird diese Problematik zumindest kurz- bis mittelfristig auch nicht durch synthetisch-biologische (oder andere) Ansätze in der Landwirtschaft gelöst werden können, da – wenn überhaupt – erst langfristig mit wissenschaftlich-technischen Durchbrüchen zu rechnen ist, in deren Ergebnis beispielsweise trocken- und hitzeresistente Pflanzen zur Verfügung stehen, die auf kargen Böden in klimatisch ungünstigen Regionen gedeihen und damit den Flächenkonflikt entschärfen könnten.

Am Beispiel der angestrebten biotechnologischen Produktion des Malariamedikaments Artemisinin (Paddon/Keasling 2014) zeigt sich noch ein anderer Konflikt mit sozioökonomischen Auswirkungen: Durch die industrielle Produktion dieses Wirkstoffes wird den Bauern in Entwicklungsländern, die bisher die wirkstoffliefernde Pflanze *Artemisia annua* (Beifuß) anbauten, ihre wirtschaftliche Existenzgrundlage entzogen (ETC Group 2007).

In jedem Anwendungsfeld ist eine differenzierte Betrachtung zur Einschätzung von Chancen und Risiken notwendig. Für die *Energiegewinnung* gilt beispielsweise, dass auf pflanzlicher Biomasse als Rohstoff beruhende mikrobielle Fermentationsverfahren (auf Basis von Hefen) mit ihrer Jahrtausende langen Tradition hinsichtlich ihrer potenziellen Risiken anders gelagert sind als Verfahren, die auf synthetisch-biologisch optimierten photoautotrophen Algen basieren.

Neben allen genannten Risiken gibt es zudem das Risiko des Missbrauchs, insbesondere bei der DNA-Synthese als Basistechnologie. Entsprechend müssen Unternehmen, die kommerziell DNA-Syntheseleistungen anbieten, eine Kontrolle auf potenziell „gefährliche" Sequenzen durchführen und die jeweiligen Auftraggeber überprüfen. Denn die Synthetische Biologie stellt neue Möglichkeiten zur Verfügung, um pathogene Viren oder Bakterien in bisher nicht gekanntem Ausmaß zu konstruieren. Die sich entwickelnde Kultur der außerhalb etablierter Institutionen arbeitenden sogenannten Do-It-Yourself-Biologen und Biohacker wurde schon erwähnt. Lasches Sicherheitsbewusstsein und unzureichende Schulung könnten entsprechende Selbstverpflichtungen von Industrie und Forschungslaboren unterlaufen.

Angesichts der vielfältigen Möglichkeiten einer Ausbreitung von GVO, gänzlich synthetischer Organismen bzw. ihrer genetischen Information und auch der im Zuge der Synthetischen Biologie zu befürchtenden Verbreitung oder ubiquitären Nutzung molekularbiologischer Techniken müssen neue Wege gesucht werden, um die Sicherheitsmechanismen zu verbessern. Alternativ, und das ist der voraussichtlich solidere Weg, müssen gefährdungsarme Entwicklungspfade für die Synthetischen Biologie identifiziert und verfolgt werden. Weil die Sicherheit gerade auch in der öffentlichen Diskussion der Synthetischen Biologie eine große Rolle spielt, sollen im folgenden Kapitel zwei solcher Pfade skizziert werden.

7 Gefährdungs- und expositionsarme Entwicklungspfade*

Um Wege zu identifizieren, die im Rahmen der Synthetischen Biologie den größten Nutzen bei gleichzeitig kleinstem Gefährdungs- und Expositionspotenzial bieten, müssen wir zur Beschreibung der Spezifika biologischer Technik aus dem Kapitel 3 zurückkehren. Darin wurden unter Bezug auf Hans Jonas (Jonas 1985b) Selbsttätigkeit, Komplexität und Dynamik sowie Singularität und Unumkehrbarkeit als mögliche Spezifika einer solchen Technik vorgestellt, die für begrenzte Vorhersagemöglichkeiten sorgen. Mit den in Kapitel 6.1 vorgestellten Gefährdungs- und Expositionspotenzialen, die sich an den Folgen einer Kombination aus Fähigkeiten zur Selbsterhaltung und Selbstvermehrung, zur Entwicklung und der Möglichkeit zum Austausch von Erbinformation mit natürlichen Organismen orientieren (in Anlehnung an Benner et al. 2011), wurde versucht, das Ausmaß der in den neuen Konstruktionen versammelten Eigenschaften in ihren sicherheitsrelevanten Dimensionen grob einzuschätzen.

Speziell im Zusammenhang mit der Synthetischen Biologie werden derzeit zwei Strategien der Gefährdungs- und vor allem Expositionsbegrenzung diskutiert (Marliere 2009):

1) trophische Isolierung (der artifizielle bzw. modifizierte Organismus ist abhängig von einem künstlichen Nährstoff),
2) semantische Isolierung (der genetische Austausch wird verhindert, z.B. durch die Verwendung nichtnatürlicher Nukleinsäuren).

Als weitere wichtige Möglichkeit der Risikominderung bietet sich die

3) funktionsorientierte Reduktion des artifiziellen bzw. modifizierten Organismus an. Der Organismus wird dabei weitestgehend auf die zu nutzende Funktion reduziert.

Im Zuge der letztgenannten Option werden die Grundlagen für ein Gefährdungs- und Expositionspotenzial vermieden, indem z.B. in weitreichenden Ansätzen die Voraussetzungen für kritische Funktionalitäten wie Proliferation oder Evolution konstruktiv eliminiert werden. Die Strategie der funktionsorientierten Reduktion auf die angestrebte Funktion ist bereits durch die Forschung zum Minimalgenom (zur Verbesserung der Expressionsbedingungen) ein Ziel der Synthetischen Biologie geworden. Neben der Verbesserung bestimmter angestrebter Funktionen (wie z.B. stabile Expressionsbedingungen) sollte dieser Ansatz auch zur Verbes-

---

* Wesentliche Aussagen dieses Kapitels sind in Giese/von Gleich (2015) in englischer Sprache in Giese et al. (2015) erschienen.

serung der Sicherheit genutzt werden. Funktional und auch strukturell reduzierte Systeme kämen dann aufgrund verringerter, möglicherweise problematischer Wechselwirkungen dem Ziel der verbesserten Stabilität und der genauer planbaren Gestaltung von synthetisch-biologischen Konstrukten näher.

Vor der Beschreibung der funktionellen Reduktion als möglichem Entwicklungspfad für eine gefährdungs- und expositionsarme Entwicklung der Synthetischen Biologie wird zunächst auf die ersten beiden der oben genannten Möglichkeiten – die trophische und die semantische Isolierung – als Strategien zur Gefährdungs- und Expositionsbegrenzung eingegangen. Neben den mit ihnen verbundenen Möglichkeiten werden dabei auch die spezifischen Grenzen ihrer Eignung als Sicherheitsstrategien deutlich. Im Anschluss daran wird die funktionsorientierte Reduktion als ein möglicher Ansatz zur Überwindung dieser Limitierungen ausführlich erläutert.

7.1 Naturfremde molekulare Grundbausteine als Basis

Die Verwendung naturfremder Moleküle wird häufig unter dem Aspekt der verbesserten biologischen Sicherheit diskutiert (M. Schmidt 2010; Schmidt, M./de Lorenzo 2012). Die Veränderung der biomolekularen Grundlage bedeutet, dass die Moleküle der Erbinformation verändert werden, also beispielsweise synthetische DNA mit einem veränderten Rückgrat als Träger der Erbinformation eines Organismus genutzt (M. Schmidt 2010) oder durch neue Nukleobasen die kombinatorische Vielfalt des genetischen Codes erweitert wird (Yang et al. 2006). Durch den letztgenannten Ansatz entstehen neue Kodonzuordnungen und es wird außerdem angestrebt, die Kodongröße über drei Nukleobasen hinaus zu erweitern (Neumann et al. 2010; Hoesl/Budisa 2011). Damit wird auch die Grundlage für die Kodierung zusätzlicher Aminosäuren geschaffen, wodurch das Spektrum der zwanzig kanonischen Aminosäuren erweitert werden kann (Hoesl/Budisa 2011). Eine veränderte genetische Basis, die von der natürlichen zellulären Replikations- und Expressionsmaschinerie nicht mehr erkannt wird, soll als genetische Abgrenzung gegenüber natürlichen Lebewesen fungieren. Dafür könnten die oben erwähnten Ansätze auch miteinander kombiniert werden, um einen noch höheren Grad von Naturfremdheit zu erreichen (Herdewijn/Marliere 2009; M. Schmidt 2010; M. Schmidt/de Lorenzo 2012).

Um die Vorzüge und Nachteile der Sicherheitsstrategien auf der Basis naturfremder molekularer Grundbausteine besser erkennen und mit anderen Wegen der Risikominimierung vergleichen zu können, werden die wichtigsten Ansätze genauer vorgestellt. Grob können sie in vier Methoden eingeteilt werden:

1. Trophische und auch semantische Isolation kann durch eine *Neuzuordnung der DNA-Kodons* erreicht werden. Eine trophische Isolation erhält man,

wenn die Kodons nichtnatürlich vorkommende Aminosäuren kodieren, was bereits auf bakterieller Ebene als Sicherheitsstrategie gezeigt wurde (Mandell et al. 2015; Rovner et al. 2015). Semantisch wäre die Isolation, wenn Quadruplet-Kodons anstelle der natürlichen Basentriplets eingeführt werden. Damit wird auch die Anzahl der Aminosäuren und Signale wie Sequenzstart und -stopp kodierenden Kodons auf weit mehr als 64 Kombinationen erhöht (Neumann et al. 2010). Auf diese Weise können ebenfalls neben den natürlich vorkommenden Aminosäuren auch sogenannte nichtkanonische Aminosäuren kodiert werden, so dass eine zusätzliche trophische Isolierung erreicht wird. Außerhalb von Organismen, die speziell an diese neue „Formatierung" des genetischen Codes durch entsprechende tRNAs, tRNA-Synthetasen und Ribosomen angepasst sind, könnte keine Translation der genetischen Information in Aminosäuresequenzen von Proteinen oder Peptiden erfolgen. Falls sich der Einsatz dieser neuen Kodierungsform allerdings nur auf kleine Sequenzabschnitte beschränkt, besteht die Möglichkeit, dass sich diese Bereiche infolge von Mutationen oder Sequenzaustausch in einen natürlichen genetischen Code zurückverwandeln.

2. Eine weitere Form der semantischen Isolation kann durch *nichtnatürliche Nukleobasen*, also neue „Buchstaben" im genetischen „Alphabet", erreicht werden (Henry/Romesberg 2003). Dabei können die Nukleobasen in vielfältiger Weise verändert sein. Die bisherigen Ansätze umfassen a) Nukleobasen, in denen die Wasserstoffbrückenbindungen im Nukleinsäure-Doppelstrang neu angeordnet sind (Yang et al. 2006), b) den Austausch der Wasserstoffbrückenbindung gegen Basenpaarungen, die aufgrund hydrophober Wechselwirkung und van der Waals-Kräfte zusammengehalten werden (Moran et al. 1997; McMinn et al. 1999) sowie c) größere Nukleobasen, die für einen weiteren Abstand der Nukleinsäure-Stränge in der Doppelhelix sorgen (Lynch et al. 2006). Die neuen genetischen Buchstaben können entweder ausschließlich verwendet werden oder – falls ihre Struktur es zulässt – in einer Mischung zusammen mit den natürlichen Basen Adenin, Guanin, Thymin und Cytosin in Kodons vorliegen. Der herkömmliche genetische Code kann also entweder erweitert oder vollkommen ersetzt werden. Ein Austausch genetischer Information ist ausgeschlossen, solange die natürlich vorkommenden Polymerasen und reversen Transkriptasen die veränderten oder gänzlich künstlichen Nukleinsäuren nicht synthetisieren oder transkribieren können. Letzteres ist nicht selbstverständlich, denn es konnte gezeigt werden, dass natürliche Enzyme bzw. nur geringfügig modifizierte Varianten natürlicher Enzyme in der Lage sein können, DNA auf der Basis von Nukleinsäuren mit nichtnatürlichen Nukleobasen zu synthetisieren (Sismour et al. 2004; Yang et al. 2011). Auch die Beobachtung, dass einige der neuen Nukleobasen beim Replikationsprozess durch Fehlpaarungen mit natürli-

chen Nukleobasen in natürliche Basen verwandelt werden können (Henry/Romesberg 2003; Yang et al. 2011) bedeutet, dass abhängig vom Selektionsdruck und den Eigenschaften der Polymerasen keine vollständige semantische Isolation auf diesem Wege erreicht werden kann.

3. Die Verwendung eines *veränderten Rückgrats für das Nukleinsäurepolymer* scheint ein recht radikaler und dadurch im Sinne der Trennung synthetischer von natürlichen Organismen auch vielversprechender Ansatz zu sein (Herdewijn/Marliere 2009). Bei den bisher entwickelten sogenannten Xeno-Nukleinsäuren (XNA) wurden einerseits die Desoxyribose durch andere Zuckermoleküle sowie Glyzerin oder Zyklohexenyl ausgetauscht (Herdewijn/Marliere 2009; M. Schmidt 2010). Neben diesen Ribosesubstituten wurde andererseits auch für die Phosphatgruppe der Nukleinsäurepolymere in Form einer neutralen Peptidbindung ein funktioneller Ersatz gefunden (Nielsen, P. E./Egholm 1999). Der Wert solcher Ansätze im Sinne einer Separation von natürlichen genetischen Informationsträgern wird allerdings durch neuere Ergebnisse zur Variabilität der für die Polymerisation von Nukleinsäuren benötigten Enzyme relativiert. Vitor P. Pinheiro et al. (2012) zeigten, dass XNA-Polymerasen und auch reverse Transkriptasen für XNA durch Punktmutationen aus natürlichen DNA-Polymerasen hergestellt werden können. Eine nur auf XNA basierende Sicherheitsstrategie wird also nicht ausreichend sein, um eine dauerhafte genetische Trennung von synthetischen und natürlichen Organismen zu erreichen. Um eine verlässlichere Separation beider „Welten" zu erreichen, muss der XNA-Ansatz mit anderen Ansätzen zur semantischen Isolation kombiniert werden.
4. Eher Zukunftsmusik ist die Idee von George Church und Ed Regis, synthetische biologische Entitäten zu schaffen, deren *molekulare Grundlage spiegelbildlich zu den natürlicherweise vorkommenden Molekülen* ist. Die kodierenden Nukleinsäuren eines solchen Organismus würden als L-Isomere vorliegen und ihre Proteine wären aus D-isomeren Aminosäuren anstelle der üblichen L-Isomere aufgebaut (Church/Regis 2012).

Wie bereits erwähnt, kann mit der Kombination verschiedener Ansätze der semantischen Isolation eine potenziell verlässlichere genetische Trennung von natürlichen Organismen erreicht werden. Ob und bis zu welchem Grad eine solche Strategie tatsächlich eine vollständige und langfristig zuverlässige Trennung gewährleisten kann, bedarf jedoch weiterer Untersuchungen. Diese müssten insbesondere klären,

(a) ob die bereits beobachteten Schwächen der einzelnen Ansätze (siehe oben) durch technische Weiterentwicklungen gemindert oder vermieden werden können,

(b) ob eine Kombination der einzelnen Ansätze deren jeweilige Schwächen tatsächlich insgesamt aufzuheben vermag und
(c) welche neuen sicherheitsrelevanten Phänomene sich durch eine solche Kombination ergeben können.

Zur Klärung dieser und etwaiger weiterer Fragen wird es wahrscheinlich notwendig sein, die synthetisch-biologischen Organismen in möglichst vielfältigen, naturnahen Ökosystemmodellen über möglichst lange Zeiträume (d.h. möglichst viele Generationen) zu testen, um insbesondere evolutive Effekte beobachten zu können.

Zusätzlich zur semantischen Isolierung, könnte die trophische Isolierung einen wichtigen Beitrag zur Separation der synthetisch-biologischen Konstruktionen gegenüber natürlichen Organismen und Ökosystemen leisten (M. Schmidt 2010). Dann wäre das Überleben des synthetischen Organismus von der Zugabe nichtnatürlich vorkommender Moleküle (z.B. Nukleotide, Aminosäuren und Enzyme) abhängig, auf denen seine semantische Isolation basiert. Ohne sie könnte seine genetische Information nicht vervielfältigt oder in eine Aminosäurekette zur Proteinsynthese übersetzt werden.

Bevor die Konzepte der trophischen und semantischen Isolation als echte Optionen zur gefährdungs- und expositionsminimierenden Nutzung der von der Synthetischen Biologie ermöglichten Funktionalitäten angesehen werden können, müssen sie jedoch eine Reihe von Auflagen erfüllen. Eine Liste wichtiger Anforderungen ist in der sehr ausführlichen Arbeit zu XNA-Ansätzen von Markus Schmidt (2010, S. 328) enthalten. Strategien zur semantischen und trophischen Isolierung werden häufig als Alternative für eine sichere Nutzung der Synthetischen Biologie angeführt. Eine Reihe kritischer Eigenschaften sollte dabei keinesfalls aus dem Blick geraten:

– Die semantische Isolierung kann durch einen Austausch bzw. eine Mutation der für die Kodierung, Replikation, Transkription und Translation zuständigen Moleküle beeinträchtigt werden. In der Folge wäre ein Austausch von Eigenschaften und damit auch gefährdungs- und expositionsrelevanter Funktionalitäten zwischen synthetischen und natürlichen Organismen möglich.
– Durch evolutionäre Mechanismen kann die trophische Isolierung abhanden kommen, wenn nämlich synthetische Organismen die Fähigkeit erlangen, die eigentlich in-vitro hergestellten Verbindungen selbst zu synthetisieren. Bei umweltoffenen Anwendungen ist in einem solchen Fall keine Kontrolle über die eingesetzten Organismen mehr möglich. Die Abwesenheit von konkurrierenden Organismen oder Fressfeinden böte die Basis für eine ungehinderte Ausbreitung der künstlichen Organismen.
– Bei der Verwendung nichtnatürlicher Moleküle für die trophischen und semantischen Ansätze ist es nicht selbstverständlich, dass sie entweder biolo-

gisch oder durch physikalische bzw. chemische Umweltwirkungen schnell genug bzw. überhaupt abgebaut werden können, um Akkumulationen zu vermeiden. Falls diese neuen Verbindungen oder die aus ihnen hervorgegangenen Strukturen, Organellen und Organismen nicht im notwendigen Maße abbaubar sind, kann ihre Persistenz zu hohen Expositionen führen, die auch völlig unerwartete Gefährdungen nach sich ziehen können.[67] Dies gilt insbesondere für proliferationsfähige und zudem unabhängige synthetische Organismen.

– Trotz ihrer semantischen (und je nach Ansatz auch trophischen Isolierung) sind die entsprechenden Organismen nicht daran gehindert, auf der metabolischen Ebene mit der natürlichen belebten Umwelt in Wechselwirkung zu treten, worauf auch Wright et al. in ihrer kürzlich erschienenen Arbeit zu biologischen Sicherheitsmechanismen für die Synthetische Biologie hinweisen:

  „[H]owever, this would not stop a refactored microbe from competing at the physiological level with natural flora and fauna during environmental release.“ (Wright et al. 2013, S. 1230)

Von Nachteil ist zudem der geringe Entwicklungsstand in der Kombination trophischer und semantischer Isolierung. Da eine Reihe von Ansätzen im Bereich der Synthetischen Biologie bereits weit entwickelt ist (Folcher/Fussenegger 2012; Kitney/Freemont 2012) und einige von ihnen in den nächsten Jahren ihren Weg in die Anwendung finden werden, sollten vor allem solche Sicherheitsstrategien entwickelt bzw. weiterentwickelt werden, die schneller anwendbar sind. Die im folgenden Kapitel vorgestellte Möglichkeit der Gefährdungs- und Expositionsminimierung soll dafür einen praktikablen Weg eröffnen. Mit der umfangreichen funktionsorientierten Reduktion könnten unter bestmöglicher Vermeidung von Unsicherheiten die technischen Möglichkeiten der Synthetischen Biologie am vorteilhaftesten ausgeschöpft werden.

7.2 Der Vorteil funktioneller Reduktion

Die sehr große Vielfalt der Funktionen in natürlichen Organismen, insbesondere die nicht für eine Nutzung intendierten und benötigten Funktionen und die mit diesen einhergehenden Prozesse der Genregulation, Signaltransduktion und des Metabolismus stehen den Bemühungen der Synthetischen Biologie um eine Kon-

---

67 Beispiele für Probleme, die von persistenten synthetischen Chemikalien und Werkstoffen hervorgerufen werden, sind in die Atmosphäre entwichene Fluorchlorkohlenwasserstoffe (FCKW) sowie der mittlerweile immer feiner zerfallende und damit gefährlicher werdende Plastikmüll in den Ozeanen (sogenanntes Mikroplastik).

struktion möglichst vorhersehbarer und gut kontrollierbarer biologischer Systeme entgegen (Endy 2005; Cambray et al. 2011). Deshalb wird u.a. die Entwicklung möglichst einfacher Organismen für die Implementierung von Synthese- oder Signalwegen angestrebt. Diese Notwendigkeit wurde schon früh formuliert:

> „As the complexity of existing biological systems is the major problem in implementing synthetic biology's engineering vision, it is desirable to reduce this complexity. One option is to reduce the genome of the host – the chassis – into which the new sequence is implemented, which would eliminate many possibilities for interference." (Heinemann/Panke 2006, S. 2793)

Diesem Anspruch folgend wird versucht, Organismen auf die notwendigsten Funktionen, die sie für ihr Überleben benötigen, zu reduzieren. Die auch als Chassis bezeichneten minimalen Zellen sollten dann weniger störende Wechselwirkungen mit jenen Prozessen zeigen, die in sie integriert werden und damit eine einfachere Regulation und höhere Produktivität aufweisen (Lu et al. 2009; Jewett/Forster 2010). Mit der Vereinfachung eines Organismus, d.h. mit einer weitreichenden Einschränkung seiner Funktionen, um lediglich den angestrebten Prozess zu ermöglichen, kann auch ein Zuwachs an biologischer Sicherheit verbunden sein, wenn im Zuge der Vereinfachung auch risikorelevante Funktionen (wie z.B. seine Anpassungsfähigkeit an und Vermehrungsfähigkeit in veränderten Umgebungsbedingungen) ausgeschlossen werden.

Für eine funktionelle Reduktion, bei der auch die biologischen Risiken reduziert werden können, sind verschiedene Wege möglich:

a) *Minimalzellen (auf der Basis eines Minimalgenoms)*: Zellen, die durch die Reduktion ihrer genetischen Ausstattung nicht mehr in der Lage sind, außerhalb künstlicher, für sie optimierter Laborbedingungen mit einer großen Zahl von Nährstoffen zu überleben (vgl. Jewett/Forster 2010), bieten einen Zuwachs an Sicherheit. Allerdings sind sie nach wie vor in geeigneter Umgebung vermehrungsfähig, wodurch sie unabhängig werden könnten, wenn andere Organismen die von ihnen benötigten Nährstoffe durch aktive oder passive Mechanismen bereitstellen.
b) *Synthetische Zellen und Protozellen*: Die von den biochemischen Grundkomponenten ausgehende, also in einem bottom-up-Ansatz realisierte, maßgeschneiderte Synthese einer spezialisierten Zelle ist eine weitere Option. Dieser Ansatz ist jedoch noch sehr weit von seiner Umsetzung entfernt. Neben der Abhängigkeit von künstlichen Laborbedingungen zur Kultivierung der synthetischen Zellen (vgl. Forster/Church 2006) könnten mit diesem Ansatz auch Zellen erschaffen werden, die nicht vermehrungsfähig sind oder keine genetische Informationskomponente besitzen und somit nicht evolutionsfähig sind wie Solé et al. (2007) beschreiben.

c) *In-vitro-Ansätze*: Außerhalb lebensfähiger, also teilungs- und entwicklungsfähiger Organismen wäre die angestrebte Funktionalität in ihrer Struktur auf das biochemische Zusammenspiel der gerade benötigten Moleküle beschränkt. Sie können dafür entweder frei in einer Lösung vorliegen, in Vesikeln eingeschlossen oder an Oberflächen sowie innerhalb dreidimensionaler Strukturen, wie z.B. in Gelen, immobilisiert sein (Park et al. 2009).

Mit dem letztgenannten Ansatz könnten die auf gefährdenden Funktionalitäten und einer durch Proliferation erhöhten Exposition beruhenden biologischen Risikopotenziale wahrscheinlich am effektivsten reduziert werden. In-vitro-Ansätze werden deshalb im nächsten Abschnitt ausführlicher vorgestellt.

7.3 In-vitro-Systeme als Weg zur sicheren Nutzung

In-vitro-Systeme (auch als zellfreie Systeme bezeichnet) werden bereits seit geraumer Zeit für Analyse- und Synthesezwecke verwendet. Die Entdeckung der Verwendbarkeit von Zellextrakten für biochemische Reaktionen geht auf Eduard Buchner zurück. 1897 machte er die Beobachtung, dass der Extrakt von Hefe unter Zusatz von Zucker zu dessen Vergärung führt, wobei Ethanol und Kohlendioxid entstehen (Buchner 1897).

In-vitro-Systeme werden seitdem nicht nur zur Aufklärung biochemischer Prozesse, z.B. der Proteinsynthese (Nirenberg/Matthaei 1961), sondern auch für Stoffumwandlungen bzw. Synthesezwecke eingesetzt. Das Spektrum der Produkte reicht von Laboranwendungen wie der DNA-Synthese bei der Polymerasekettenreaktion („polymerase chain reaction“, PCR) über das Zerschneiden bzw. die Ligation (die Verbindung) von DNA-Strängen bis hin zur Protein-, Peptid- und Metabolitsynthese. Nicht zuletzt durch die Möglichkeit zur Synthese neuer Verbindungen auf der Basis orthogonaler chemischer Strukturen oder Peptide und Proteine aus nichtnatürlichen Aminosäuren bieten zellfreie Synthesen die Möglichkeit zur Produktion von Feinchemikalien, Kraftstoffen, Biomaterialien und medizinischen Wirkstoffen (Hodgman/Jewett 2012).

In-vitro-Systeme können entweder, wie bereits bei Buchner, aus den Extrakten von ehemals intakten Zellen bestehen oder durch gezielte Zusammenstellungen einzelner Moleküle entwickelt werden. Die verwendeten Moleküle sind entweder aus Zellextrakten aufgereinigt oder ihrerseits in-vitro synthetisiert. Die gezielten Zusammenstellungen bestimmter Moleküle werden auch als synthetische enzymatische Reaktionswege bezeichnet. Um eine sinnvolle Kombination von Molekülen (meist Enzymen) zu erreichen, ist eine fundierte Kenntnis ihrer Eigenschaften und Wechselwirkungen unabdingbar. Zudem ist die Herstellung der benötigten Moleküle kosten- und zeitintensiv. Synthetische enzymatische

Reaktionswege haben jedoch den großen Vorteil, frei von vielen störenden Einflüssen unbekannter zellulärer Faktoren zu sein, welche bei weitgehend unveränderten, also nicht neu zusammengestellten Zellextrakten die Ausbeute vermindern können (Hodgman/Jewett 2012). Für kommerzielle Anwendungen werden aber aufgrund des beschriebenen hohen technischen und finanziellen Aufwands, der mit der Implementierung synthetisch enzymatischer Reaktionswege verbunden ist, immer noch native Zellextrakte bevorzugt (Swartz 2006 in Hodgman/Jewett 2012).

Trotz der insbesondere bei der Proteinexpression mittlerweile verbesserten Produktausbeute von in-vitro-Systemen (Zawada et al. 2011), werden in-vivo, also in lebenden Zellen, nach wie vor höhere Ausbeuten erzielt (Underwood et al. 2005; M. Wenzel et al. 2011). Dieser Nachteil von in-vitro-gegenüber in-vivo-Systemen fällt jedoch bei denjenigen Anwendungen weniger ins Gewicht, bei denen die Produktivität der eingesetzten Systeme nicht im Vordergrund steht; beispielsweise bei der Synthese von Biopolymeren mit neuen, nichtnatürlichen molekularen Bestandteilen u.a. für diagnostische und therapeutische Zwecke (Forster/Church 2007). Aber auch der Sicherheitsaufwand für zellfreie Systeme macht einen Unterschied, wie auch Anthony C. Forster und George M. Church betonen: „In contrast to in vitro SBPs [SPBs = „Synthetic Biology Projects", Anm. d. Autoren], some in vivo SBPs require strict safety regulations." (Forster/Church 2007, S. 1) Insbesondere bei der Verwendung offener Systeme oder bei Anwendungen, mit denen eine Freisetzung verbunden ist, kann durch in-vitro-Systeme das Risiko unkontrollierter Verbreitung von veränderten oder künstlichen Organismen bzw. von deren Erbinformation stark reduziert werden. Gerade für sensible Anwendungsbereiche ist zu prüfen, ob durch die Entwicklung von entsprechenden Zusammenstellungen immobilisierter Moleküle (Urban et al. 2006) für Synthese-, Umwandlungs- oder Regulationszwecke ein sicherer Ersatz für viele in-vivo-Systeme bereit gestellt werden kann.

Die Verabreichung von Therapeutika ist eines der Anwendungsbeispiele der Synthetischen Biologie, in welchem in-vitro-Systeme in-vivo-Systemen mit Blick auf die biologische Sicherheit mit hoher Wahrscheinlichkeit überlegen sind: Eine Reihe derzeit geplanter Anwendungen basiert auf dem Einsatz modifizierter Mikroben oder Viren mit therapeutischen Eigenschaften oder als Träger von Therapeutika (Ruder et al. 2011). Diese Mikroben bzw. Viren sollen beispielsweise Tumorzellen erkennen und zerstören (Anderson et al. 2006). Denkbar ist ihr Einsatz aber auch bei der Befruchtung von Rindern, wie es in der von Kemmer et al. (2011) veröffentlichten Arbeit beschrieben ist: Eine Kapsel aus Zellulose beinhaltet u.a. lebende Zellen, welche den Sensor-Effektor-Mechanismus in sich tragen, mit dem die für eine Besamung notwendige Hormonkonzentration des Rindes wahrgenommen wird und welcher letztendlich die enzymatische Auflösung der Kapsel bewirkt (Kemmer et al. 2011). Die Autoren verweisen auch auf mögliche zukünftige Anwendung eines solchen Systems zu therapeutischen Zwecken beim Menschen. In diesen Fällen wären vesikulär eingeschlossene therapeutische oder diagnostische in-vitro-Systeme, die mit Synthese- und Sekretionswegen ausgestattet sind (Doktycz/Simpson 2007; Puri et al. 2009) als nichtlebende sowie vor allem nicht vermehrungsfähige Konstrukte einer Applikation viraler Vektoren (Xu, L./Anchordoquy 2011) vorzuziehen. Vielversprechend ist auch die Erprobung hybrider Ansätze, in denen Nanopartikel mit ihrem mittlerweile recht großen Spektrum an Funktionalitäten für die Aktivierung, die Freisetzung und die Signalübertragung eingesetzt werden (Chen, Y. et al. 2013). Für die in-vitro-Ansätze der Synthetischen Biologie bestünde damit die Chance, auch die Potenziale der Nanotechnologie zu nutzen.

Weitere Chancen von in-vitro-Systemen liegen in der Diagnostik. Sie könnten es ermöglichen, auch außerhalb von Laboren und damit schneller und kostengünstiger eine Vielzahl von Tests durchzuführen. Die von Pardee et al. (2014) vorgestellte Technologie, bei der genetische Netzwerke auf Papier aufgebracht werden, die selbst bei Raumtemperatur ihre Stabilität über lange Zeiträume bewahren und mit der Zugabe von Wasser aktiviert werden können, ermöglicht die zuverlässige Detektion von Krankheitserregern, wie beispielsweise des Ebola-Virus. Sie ermöglicht die Verwendung auch komplexer genetischer Netzwerke und öffnet damit das Potenzial der Synthetischen Biologie für diverse Anwendungen in der alltäglichen Umgebung:

> „We have developed a method for embedding synthetic gene networks into paper and other porous materials, creating a much needed path for moving synthetic biology out of the lab and into the field.“ (Pardee et al. 2014, S. 947)

Neben den genannten medizinischen stellen auch die im Bereich der Umwelttechnik anvisierten Verfahren, im Rahmen derer eine Freisetzung synthetisch-biologischer Strukturen oder Systeme erforderlich ist, kritische Anwendungen dar, deren Risiken mit Hilfe von in-vitro-Systemen verringert werden könnten. Ein möglicher Ansatz zeigt sich in der Entwicklung eines immobilisierten Enzyms zur ex-situ-Umwandlung toxischer Chromverbindungen in Industrieabwässern, das bereits als Kopplung an Polyhydroxyalkanoatgranula exprimiert wird. Zusammen mit einem Kofaktor-regenerierenden zweiten Enzym und einer entsprechenden Energiequelle (Glukose oder Ameisensäure) kann es auch für den Abbau anderer Umweltgifte, wie z.B. von Explosivstoffen, eingesetzt werden. Von ihren Entwicklern wird diese Enzym-Granulatkombination als eine ökonomische und sichere Lösung empfohlen (Robins et al. 2013).

Für Anwendungen von in-vitro-Systemen hat sich durch den Fortschritt im Bereich der Synthetischen Biologie ein großer Fundus an möglichen Mechanismen ergeben, von dem zukünftige Entwicklungen profitieren können. Ebenso wie in den zellbasierten Systemen der Synthetischen Biologie wird auch mit zellfreien Ansätzen versucht, die DNA-Ablesung (Transkription) und die Proteinsynthese (Translation) mit neuen künstlichen Mechanismen zu regulieren. Dabei wird nach der Aktivierung eines primären Gens auch der aufwändige Vorgang der Proteinsynthese als Zwischenschritt auf dem Weg zur Ablesung eines sekundären Gens in die Schaltungen integriert (Noireaux et al. 2003). Ein gutes Beispiel für die Übernahme der Prinzipien der Synthetischen Biologie in zellfreie Systeme ist ein sogenannter „Werkzeugkasten", der die Bestandteile für Schaltkreise zur Expressionsregulation liefern soll, die nach Ansicht der Entwickler auch in Phospholipidvesikel integriert werden können (Shin/Noireaux 2012). Bereits in einem Lipidvesikel integriert ist der von Nourian et al. entwickelte Mikroreaktor, bei dem die kodierende DNA und alle weiteren Bestandteile der Transkriptions- und Translationsmaschinerie im Vesikel eingeschlossen sind und die benötigten Nährstoffe über dessen Membran aufgenommen werden können (Nourian et al. 2012). Auf der Ebene der Regulation ist es mittlerweile gelungen, auch die periodische Transkription von Genen (genetischer Oszillator) als zellfreies Gegenstück zum berühmten, bereits im Jahre 2000 vorgestellten intrazellulären Ansatz von Elowitz/Leibler (2000) zu ermöglichen (Kim/Winfree 2011). Und nicht zuletzt wurden auch RNA-basierte Sensor- und Regulationssysteme in zellfreien Systemen realisiert, die zum Teil aufgrund der geschickten Verknüpfung logischer Schaltungen als molekulare Automaten bezeichnet werden (Isaacs et al. 2006).

Konstruktionen der Synthetischen Biologie können also durchaus auch als zellfreie synthetische Systeme realisiert werden. Ihre Realisierung ohne einen störenden Hintergrund zellulärer Reaktionen, der geeignete Anpassungsstrategien zur Vermeidung von Interferenzen mit den implementierten Konstruktionen erfordert, stellt die konsequenteste Verwirklichung der Prinzipien der Synthetischen Biologie dar, die bekanntlich auf möglichst planbare, rationale Ansätze abzielen (vgl. NEST 2005).

In drei wesentlichen Punkten lassen sich die Vorteile von in-vitro-Systemen zusammenfassen:

1) Zellfreie Ansätze bieten mindestens genauso viele, wenn nicht noch mehr Möglichkeiten für die Konstruktion biologischer Systeme wie in-vivo-Systeme. Die Zustände können in in-vitro-Systemen zudem leichter kontrolliert werden (Forster/Church 2007; Hockenberry/Jewett 2012).
2) Mit dem Verzicht auf Funktionen, die der Lebenserhaltung, dem Wachstum und der Proliferation dienen, können die Konstruktionen der Synthetischen Biologie in einfacher, auf ihre angestrebte Funktion reduzierter Form realisiert werden (Jewett et al. 2008; Harris/Jewett 2012; Hockenberry/Jewett 2012).
3) Mit dem Verzicht auf die Nutzung eines in-vivo-Systems (bzw. viraler Systeme) werden zumindest die Gefährdungen, die von einem persistenten,

evolutionsfähigen und vermehrungsfähigen Organismus ausgehen, vermieden (Forster/Church 2007).

Die bei in-vitro-Systemen fehlende, auf Selbstorganisationsprozessen beruhende Selbsterneuerung stellt zwar hinsichtlich der Kontrollierbarkeit dieser Systeme einen Vorteil dar, birgt jedoch auch einen gravierenden Nachteil: Die eingesetzten Proteine altern, weswegen in-vitro-Systeme in relativ kurzen Zeiträumen an Leistungsfähigkeit einbüßen und nicht (quasi-)kontinuierlich betrieben werden können wie zellbasierte Systeme. Dieser fehlenden Selbstreparatur könnte man jedoch durch geeignete Umgebungsbedingungen (Sauerstoffkonzentration und pH-Wert), optimierte Aminosäuresequenzen (mit denen kovalente Wechselwirkungen verringert werden sollen) oder sogar durch zusätzlich installierte Reparaturwege begegnen (Hold/Panke 2009). Neben der (noch) geringen katalytischen Komplexität synthetischer Enzymsysteme ist auch der Preis für die eingesetzten gereinigten Enzyme noch vergleichsweise hoch (Bujara et al. 2010). Hier stellen Zellextrakte die preiswertere Alternative dar. Ein Problem von Zellextrakten besteht jedoch in den bereits erwähnten Hintergrundreaktionen der komplexen Extrakte, die zur Verminderung der Ausbeute führen können. Hier können gegebenenfalls Verbesserungen durch mutierte und selektierte Stämme erreicht werden, aus denen die entsprechenden Extrakte gewonnen werden (Knapp et al. 2007).

7.4 Fazit

Mit den Veränderungen des Genoms wird in die zentralen Steuerungsstrukturen von Lebewesen eingegriffen. Die Synthetische Biologie tritt zudem mit dem Ziel an, neue Steuerungsstrukturen zu schaffen. Diese hohe Eingriffstiefe führt in Verbindung mit der Fähigkeit von Organismen, sich zu vermehren und durch aktive oder passive Mobilität auszubreiten, zu einer großen Wirkmächtigkeit und in der Folge zu einer hohen Exposition. Wirkungen können sich im Falle von beabsichtigten oder unbeabsichtigten Freisetzungen ausgehend von den Organismen selbst über Populationen und Ökosystemebenen hinweg ausbreiten (Breckling/Schmidt 2015). Die Unüberschaubarkeit der möglicherweise ausgelösten Effekte wird dabei durch die Instabilität der genetischen Information, die sich durch Mutationen bzw. evolutive Prozesse verändern und neue Funktionalitäten entwickeln kann, noch erhöht. Auf diesem Wege können auch genetisch kodierte, biologische Sicherheitsmechanismen in ihrer Wirksamkeit beeinträchtigt werden oder ganz ausfallen. Unter Sicherheitsgesichtspunkten problematisch sind vor allem schwer verfolgbare, sich schnell vermehrende sowie mobile Organismen, die aufgrund des derzeitigen Fokus der Synthetischen Biologie auf Mikroben zu den erwartbar ersten Kandidaten für Freisetzungen zählen werden.

Hier könnte und sollte die Synthetische Biologie mit ihren erweiterten und besser planbaren molekularbiologischen Methoden ansetzen und über die bisherigen Strategien hinausgehende, vorsorgeorientierte Maßnahmen realisieren, die bereits in der Planung und Erzeugung genetisch veränderter oder synthetischer Organismen berücksichtigt werden. Die semantische Isolation und vor allem die Kombination aus trophischer und semantischer Isolation eröffnet eine neue Stufe von Sicherheitsmechanismen. Jedoch sind diese Strategien von Beginn an mit anspruchsvollen Aufgaben konfrontiert: Sie müssen trotz genomischer Mutationsfähigkeit in ihren Eigenschaften kontrollierbar bleiben, ihre trophische Abhängigkeit darf durch Substanzen an ihrem Wirk- bzw. Freisetzungsort nicht nutzlos werden und zudem sollten sie natürlich abbaubar sein und keine nachteiligen biochemischen Reaktionen mit der Umwelt zeigen.

Als besonders vielversprechend erweist es sich demgegenüber, die Funktionalitäten neuer Konstruktionen derart zu gestalteten, dass in ihrem jeweiligen Anwendungskontext möglichst wenig Expositions- und Gefährdungspotenziale entstehen. Hier besteht eine konsequente Sicherheitsstrategie darin, die funktionelle Ausstattung dieser Entitäten entsprechend zu reduzieren (M. Schmidt 2009; Giese/von Gleich 2015). In diesem Sinne bieten sich zellfreie Systeme (in-vitro-Systeme) als ein gefährdungs- und expositionsmindernder – und zu den eigenen Ansprüchen der Synthetischen Biologie passender – Ansatz geradezu an, nicht zuletzt in kritischen Anwendungskontexten. Zellfreien Systemen fehlt die Möglichkeit zur Verbreitung und Vermehrung und damit zur unkontrollierten Exposition gegenüber ihren Strukturen und Reaktionsprodukten.

In-vitro-Systeme können zellbasierte Ansätze in der Erforschung grundlegender biologischer Prozesse sowie der Wege ihrer Beeinflussung, Veränderung und Neukonstruktion nicht ersetzen. Sie sind aber eine sehr empfehlenswerte Möglichkeit für die zukünftige nachhaltige Nutzung der Technologien der Synthetischen Biologie in besonders sensiblen Anwendungsbereichen (wie beispielsweise der Medizin) sowie in Anwendungsbereichen, die nur mit einer Freisetzung realisiert werden können oder bei denen eine unbeabsichtigte Freisetzung mit guten Gründen befürchtet werden muss. Hinzu kommen ökonomische Vorteile, weil in-vitro-Systeme Anwendungen außerhalb einer isolierten und damit auch kostspieligen Laborumgebung ermöglichen und damit die einfachere Nutzung und weite Verbreitung wichtiger Technologien ermöglichen, wie die auf Papier aufgebrachten genetischen Schaltkreise für medizinische Diagnosezwecke eindrucksvoll zeigen (Pardee et al. 2014; vgl. auch Kapitel 7.3).

8 Zusammenfassung

Die Synthetische Biologie zielt darauf ab, Natur zu steuern und zu steigern, zu überbieten und (teilweise auch) zu überwinden. Sie ist von einem ingenieurtechnischen Denkstil geprägt, der mehr auf technischen Erfolg als auf theoretische Erkenntnis zielt. Nun beschreibt der Begriff Synthetische Biologie – auch gut fünfzehn Jahre nach seiner Einführung – ein noch junges Wissenschafts- und Technologiefeld. Eine einheitliche Definition hat sich nicht etabliert. Die Synthetische Biologie definiert sich in ihrem gegenwärtigen Stadium viel mehr über ihre Visionen, sie besitzt Projektcharakter. Ihre Protagonisten zeichnen sich vor allem durch eine besondere Sichtweise aus, die sie von anderen Akteuren in der bisherigen Biologie und in den bisherigen Technikwissenschaften abhebt (vgl. Kapitel 3).

Die Synthetische Biologie wird durch *drei Paradigmen* geprägt:

a) das gentechnische Paradigma, das auf der reduktionistischen, eher genzentrierten Perspektive der Molekulargenetik und Biotechnologie aufbaut,
b) das (bio-)chemische Paradigma, das sich auf die Synthese neuer künstlicher molekularer Grundbausteine bezieht,[68] sowie
c) das systemische Paradigma, das von der Systembiologie und der Bioinformatik sowie von den interdisziplinären Strukturwissenschaften beeinflusst ist.

Das gemeinsame Vorliegen dieser drei unterschiedlichen Paradigmen ist für die Synthetische Biologie charakteristisch. Eine Integration aller drei Bereiche ist bislang nicht gelungen und wird vermutlich gar nicht möglich sein. Sie werden zu einem großen Teil nebeneinander und sogar teilweise konkurrierend praktiziert. Jedoch scheinen sie in den Zielen der Synthetischen Biologie, wie z.B. der Schaffung von orthogonalen Prozessen, Strukturen und letztendlich ganzen Organismen, zusammenzustreben.

Neben den Paradigmen ist die Synthetische Biologie durch zwei unterschiedliche Typen der Interdisziplinarität gekennzeichnet: die objektorientierte Interdisziplinarität, die sich vor allem im genetischen und im biochemischen Paradigma findet, sowie die konzept- und theoriebezogene Interdisziplinarität, die insbesondere im systemischen Paradigma vorherrscht. Ein Spezifikum der Synthetischen Biologie liegt darin, dass diese äußerst konträren Typen von Interdisziplinarität eher als ergänzend denn als widersprechend betrachtet werden.

Im Kern zieht mit der Verknüpfung der drei Paradigmen sowie der beiden Typen von Interdisziplinarität das Ideal der Selbstorganisation in die Technik

68 Der Einfluss der Biochemie auf die Synthetische Biologie wird zumeist unterschätzt.

ein: Die technische Nutzbarmachung von gerichteter Selbstorganisation zur Erzeugung gewünschter Funktionalitäten. Die Synthetische Biologie trägt möglicherweise entgegen dem kontrollorientierten Anspruch der Ingenieurwissenschaft zur *Biologisierung der Technik* bei. So kann von der Entstehung einer „Nachmodernen Technik" gesprochen werden, bei der sich basierend auf Selbstorganisationsprinzipien „Ruhe und Bewegung aus sich selbst heraus entwickeln" (Aristoteles), dazu also nicht mehr von außen angehalten werden müssen. Nachmoderne Technik besitzt somit einen gewissen Grad an Eigenaktivität und Autonomie (J. C. Schmidt 2012b).

Die Biomaterialität setzt damit dem ingenieurtechnischen Anspruch auch Grenzen: Durch Instabilitäten (J. C. Schmidt 2008a, 2011), die der Selbstorganisation, dem Systemerhalt und der Dynamik dienen sowie auch für Variabilität, Evolutionsfähigkeit und Plastizität sorgen, potenzieren sich die Prognose- und Reproduktionsprobleme. Die weitgehende Unvorhersagbarkeit ist ein besonderes Kennzeichen der Nachmodernen Technik, (J. C. Schmidt 2015b) sie ist Kern eines in dieser Form von Technik wurzelnden Nichtwissens.

Von „lebendigen Konstruktionen" wurde im Buchtitel gesprochen. Zentral für lebendige Konstruktionen und eine Konstruktion des Lebendigen ist der wesentliche Begriff der Synthetischen Biologie, nämlich *Synthese*. „Synthese" tritt in drei unterschiedlichen Verständnisweisen auf, die – mehr oder weniger – allesamt in der Synthetischen Biologie als unterschiedliche Formen präsent sind:

- Synthese als epistemische Gegenbewegung zur Analyse,
- Synthese als technisch-künstliche Herstellung von etwas Naturidentischem und
- Synthese als technisch-künstliche Konstruktion von etwas völlig Neuem, das keine natürliche Entsprechung besitzt.

Im Zusammenhang mit diesen Ansprüchen stellt sich sodann die Frage, was *Synthese* in methodischer Hinsicht meint (vgl. Kapitel 4): Wie wird vorgegangen? Damit verbunden ist die Anfrage hinsichtlich ihres Selbstverständnisses: Ist der Anspruch und die Versprechung der Synthetischen Biologie als neues Forschungs- und Entwicklungsfeld auch durch eine entsprechende Neuheit in ihren Methoden gerechtfertigt?

Nun sind, wie wir in dieser Studie gezeigt haben, durchaus neue Methoden entwickelt worden, einige befinden sich noch in Entwicklung. Doch noch haben sie die alten Methoden nicht abgelöst oder revolutioniert. Von einem Epochenbruch kann kaum gesprochen werden. Vielfach liegt eine Mischung aus neuen und alten Methoden vor. Gelänge eine Zusammenführung der neuen innovativen Methoden, dann wären vollkommen neuartige Biosysteme denkbar. Derzeit ist eine Integration der Entwicklungsstränge und Methoden aufgrund des frühen Entwicklungsstadiums der Synthetischen Biologie jedoch nicht in Reichweite.

Es fehlt an integrativen Technologien, die notwendig sind, um über den losen Zusammenschluss einer am Gegenstand orientierten Zusammenarbeit – der objektorientierten Interdisziplinarität – hinauszugehen und zu einer methodischen Interdisziplinarität zu gelangen. Sie wäre Voraussetzung für jede Form eines „rational design“. Vor allem die Integration von bioinformatischer Modellierung auf den verschiedenen Ebenen in Verbindung mit dem Aufbau von systematischen Designplattformen für einen geordneten, schnelleren Konstruktionsablauf könnte helfen, die neuen Methoden der Synthetischen Biologie zu vereinen.

Die Synthetische Biologie bezieht sich dabei auf biobricks oder „chassis“, was einem mechanistischen Weltbild entspricht. Dieses Selbstverständnis ist verbunden mit dem Bestreben, sich gegenüber dem „Herumprobieren im Überkomplexen“ abzugrenzen, wie es als kennzeichnend für die Gentechnik angesehen wird (Endy 2005).

In der Praxis stoßen die in den Ingenieurwissenschaften etablierten Strategien zur Komplexitätsreduktion – etwa der Reduktion auf orthogonale Einheiten – allerdings noch auf große Probleme: Die Langzeitstabilität der biologischen Konstruktionen wird durch Evolution und Gentransfer beeinträchtigt, und nicht zuletzt werden durch die funktionellen Reduktionen auch Wirkzusammenhänge nur scheinbar ausgeschlossen, die auf die angestrebte Funktion Einfluss haben, und sie später bei der praktischen Umsetzung beeinträchtigen können. Die zur besseren Berechenbarkeit angestrebte Schaffung vollständiger Orthogonalität durch standardisierte Einheiten muss mit Skepsis betrachtet werden. Denn mit der Orthogonalität und dem Ausschluss von Rauschen[69] werden Grundprinzipien des Lebendigen abgestreift, die eigentlich die notwendigen Bedingungen für Selbstorganisation, Entwicklung und Langzeitstabilität lebender Systeme darstellen. Damit verliert man zudem die über bloße mechanistische Funktionen hinausgehenden, besonderen biologischen Funktionalitäten. Lässt man sich hingegen nicht auf diese radikale Reduktion von biologischer Komplexität ein, muss man mit einem erhöhten Maß an Instabilität – also einer beeinträchtigten Prognostizier-, Reproduzier- und Kontrollierbarkeit – leben (J. C. Schmidt 2015b, 2015a).

Ein genauer Blick – wie er anhand einer bibliometrischen Analyse wissenschaftlicher Veröffentlichungen vorgenommen wurde – zeigt, dass rationale Konstruktionen in der Synthetischen Biologie zwar mittlerweile in annähernd der Hälfte der publizierten Arbeiten eine Rolle spielen, ihr Anteil jedoch in den letzten Jahren nicht zugenommen hat. Möglicherweise liegt die Ursache in den erwähnten spezifischen Eigenschaften biologischer Objekte, die einer einfachen Übertragung der Ingenieurprinzipien entgegenstehen. Die Analyse konnte zei-

69 Das heißt Rauschen in seinen verschiedensten Formen, wie z.B. die natürliche Variabilität von Prozessen und Organismen.

gen, dass zumeist Methoden verwendet werden, die *sowohl* auf rationaler Konstruktion, *als auch* auf evolutiven Verfahren sowie reinem Probieren („tinkering“) beruhen; gerade diese Mischung ist für die Synthetische Biologie heute charakteristisch (Giese et al. 2013).

Funktionalitäten, Potenziale und Chancen (vgl. dazu die Kapitel 4 und 5): Die durch die Methoden der Synthetischen Biologie ermöglichte größere Vielfalt an Neukombinationen natürlicher, veränderter und vollkommen neuer biologischer Elemente ermöglicht es, neue und verbesserte Funktionalitäten hervorzubringen. Bei den Kombinationen biologischer Elemente kann man im Wesentlichen drei Ebenen der Komplexität unterscheiden:

1) Kombination neuer molekularer Grundbausteine, wodurch z.B. eine Erweiterung des genetischen Codes, die Erzeugung von Aminosäuren mit neuen biochemischen Eigenschaften (als Grundlage neuer enzymatischer Funktionalitäten) sowie die semantische Isolierung von natürlichen Organismen möglich werden.
2) Gezielte Synthese von Genen und polymeren Bausteinen wie Proteinen und RNA-Molekülen, die neben Optionen zur Standardisierung und Orthogonalisierung vor allem auch neue enzymatische und regulatorische Funktionalitäten ermöglichen.
3) Kombination von Genen in Modulen und letztendlich ganzen Genomen, womit eine Vielzahl entsprechend komplexer Funktionalitäten erschlossen werden kann, wie beispielsweise neue Signal-, Synthese- oder Abbauwege und, falls Selbstorganisationsmechanismen genutzt werden, durch Strukturbildung auch die Erzeugung ganzer Zellen, neuer Gewebe und biologischer Materialien.

Schon wegen der Bereitstellung der Möglichkeit zur Synthese dieser Strukturen liegt in der Synthetischen Biologie für die gesamte biologische Grundlagenforschung eine große Relevanz. Denn durch die Synthese, d.h durch Nachbau und Variation, können Beziehungen zwischen Strukturen und Funktionen untersucht werden. Darüber hinaus können Erkenntnisse zu den Eigenschaften des Lebens und seinen Entstehungsbedingungen gewonnen werden.

Was die Anwendungsfelder der Synthetischen Biologie betrifft (siehe hierzu Kapitel 5), so könnten auf der Grundlage neuer und verbesserter Funktionalitäten beispielsweise im Proteinbereich neue enzymatische Funktionen einen Ersatz für umweltbelastende, energetisch aufwändige, chemische Produktionsverfahren bieten. Und durch Wachstums- und Entwicklungsprozesse, mit denen die Erzeugung hierarchisch strukturierter bzw. so genannter „intelligenter“ biologischer Materialien möglich wird, könnte die Bionik bzw. Biomimetik entscheidend weiterentwickelt werden.

Die Ergebnisse der Fallstudien in den Bereichen Energie, Materialien und Grüne Biotechnologie zeigen, dass sich die für Anwendungen relevanten Konstruktionen und Verfahren der Synthetischen Biologie noch im Stadium der Grundlagenforschung befinden. Die meisten Entwicklungen sind nur bis zu einem allgemeinen Proof-of-Principle vorangeschritten. Es gibt nur wenige marktfähige oder bereits in der Anwendung befindliche Produkte und Verfahren.

Vorwiegend wird bei der Nutzung von synthetisch erzeugten biologischen Funktionalitäten auf die Verwendung von Mikroorganismen gesetzt, nur wenige Prozesse beziehen höhere Organismen mit ein. Gerade auch die Grüne Biotechnologie ist bisher nur schwach von der Synthetischen Biologie beeinflusst.[70] Gründe hierfür mögen in der größeren Komplexität höherer Organismen liegen sowie in der in weiten Teilen der Europäischen Union fehlenden Akzeptanz gentechnisch hergestellter Lebensmittel.

Die Bereitstellung von Rohstoffen für Synthesen – nicht zuletzt bei Anwendungen zur Energiegewinnung – ist für die weitere Entwicklung der Synthetischen Biologie von großer Bedeutung. Hier müssen Wege gefunden werden, einen großen Flächenbedarf zu vermeiden. Eine Chance für die Synthetische Biologie besteht darin, die Prinzipien der Industriellen Ökologie zu übernehmen, was bedeutet, dass sie sich vor allem an der Nutzung industrieller Abfallprodukte orientiert, um noch offene Stoffkreisläufe zu schließen. Auch mögliche Kontaminationen von Ökosystemen durch freigesetzte Organismen oder durch veränderte genetische Informationen müssen im Horizont einer Industriellen Ökologie in die Schadstoffvermeidungs- und Substitutionsstrategie einbezogen werden. Die Erhöhung der Ressourceneffizienz muss durch eine Konsistenzstrategie ergänzt werden, damit Effizienzsteigerungen nicht durch steigende technische, gesundheitliche oder ökologische Risiken konterkariert werden (vgl. Huber 2000). Von besonderer Bedeutung ist dafür die Entwicklung neuer Werkstoffe auf biologischer Grundlage und mit Materialeigenschaften, die bisher nicht auf herkömmlichem technischem Wege erreicht werden konnten und die zudem biologisch abbaubar sind.

Alle Anwendungen der Synthetischen Biologie müssen letztlich hinsichtlich ihres Beitrags zur Nachhaltigkeit beurteilt werden, indem neben den wirtschaftlichen vor allem auch ökologische, gesellschaftlich-soziale und kulturelle Aspekte berücksichtigt werden (BMBF 2010). Diese Aufgabe kann aber erst bewältigt werden, wenn die Anwendungen der Synthetischen Biologie zumindest in Umrissen bekannt sind.

---

70 Ein Beispiel für einen ersten Ansatz ist die geplante Phytobrick-Datenbank, die – vergleichbar mit den für Bakterien geeigneten „biobricks" – standardisierte genetische Konstrukte für Pflanzen verfügbar machen soll (Junker/Junker 2012).

Was bedeutet das alles hinsichtlich *potenzieller Risiken* (vgl. dazu Kapitel 6)? Zunächst begründet allein die hohe Eingriffstiefe, welche mit der Veränderung oder Neuerschaffung der genetischen Information und auch der molekularen Grundlagen von Organismen einhergeht, eine hohe Wirkmächtigkeit der darauf beruhenden Technologien. Denn ohne eine (bisher nur theoretisch vorhandene) dauerhafte Isolation dieser Organismen kann in die von ihnen ausgelösten weitreichenden Wirkungsketten im Notfall nicht mehr vollständig korrigierend eingegriffen werden. Mit den Eingriffen in die Steuerungsstrukturen sind meist weit reichende Wirkungen und damit große Unsicherheiten verbunden.

Als eine erste Quelle von Unsicherheit der Synthetischen Biologie können Instabilitäten angesehen werden, die biologischen Systemen – insofern sie selbstorganisationsfähig sind – zugrunde liegen. So geht mit biologischen Systemen in technischer Hinsicht eine gewisse „Unzuverlässigkeit“ einher, die sich z.B. in ihren Fähigkeiten zur Anpassung und Evolution zeigt. Dem muss durch geeignete Maßnahmen innerhalb und auch außerhalb dieser Organismen entgegen getreten werden. Als zweite, weitreichendere Quelle von Unsicherheit kann ihre Fähigkeit zur Selbstvermehrung beurteilt werden. Durch diesen noch grundlegenderen Prozess kommt eine noch größere Unsicherheit ins Spiel. Durch die Selbstvermehrung werden die in Raum und Zeit auslösbaren Wirkungsketten noch unübersehbarer, tendenziell entgrenzt. Mit der Selbstvermehrung steigt die Wahrscheinlichkeit einer erhöhten Exposition gegenüber den potenziell nachteiligen Wirkungen des vermehrungsfähigen Organismus.

Die erste Konsequenz aus dem mit neuen oder stark veränderten Organismen verbundenen Nichtwissen über spätere Wirkungen und Expositionen, sollte zunächst in einer klaren Orientierung am Vorsorgeprinzip bestehen. Es sollte mit Blick auf die spezifischen Anforderungen der Synthetischen Biologie umgesetzt werden. Wir empfehlen, Vorsorgemaßnahmen nach folgenden Kriterien auszuwählen:

1) Solange über das Gefährdungspotenzial einer Struktur, eines Prozesses oder eines Organismus wenig bis nichts bekannt ist (also vor ausführlichen Tests), muss von einer potenziellen Gefährdung ausgegangen werden.[71]
2) Von vornherein muss auf die Vermeidung einer nicht mehr aufhaltbaren räumlichen und zeitlichen Ausbreitung neuer oder veränderter Entitäten durch Mechanismen zur Eingrenzung oder ihre Rückholbarkeit in besonderer Weise geachtet werden. Unsicherheiten über den Verbleib synthetisch-biologischer Konstrukte in der Umwelt sind ein Grund für „große Besorgnis“ im Sinne des Vorsorgeprinzips.

71 Im gefahrstoffbezogenen Arbeitsschutz hat es sich etabliert, dass mit „worst case default“ -Werten gearbeitet wird, solange experimentelle Daten noch nicht vorliegen, vgl. hierzu auch Tucker/Zilinskas (2006).

3) Entsprechend müssen Exposition, Persistenz, Akkumulation und Mobilität – speziell für biologische Objekte, die über Selbstreplikation und Selbsterhaltungsfunktionen verfügen – als Eigenschaften gewertet werden, die einen Grund für „große Besorgnis" im Sinne des Vorsorgeprinzips darstellen.
4) Auch bei synthetisch-biologischen Strukturen, Prozessen oder Organismen, die zunächst keine adverse Wirkung zu haben scheinen, muss aus Vorsorgegründen auf die Vermeidung oder zumindest die Minimierung von Expositionen geachtet werden. In verschärfter Form, kann dieser Grundsatz durch ein „Hygienekriterium" umgesetzt werden, was bedeutet, dass die Verbreitung von synthetisch-biologischen Strukturen in Organismen und in der Umwelt als „Kontamination" eingestuft wird, die es zu vermeiden gilt. Voraussetzung für die Überprüfung einer derartigen Vorgabe ist allerdings, dass Verfahren existieren, mit denen diese Objekte in der Umwelt bzw. in Organismen nachgewiesen werden können.
5) Die Innovationsdynamik auf Basis synthetisch-biologischer Funktionalitäten, also die Dynamik der Einführung und Verbreitung der entsprechenden Prozesse und Produkte, muss mit einem guten Monitoring verbunden werden, auch mit Blick auf Erkenntnismöglichkeiten und die Einführungsgeschwindigkeit, die ein angemessenes korrigierendes Eingreifen noch zulassen muss.

Eine zweite Konsequenz aus den dargestellten Gefährdungs- und Expositionspotenzialen, die mit den möglichen Funktionalitäten der Konstruktionen der Synthetischen Biologie verbunden sind, sollte in einer bereits sehr früh – also während der Planung – einsetzenden Berücksichtigung von risikobegünstigenden Faktoren sowie von gefährdungs- bzw. expositionsarmen Alternativen bestehen. Die Prüfung derartiger Alternativen sollte in Anlehnung an Regelungen im Arbeitsschutz zur Gefahrstoffsubstitution festgeschrieben und dokumentiert werden (siehe AGS 2008). Auf diese Weise können spätere aufwändige Vorkehrungen zur Isolierung und Eliminierung der erzeugten Entitäten oder sogar Schäden minimiert werden.

Abschließend stellt sich die Frage nach *gefährdungsarmen Entwicklungspfaden* (siehe dazu Kapitel 7). Um Wege zu identifizieren, die innerhalb der Möglichkeiten der Synthetischen Biologie den größten Nutzen bei gleichzeitig kleinstem Gefährdungs- und Expositionspotenzial bieten, wurden die derzeit im Zusammenhang mit der Sicherheit der Synthetischen Biologie diskutierten Strategien der a) trophischen und b) semantischen Isolierung untersucht sowie zusätzlich auch die Möglichkeit einer funktionsorientierten Reduktion berücksichtigt. Da die beiden erstgenannten Strategien sowohl einzeln als auch in ihrer Kombination Nachteile aufweisen, die entweder die mit ihnen angestrebte Sicherheit beeinträchtigen oder neue Probleme, wie z.B. eine erhöhte Persistenz hervorbringen, wird insbesondere für kritische Anwendungskontexte (offene Systeme) die funktionelle Reduktion empfohlen. In zellfreien Systemen sind risikorelevante Eigenschaften, wie die Proliferationsfähigkeit oder die Evolutionsfähigkeit (bzw. beide zugleich) sowie ein möglicher Gentransfer aufgrund der minimalen Ausstattung der eingesetzten Systeme nicht mehr möglich. In-vitro-Ansätze bieten die effektivste Möglichkeit der funktionellen Reduktion. Die Reagenzien (vor allem Proteine, aber auch DNA- und RNA-Moleküle) könnten dafür entweder frei in einer Lösung vorliegen, in Vesikeln eingeschlossen oder an Oberflächen sowie innerhalb dreidimensionaler Strukturen, wie z.B. Gelen, immobilisiert sein. Mit dem Verzicht auf die Nutzung eines vermehrungsfähigen Systems können die Gefährdungs- und Expositionspotenziale, die von einem persistenten, evolutions- und vermehrungsfähigen Organismus ausgehen, vermieden werden. So können mithilfe von in-vitro-Ansätzen die Konstruktionen der Synthetischen Biologie in einfacher, auf ihre angestrebte Funktion reduzierter, Form realisiert werden. Dies entspräche ihren eigenen Ansprüchen an bessere Plan- und Kontrollierbarkeit biologischer Prozesse.

9 Perspektiven und Optionen

Die Synthetische Biologie ist ein gutes Beispiel dafür, dass technologische Entwicklungen keineswegs einer unbeeinflussbaren Eigenlogik folgen müssen, die mehr oder minder alternativlos ist. Ein solches Bild eines „technologischen Determinismus“ (Ropohl 1991, S. 193f.) ist verfehlt – wie ebenso das komplementäre Bild eines allzu großen Gestaltungsoptimismus. Diese Studie zielt darauf ab, Wege zwischen diesen beiden extremen Sichtweisen zu finden. Dazu war es notwendig, nahe an den wissenschaftlich-technischen Kern der Synthetischen Biologie heranzugehen und die interne Vielfalt der Ansätze der Synthetischen Biologie in den Blick zu nehmen. Der zunächst homogen erscheinende Block der Synthetischen Biologie besteht aus einer Vielzahl von potenziellen Entwicklungssträngen; die Synthetische Biologie erweist sich hinsichtlich der Paradigmen und Visionen (Kapitel 3), der Methoden und Funktionalitäten (Kapitel 4), der Anwendungsfelder (Kapitel 5) sowie der Risiken (Kapitel 6) als vielschichtig.

Angesichts dieser Pluralität findet man einen tragfähigen Hintergrund für eine differenzierte Gestaltungsoffenheit eines neuen emergenten Forschungs- und Entwicklungsfeldes. Das ermöglicht die Erarbeitung und Bewertung konkurrierender Entwicklungspfade. Gestaltungsrelevante Fragen rücken sodann in den Vordergrund: Welcher Entwicklungspfad der Synthetischen Biologie könnte für welches Ziel am ehesten erfolgreich sein? Welche Kriterien zur Bewertung bestimmter *Low-Hazard*-Pfade und welche Leitbilder zur Verdeutlichung der Attraktivität besonders vielversprechender Pfade im Sinne der Nachhaltigkeit könnten erarbeitet werden? Welche alternativen Entwicklungspfade könnten entworfen werden? Die Ausformulierung konkurrierender Entwicklungspfade könnte den gesellschaftlichen Akteuren Bewertungs- und Einflussmöglichkeiten vor dem Hintergrund ihrer gesellschaftlichen Präferenzen eröffnen. So würden sich Fragen anschließen, wie etwa: Welche Forschungs- und Entwicklungsrichtungen sollten z.B. staatliche Förderinstitutionen mit dem Ziel unterstützen, die gewünschten oder versprochenen Ergebnisse zu erhalten? Welche Richtungen könnten sie mit dem Ziel unterstützen, möglichst wenig technologiespezifische Probleme zu erzeugen?

Es muss angesichts dieser Fragen vorsorglich darauf hingewiesen werden, dass ein Großteil der Entwicklung der Synthetischen Biologie als vom Grundgesetz geschützte freie wissenschaftliche Forschung – und damit in einer frühen Innovationsphase – sich einer steuernden gesellschaftlichen Einflussnahme derzeit zu Recht weitgehend entzieht. Entsprechend der Verantwortung der Wissenschaft gegenüber der Gesellschaft kann die Gesellschaft jedoch von den Wissenschaftlerinnen und Wissenschaftlern erwarten, dass Erkenntnisse begleitender

Forschung, wie sie unter anderem in dieser Studie dargelegt sind, aufgegriffen und im eigenen Handeln berücksichtigt werden. Dazu gehört beispielsweise die vorgeschlagene Pflicht zur Alternativenprüfung. Diese Abstimmung des eigenen Forschungshandelns ist insbesondere dann notwendig, wenn sich wissenschaftliche Akteure mit Versprechungen auf mögliche segensreiche Beiträge der Synthetischen Biologie zum gesellschaftlichen Fortschritt um gezielte Förderung bewerben.

Vor diesem Hintergrund rücken Leitbilder in den Blick. Leitbilder sind für eine zukünftige Wissenschafts- und Technikgestaltung von entscheidender Relevanz (vgl. von Gleich et al. 2010a; Brand/von Gleich 2015). Potenzielle Entwicklungsstränge der Synthetischen Biologie beziehen sich zu Recht auf das Leitbild *Lernen von der Natur*, wie es sich einst im Umfeld der *Bionik bzw. Biomimetik* etabliert hat. Dieses hat in den vergangenen Jahren auf unterschiedlichen Ebenen eine zunehmende Bedeutung für eine an Nachhaltigkeitskriterien orientierte Technikgestaltung erlangt (J. C. Schmidt 2002; von Gleich et al. 2010b). Die Synthetische Biologie birgt ein enormes Potenzial zur Überwindung einer ganzen Reihe von technischen Barrieren, mit denen sich die Bionik bzw. Biomimetik konfrontiert sieht (vgl. Kapitel 5.3). Besonders vielversprechend hinsichtlich von Anwendungspotenzialen dürfte die biomimetische Entwicklung künstlicher, hierarchisch strukturierter Werkstoffe[72] nach dem *Vorbild der Natur* sein, also biologischer Materialien wie Spinnenseide, Muschelklebstoff oder Perlmutt als Alternative zu herkömmlichen keramischen oder polymeren Werkstoffen. Durch die hierarchische Strukturierung gelingt es Organismen, Eigenschaftskombinationen von Werkstoffen zu realisieren, von denen die klassischen materialwissenschaftlichen Ansätze noch weit entfernt sind (vgl. Kapitel 5.3). Um hier weiter zu kommen, müssen auch in diesem Bereich der Technikentwicklung zunächst wesentliche Grundlagen durch die Synthetische Biologie aufgeklärt werden. Dazu sind deutliche Innovationspotenziale vorhanden.

In einem anderen verwandten Feld liegen zwar keine konkreten Leitbilder vor, doch finden sich auch hier konkurrierende zukünftige Entwicklungsszenarien der Synthetischen Biologie. Es geht um die (oben schon dargelegte) alternative Strategie im Umgang mit Komplexität und Rauschen: *Einerseits* wird im Sinne technologischer Beherrschung, d.h. der klassischen Technologie eine *Reduktion von Komplexität* durch Ausschalten von Wechselwirkungen (Orthogonalität) und durch die Eliminierung von Instabilitäten, Rauschen, Adaption und Evolution angestrebt. Dem gegenüber steht *andererseits* der produktive Umgang mit Komplexität und Rauschen, mit der Evolutionsfähigkeit und den Instabilitäten, was einer nachmodernen, eher biomimetischen Technologie entsprechen

72 Damit sind unterschiedliche Strukturen auf verschiedenen stofflichen und zellulären Organisationsebenen gemeint.

würde. Dieser Weg, der sich auf die Komplexität einlässt und sich letztlich am biologischen Selbstorganisations- und Evolutionsprozess orientiert, könnte nicht nur der erfolgversprechendere, sondern auch derjenige sein, auf dem ‚robustere' Ergebnisse generiert werden. Die Synthetische Biologie scheint sich, auch trotz ihrer radikalen Vorsätze, methodisch praktisch mehr oder minder an die Spezifität ihres Gegenstandes – der biologischen Materie – anzupassen oder gar anpassen zu müssen. Denn die einer vollständig rationalen Konstruktionsweise verpflichteten Methoden konnten zumindest bisher nicht die technische Nutzung evolutionärer Prozesse oder auch Ansätze nach dem Prinzip „Versuch-und-Irrtum" verdrängen („tinkering"). Es hat vielmehr den Anschein, als würden sich Kombinationen aus beiden Herangehensweisen auch auf Dauer etablieren (Giese et al. 2013). Auch in dieser Hinsicht ist die Synthetische Biologie von einer Vielschichtigkeit und Pluralität gekennzeichnet, die es ermöglicht, unterschiedliche Entwicklungsstränge zu bewerten und gesellschaftlich zwischen diesen auszuwählen.

Bei einer solchen Wahl sind weiterhin die von den jeweiligen Technologien ausgehenden Gefährdungs- und Expositionspotenziale zu berücksichtigen. Die Quellen für Gefährdungs- und Expositionspotenziale, ausgehend von den Konstrukten der Synthetischen Biologie, sind ebenfalls vielfältig. Steven Benner hat Funktionalitäten wie Entwicklungsfähigkeit, Vermehrungsfähigkeit und Nähe zu bestehenden biologischen Systemen als Konstituenten für biologische Gefährdungs- bzw. Expositionspotenziale herausgestellt (Benner et al. 2011). Eine derzeit diskutierte Option für *Low-Hazard*-Entwicklungspfade basiert auf xenobiologischen Ansätzen, die auf eine Separierung durch naturfremde molekulare Grundbausteine setzen und damit orthogonale Biosysteme ermöglichen sollen (vgl. Kapitel 7). Falls eine Rückverwandlung in bzw. ein Informationsaustausch mit natürlichen biologischen Strukturen bei Organismen auf xenobiologischer Grundlage auf Dauer ausgeschlossen werden kann, würde damit zumindest eine Voraussetzung für Gefährdung und Exposition, nämlich der Informationsaustausch mit natürlichen Organismen durch die Nähe zu bestehenden biologischen Systemen, vermieden. Ausgesprochen wichtig ist bei der Verfolgung dieses Entwicklungspfads aber zunächst noch eine intensivere Untersuchung möglicher Gefährdungs- und Expositionspotenziale, die von der Naturfremdheit selbst ausgehen können. Schließlich wurden mit der Naturfremdheit in der synthetischen organischen Chemie nicht nur gute Erfahrungen gemacht. Beispiele dafür sind die sogenannten persistant organic pollutants (POPs), Fluorchlorkohlenwasserstoffe (FCKW) und aktuell die Kunststoffpartikel verschiedenster Größe, die (nicht nur) auf den Weltmeeren herumtreiben und sich mittlerweile vermutlich innerhalb ganzer Nahrungsketten ausgebreitet haben (Wright et al. 2013). Gerade im Falle der synthetischen xenobiologischen Organismen können ungenügende natürliche Abbauprozesse und vor allem auch ihre potenzielle Proliferationsfähigkeit zu Akkumulationen und Persistenz führen.

Von der Fähigkeit synthetisch biologischer Konstrukte zur Selbstreplikation geht ein beträchtliches Expositionspotenzial aus. Denn sie können dadurch in Bereiche vordringen und mit Objekten wechselwirken, die wir uns derzeit nicht vorstellen können (Tucker/Zilinskas 2006; Moe-Behrens et al. 2013; Wright et al. 2013). Die erst spät erkannten Komplikationen der FCKWs aus der synthetischen Chemie sind hierfür ein beredtes Beispiel. Werden Probleme schließlich doch erkannt, dann ist eine Korrektur bzw. Rückholung aufgrund der zeitlich, räumlich und quantitativ bereits stark erhöhten Ausbreitung, kaum noch möglich. Dies ist der entscheidende Aspekt. Es stellt sich somit die Frage nach Entwicklungspfaden der Synthetischen Biologie, bei denen *auf die Herstellung von zur Selbstreplikation und Selbstvermehrung fähigen Biosystemen verzichtet wird.* Die funktionelle Reduktion in Form von *in-vitro-Ansätzen* und ihren vielfältigen Konstruktionsweisen[73] stellt hierfür die wichtigste Designoption dar. Dass eine auf Selbstveränderung und Selbstvermehrung verzichtende Strategie eine durchaus interessante Option darstellt, zeigt z.B. die Tatsache, dass sich die Fraunhofer-Gesellschaft im Rahmen des BMBF-Strategieprozesses Biotechnologie 2020+ in einem Leitprojekt ganz dem Ziel einer zellfreien Bioproduktion verschrieben hat.[74]

Die genannten Entwicklungspfade gehen – sowohl was Chancen als auch was Gefährdungspotenziale anbelangt – von den Technologien und von den neuen und verbesserten Funktionalitäten der Synthetischen Biologie konkret aus; sie betreffen den wissenschaftlich-technischen Kern, über den schon in der Frühphase einer technologischen Entwicklung einiges ausgesagt werden kann. So handelt es sich gewissermaßen um *Technology-push*-Ansätze. Innovationen werden insgesamt aber erst dann erfolgreich, wenn technische Möglichkeiten mit gesellschaftlichen Bedarfen verbunden werden können (Hübner 2002). Es müssen also die gesellschaftliche Nachfrage und der gesellschaftliche Problemdruck („demand pull“) als weitere wichtige Treiber für Technologieentwicklungen als Voraussetzungen für Innovationen vorhanden sein.

Nicht nur ausgehend von den technischen Möglichkeiten, sondern auch ausgehend von gesellschaftlichen Bedarfen, Zielen und Problemen sollten die möglichen Entwicklungspfade der Synthetischen Biologie geschärft und präzisiert werden. Es gilt, diejenigen Funktionalitäten besonders zu fördern und weiter zu

---

73 In in-vitro-Systeme können die benötigten Moleküle frei in einer Lösung, in Vesikeln eingeschlossen sowie an Oberflächen oder innerhalb dreidimensionaler Strukturen immobilisiert vorliegen.

74 Vgl. www.biotechnologie2020plus.de und www.zellfreie-bioproduktion.fraunhofer.de (zuletzt aufgerufen am 31.07.2015)

entwickeln, mit denen Beiträge zur Annäherung an Ziele einer *Nachhaltigen Entwicklung* realisiert werden können. Diese Entwicklungspfade können mit Instrumentarien der Forschungs- und Entwicklungsförderung sowie durch ein verantwortungsvolles Engagement von Wissenschaftlern und von Unternehmen gezielt unterstützt und vorangetrieben werden. Um diese ebenso grundlegenden wie weitreichenden Potenziale in den Blick nehmen zu können, ist der homogen erscheinende Block der Synthetischen Biologie differenziert aufzubrechen.

So sollte in dieser Studie deutlich geworden sein: Die *eine* Synthetische Biologie gibt es nicht. Vielmehr ist das, was sich unter dem Label *Synthetische Biologie* verbirgt, äußerst facettenreich und plural: Nicht *die* Synthetische Biologie, sondern eine Vielfalt und Vielschichtigkeit Synthetischer Biologie*n*. Die Vielschichtigkeit und unterschiedliche Wirkmächtigkeit wahrzunehmen, zu analysieren und zu bewerten – das könnte zukunftsfähige Gestaltungspotenziale in Richtung einer *Nachhaltigen Entwicklung* eröffnen.

Literatur

Agapakis, C. M./Silver, P. A. 2009: Synthetic biology: exploring and exploiting genetic modularity through the design of novel biological networks. In: Molecular BioSystems, Bd. 5, H. 7, S. 704–713. DOI: http://dx.doi.org/10.1039/b901484e

AGS – Ausschuss für Gefahrstoffe bei der Bundesanstalt für Arbeitsschutz und Arbeitsmedizin (2008): Technische Regel für Gefahrstoffe 600: Substitution (Internet: http://www.baua.de/de/Themen-von-A-Z/Gefahrstoffe/TRGS/TRGS-600.html; zuletzt aufgesucht am 19.9.2015)

Ajo-Franklin, C. M./Drubin, D. A./Eskin, J. A./Gee, E. P./Landgraf, D./Phillips, I./Silver, P. A. (2007): Rational design of memory in eukaryotic cells. In: Genes & Development, Bd. 21, H. 18, S. 2271–2276. DOI: http://dx.doi.org/10.1101/gad.1586107

Algar, E. M./Scopes, R. K. (1985): Studies on cell-free metabolism: Ethanol production by extracts of Zymomonas mobilis. In: Journal of Biotechnology, Bd. 2, H. 5, S. 275–287. DOI: http://dx.doi.org/10.1016/0168-1656(85)90030-6

Alon, U. (2007a): Network motifs: theory and experimental approaches. In: Nature Reviews Genetics, Bd. 8, H. 6, S. 450–461

Alon, U. 2007b: Simplicity in biology. In: Nature, Bd. 446, H. 7135, S. 497–497. DOI: http://dx.doi.org/doi:10.1038/446497a

Altman, A./Hasegawa, P. M. 2012: Introduction to plant biotechnology 2011: Basic aspects and agricultural implications. In: Altman, A./Hasegawa, P. M. (Hg.): Plant Biotechnology and Agriculture – Prospects for the 21st Century. Amsterdam u.a.O.: Elsevier, S. xxix–xxxviii

Amidi, M./de Raad, M./de Graauw, H./van Ditmarsch, D./Hennink, W. E./Crommelin, D. J./Mastrobattista, E. 2010: Optimization and quantification of protein synthesis inside liposomes. In: Journal of Liposome Research, Bd. 20, H. 1, S. 73–83. DOI: http://dx.doi.org/10.3109/08982100903402954

Anders, G. 1958: Die Antiquiertheit des Menschen. Über die Seele im Zeitalter der zweiten industriellen Revolution. Beck, München

Anderson, J. C./Clarke, E. J./Arkin, A. P./Voigt, C. A. 2006: Environmentally Controlled Invasion of Cancer Cells by Engineered Bacteria. In: Journal of Molecular Biology, Bd. 355, H. 4, S. 619–627. DOI: http://dx.doi.org/10.1016/j.jmb.2005.10.076

Anderson, J. C./Voigt, C. A./Arkin, A. P. 2007: Environmental signal integration by a modular AND gate. In: Molecular Systems Biology, Bd. 3, S. 133. DOI: http://dx.doi.org/10.1038/msb4100173

Andow, D. a./Zwahlen, C. 2006: Assessing environmental risks of transgenic plants. In: Ecology letters, Bd. 9, H. 2, S. 196–214. DOI: http://dx.doi.org/10.1111/j.1461-0248.2005.00846.x

Andrianantoandro, E./Basu, S./Karig, D. K./Weiss, R. 2006: Synthetic Biology: New Engineering Rules for an Emerging Discipline. In: Molecular Systems Biology, Bd. 2 Artikel Nr.: 2006.0028. DOI: http://dx.doi.org/10.1038/msb4100073

Anemaet, I. G./Bekker, M./Hellingwerf, K. J. 2010: Algal Photosynthesis as the Primary Driver for a Sustainable Development in Energy, Feed, and Food Production. In: Marine

Biotechnology, Bd. 12, H. 6, S. 619–629. DOI: http://dx.doi.org/10.1007/s10126-010-9311-1

Annaluru, N./Muller, H./Mitchell, L. A./Ramalingam, S./Stracquadanio, G./Richardson, S. M./Dymond, J. S./Kuang, Z./Scheifele, L. Z./Cooper, E. M./Cai, Y./Zeller, K./Agmon, N./Han, J. S./Hadjithomas, M./Tullman, J./Caravelli, K./Cirelli, K./Guo, Z./London, V./Yeluru, A./Murugan, S./Kandavelou, K./Agier, N./Fischer, G./Yang, K./Martin, J. A./Bilgel, M./Bohutski, P./Boulier, K. M./Capaldo, B. J./Chang, J./Charoen, K./Choi, W. J./Deng, P./DiCarlo, J. E./Doong, J./Dunn, J./Feinberg, J. I./Fernandez, C./Floria, C. E./Gladowski, D./Hadidi, P./Ishizuka, I./Jabbari, J./Lau, C. Y./Lee, P. A./Li, S./Lin, D./Linder, M. E./Ling, J./Liu, J./Liu, J./London, M./Ma, H./Mao, J./McDade, J. E./McMillan, A./Moore, A. M./Oh, W. C./Ouyang, Y./Patel, R./Paul, M./Paulsen, L. C./Qiu, J./Rhee, A./Rubashkin, M. G./Soh, I. Y./Sotuyo, N. E./Srinivas, V./Suarez, A./Wong, A./ Wong, R./Xie, W. R./Xu, Y./Yu, A. T./Koszul, R./Bader, J. S./Boeke, J. D./Chandrasegaran, S. 2014: Total synthesis of a functional designer eukaryotic chromosome. In: Science, Bd. 344, H. 6179, S. 55–58. DOI: http://dx.doi.org/10.1126/science.1249252

Anonymus. 2014: Synthetic biology: back to the basics. In: Nature Methods, Bd. 11, H. 5, S. 463–463. DOI: http://dx.doi.org/10.1038/nmeth.2941

Antoni, D./Zverlov, V. V./Schwarz, W. H. 2007: Biofuels from microbes. In: Applied Microbiology and Biotechnology, Bd. 77, H. 1, S. 23–35. DOI: http://dx.doi.org/10.1007/s00253-007-1163-x

Antunes, M. S./Morey, K. J./Smith, J. J./Albrecht, K. D./Bowen, T. a./Zdunek, J. K./Troupe, J. F./Cuneo, M. J./Webb, C. T./Hellinga, H. W./Medford, J. I. 2011: Programmable ligand detection system in plants through a synthetic signal transduction pathway. In: PLoS One, Bd. 6, H. 1, S. e16292-e16292. DOI: http://dx.doi.org/10.1371/journal.pone.0016292

Antunes, M. S./Morey, K. J./Tewari-Singh, N./Bowen, T. a./Smith, J. J./Webb, C. T./Hellinga, H. W./Medford, J. I. 2009: Engineering key components in a synthetic eukaryotic signal transduction pathway. In: Molecular systems biology, Bd. 5, H. 270, S. 270–270. DOI: http://dx.doi.org/10.1038/msb.2009.28

Arkin, A. P. 2008: Setting the Standard in Synthetic Biology. In: Nature Biotechnology, Bd. 26, H. 7, S. 771–774. DOI: http://dx.doi.org/10.1038/nbt0708-771

Arkin, A. P./Fletcher, D. A. 2006: Fast, cheap and somewhat in control. In: Genome Biology, Bd. 7, H. 8, S. 114–114

Arruda, P. 2012: Genetically Modified Sugarcane for Bioenergy Generation. In: Current Opinion in Biotechnology, Bd. 23, H. 3, S. 315–322. DOI: http://dx.doi.org/10.1016/j.copbio.2011.10.012

Ashby, M. F./Gibson, L. J./Wegst, U./Olive, R. 1995: The Mechanical Properties of Natural Materials. I. Material Property Charts. In: Proceeding Royal Society. Mathematical and Physical Scienes, Bd. 450, H. 1938, S. 123–140

Ball, P. 2005: Synthetic biology for nanotechnology. In: Nanotechnology, Bd. 16, H. 1, S. R1-R1. DOI: http://dx.doi.org/10.1088/0957-4484/16/1/R01

Baltimore, D./Berg, P./Botchan, M./Carroll, D./Charo, R. A./Church, G./Corn, J. E./Daley, G. Q./Doudna, J. A./Fenner, M./Greely, H. T./Jinek, M./Martin, G. S./Penhoet, E./Puck, J./ Sternberg, S. H./Weissman, J. S./Yamamoto, K. R. 2015: Biotechnology. A prudent path forward for genomic engineering and germline gene modification. In: Science, Bd. 348, H. 6230, S. 36–38. DOI: http://dx.doi.org/10.1126/science.aab1028

Bar-Even, A./Noor, E./Lewis, N. E./Milo, R. 2010: Design and analysis of synthetic carbon fixation pathways. In: Proceedings of the National Academy of Sciences of the United States of America, Bd. 107, H. 19, S. 8889–8894. DOI: http://dx.doi.org/10.1073/pnas.0907176107

Barthelat, F./Zhu, D. 2011: A novel biomimetic material duplicating the structure and mechanics of natural nacre. In: Journal of Materials Research, Bd. 26, H. 10, S. 1203–1215. DOI: http://dx.doi.org/10.1557/jmr.2011.65

Basu, S./Gerchman, Y./Collins, C. H./Arnold, F. H./Weiss, R. 2005: A synthetic multicellular system for programmed pattern formation. In: Nature, Bd. 434, H. 7037, S. 1130–1134. DOI: http://dx.doi.org/10.1038/nature03461

Basu, S./Mehreja, R./Thiberge, S./Chen, M. T./Weiss, R. 2004: Spatiotemporal Control of Gene Expression with Pulse-Generating Networks. In: Proceedings of the National Academy of Sciences of the United States of America, Bd. 101, H. 17, S. 6355–6360. DOI: http://dx.doi.org/10.1073/pnas.0307571101

Bath, J./Turberfield, A. J. 2007: DNA nanomachines. In: Nature Nanotechnology, Bd. 2, H. 5, S. 275–284. DOI: http://dx.doi.org/10.1038/nnano.2007.104

Beck, U./Giddens, A./Lash, S. 1996: Reflexive Modernisierung: Eine Kontroverse. Frankfurt/M.: Suhrkamp

Bedau, M. A./Parke, E. C./Tangen, U./Hantsche-Tangen, B. 2009: Social and ethical checkpoints for bottom-up synthetic biology, or protocells. In: Systems and Synthetic Biology, Bd. 3, H. 1–4, S. 65–75. DOI: http://dx.doi.org/10.1007/s11693-009-9039-2

Behrens, G. A./Hummel, A./Padhi, S. K./Schatzle, S./Bornscheuer, U. T. 2011: Discovery and Protein Engineering of Biocatalysts for Organic Synthesis. In: Advanced Synthesis & Catalysis, Bd. 353, H. 13, S. 2191–2215. DOI: http://dx.doi.org/10.1002/adsc.201100446

Ben-Ari, G./Lavi, U. 2012: Marker-assisted selection in plant breeding. In: Altman, A./Hasegawa, P. M. (Hg.): Plant Biotechnology and Agriculture – Prospects for the 21st Century Amsterdam u.a.O.: Academiv Press, S. 163–184

Benner, S. A. 2004: Understanding nucleic acids using synthetic chemistry. In: Accounts of Chemical Research, Bd. 37, H. 10, S. 784–797. DOI: http://dx.doi.org/10.1021/ar040004z

Benner, S. A./Sismour, A. M. 2005: Synthetic Biology. In: Nature Reviews Genetics, Bd. 6, H. 7, S. 533–543. DOI: http://dx.doi.org/10.1038/nrg1637

Benner, S. A./Yang, Z./Chen, F. 2011: Synthetic biology, tinkering biology, and artificial biology. What are we learning? In: Comptes Rendus Chimie, Bd. 14, H. 4, S. 372–387. DOI: http://dx.doi.org/10.1016/j.crci.2010.06.013

Bergelson, J./Purrington, C. B./Wichmann, G. 1998: Promiscuity in transgenic plants. In: Nature, Bd. 395, H. 6697, S. 25. DOI: http://dx.doi.org/10.1038/25626

Beyer, P./Al-babili, S./Ye, X./Lucca, P./Schaub, P./Welsch, R./Rice, G. 2002: Golden Rice : Introducing the ß-Carotene Biosynthesis Pathway into Rice Endosperm by Genetic Engineering to Defeat Vitamin A Deficiency 1. In: The Journal of Nutrition, S. 506–510. DOI: http://dx.doi.org/

Birchler, J. A./Krishnaswamy, L./Gaeta, R. T./Masonbrink, R. E./Zhao, C. 2010: Engineered Minichromosomes in Plants. In: Critical Reviews in Plant Sciences, Bd. 29, H. 3, S. 135–147. DOI: http://dx.doi.org/10.1080/07352681003709918

Blanch, H. W. 2012: Bioprocessing for Biofuels. In: Current Opinion in Biotechnology, Bd. 23, H. 3, S. 390–395. DOI: http://dx.doi.org/10.1016/j.copbio.2011.10.002

Blankenship, R. E./Tiede, D. M./Barber, J./Brudvig, G. W./Fleming, G./Ghirardi, M./Gunner, M. R./Junge, W./Kramer, D. M./Melis, A./Moore, T. a./Moser, C. C./Nocera, D. G./Nozik, A. J./Ort, D. R./Parson, W. W./Prince, R. C./Sayre, R. T. 2011: Comparing Photosynthetic and Photovoltaic Efficiencies and Recognizing the Potential for Improvement. In: Science, Bd. 332, H. 6031, S. 805–809. DOI: http://dx.doi.org/10.1126/science.1200165

Bley, T./Kirsten, C./Weitze, M.-D. 2009: Bioenergie in Deutschland. In: Bley, T. (Hg.): Biotechnologische Energieumwandlung: Gegenwärtige Situation, Chancen und künftiger Forschungsbedarf. Berlin; Heidelberg: Springer, S. 13–35

BMBF 2010: Nationale Forschungsstrategie BioÖkonomie 2030. Bonn, Berlin: Bundesministerium für Bildung und Forschung

Boldt, J./Muller, O. 2008: Newtons of the leaves of grass. In: Nature Biotechnology, Bd. 26, H. 4, S. 387–389

Böschen, S./Kastenhofer, K./Rust, I./Soentgen, J./Wehling, P. 2010: Scientific Nonknowledge and Its Political Dynamics: The Cases of Agri-Biotechnology and Mobile Phoning. In: Science, Technology & Human Values, Bd. 35, H. 6, S. 783–811. DOI: http://dx.doi.org/10.1177/0162243909357911

Böschen, S./Wehling, P. 2004: Wissenschaft zwischen Folgenverantwortung und Nichtwissen: aktuelle Perspektiven der Wissenschaftsforschung. Wiesbaden: VS

Boyle, A. L./Woolfson, D. N. 2011: De novo designed peptides for biological applications. In: Chemical Society reviews, H. 8. DOI: http://dx.doi.org/10.1039/c0cs00152j

Brand, U./von Gleich, A. 2015: Transformation toward a Secure and Precaution-Oriented Energy System with the Guiding Concept of Resilience – Implementation of Low-Exergy Solutions in Northwestern Germany. In: Energies, Bd. 8, H. 7, S. 6995–7019. DOI: http://dx.doi.org/10.3390/en8076995

Breckling, B./Middelhoff, U./Borgmann, P./Menzel, G./Brauner, R./Born, A./Laue, H./Schmidt, G./Schröder, W./Wurbs, A./Glemnitz, M. 2003: Biologische Risikoforschung zu gentechnisch veränderten Pflanzen in der Landwirtschaft: Das Beispiel Raps in Norddeutschland. In: Reuter, H./Beckling, B./Mitwollen, A. (Hg.): Gene, Bits und Ökosysteme. Frankfurt/M.: P. Lang,, S. 19–45

Breckling, B./Schmidt, G. 2015: Synthetic Biology and Genetic Engineering: Parallels in Risk Assessment. In: Giese, B./Pade, C./Wigger, H./von Gleich, A. (Hg.): Synthetic Biology: Character and Impact. Cham: Springer, S. 197–211

Breckling, B./Schmidt, G./Schröder, W. 2012: Systemische Risiken von GVO und ihre wissenschaftliche Analyse: Strukturelle Aspekte der Risiko-Charakterisierung von GVO. In: Breckling, B./Schmidt, G./Schröder, W. (Hg.): GeneRisk, Systemische Risiken der Gentechnik: Analyse von Umweltwirkungen gentechnisch veränderter Organismen in der Landwirtschaft. Berlin Heidelberg: Springer, S. 15–20

Breithaupt, H. 2006: The engineer's approach to biology. In: EMBO REPORTS, Bd. 7, H. 1, S. 21–24. DOI: http://dx.doi.org/10.1038/sj.embor.7400607

Bromley, E. H. C./Channon, K./Moutevelis, E./Woolfson, D. N. 2008: Peptide and protein building blocks for synthetic biology: From programming biomolecules to self-organized biomolecular systems. In: ACS Chemical Biology, Bd. 3, H. 1, S. 38–50. DOI: http://dx.doi.org/10.1021/cb700249v

Brooks, A. E./Stricker, S. M./Joshi, S. B./Kamerzell, T. J./Middaugh, C. R./Lewis, R. V. 2008: Properties of synthetic spider silk fibers based on Argiope aurantia MaSp2. In: Biomacromolecules, Bd. 9, H. 6, S. 1506–1510. DOI: http://dx.doi.org/10.1021/bm701124p

Brubaker, C. E./Messersmith, P. B. 2012: The present and future of biologically inspired adhesive interfaces and materials. In: Langmuir, Bd. 28, H. 4, S. 2200–2205. DOI: http://dx.doi.org/10.1021/la300044v

Buchner, E. 1897: Alkoholische Gärung ohne Hefezellen. In: Berichte der deutschen chemischen Gesellschaft, Bd. 30, H. 1, S. 117–124. DOI: http://dx.doi.org/10.1002/cber.18970300121

Buehler, M. J. 2010a: Materiomics: biological protein materials, from nano to macro. In: Nanotechnology, Science and Applications, S. 127. DOI: http://dx.doi.org/10.2147/NSA.S9037

Buehler, M. J. 2010b: Multiscale Mechanics of Biological and Biologically Inspired Materials and Structures. In: Acta Mechanica Solida Sinica, Bd. 23, H. 6, S. 471–483

Bujara, M./Panke, S. 2010: Engineering in complex systems. In: Current Opinion in Biotechnology, Bd. 21, S. 586–591. DOI: http://dx.doi.org/10.1016/j.copbio.2010.07.007

Bujara, M./Schümperli, M./Billerbeek, S./Heinemann, M./Panke, S. 2010: Exploiting Cell-Free Systems: Implementation and Debugging of a System of Biotransformations. In: Biotechnology and Bioengineering, Bd. 106, H. 3, S. 376–389. DOI: http://dx.doi.org/10.1002/bit.22666

Cachat, E./Davies, J. A. 2011: Application of Synthetic Biology to Regenerative Medicine. In: Journal of Bioengineering and Biomedical Sciences Artikel Nr.: S2:003. DOI: http://dx.doi.org/10.4172/2155-9538.s2-003

Callow, J. A./Callow, M. E. 2011: Trends in the development of environmentally friendly fouling-resistant marine coatings. In: Nature Communications, Bd. 2, S. 244. DOI: http://dx.doi.org/10.1038/ncomms1251

Calvert, J. 2008: The Commodification of Emergence: Systems Biology, Synthetic Biology and Intellectual Property. In: BioSocieties, Bd. 3, H. 4, S. 383–398

Cambray, G./Mutalik, V. K./Arkin, A. P. 2011: Toward Rational Design of Bacterial Genomes. In: Current Opinion in Microbiology, Bd. 14, H. 5, S. 624–630. DOI: http://dx.doi.org/10.1016/j.mib.2011.08.001

Canton, B./Labno, A./Endy, D. 2008: Refinement and standardization of synthetic biological parts and devices. In: Nature Biotechnology, Bd. 26, H. 7, S. 787–793. DOI: http://dx.doi.org/10.1038/nbt1413

Carlson, E. D./Gan, R./Hodgman, C. E./Jewett, M. C. 2012: Cell-free protein synthesis: Applications come of age. In: Biotechnology Advances, Bd. 30, H. 5, S. 1185–1194. DOI: http://dx.doi.org/10.1016/j.biotechadv.2011.09.016

Carothers, J. M./Goler, J. A./Keasling, J. D. 2009: Chemical synthesis using synthetic biology. In: Current Opinion in Biotechnology, Bd. 20, H. 4, S. 498–503

Carpita, N. C. 2012: Progress in the Biological Synthesis of the Plant Cell Wall: New Ideas for Improving Biomass for Bioenergy. In: Current Opinion in Biotechnology, Bd. 23, H. 3, S. 330–337. DOI: http://dx.doi.org/10.1016/j.copbio.2011.12.003

Cartwright, J. H./Checa, A. G. 2007: The dynamics of nacre self-assembly. In: Journal of the Royal Society Interface, Bd. 4, H. 14, S. 491–504. DOI: http://dx.doi.org/10.1098/rsif.2006.0188

Century, K./Reuber, T. L./Ratcliffe, O. J. 2008: Regulating the regulators: the future prospects for transcription-factor-based agricultural biotechnology products. In: Plant Physiology, Bd. 147, H. 1, S. 20–29. DOI: http://dx.doi.org/10.1104/pp.108.117887

Channon, K./Bromley, E. H. C./Woolfson, D. N. 2008: Synthetic biology through biomolecular design and engineering. In: Current Opinion in Structural Biology, Bd. 18, H. 4, S. 491–498. DOI: http://dx.doi.org/10.1016/j.sbi.2008.06.006

Check Hayden, E. 2014: Synthetic-biology firms shift focus. In: Nature, Bd. 505, H. 7485, S. 598. DOI: http://dx.doi.org/10.1038/505598a

Check Hayden, E. 2015: Synthetic biology called to order. In: Nature, Bd. 520, H. 7546, S. 141–142. DOI: http://dx.doi.org/10.1038/520141a

Chen, F./Yang, Z./Yan, M./Alvarado, J. B./Wang, G./Benner, S. A. 2011: Recognition of an expanded genetic alphabet by type-II restriction endonucleases and their application to analyze polymerase fidelity. In: Nucleic Acids Research, Bd. 39, H. 9, S. 3949–3961

Chen, P.-Y./McKittrick, J./Meyers, M. A. 2012: Biological materials: Functional adaptations and bioinspired designs. In: Progress in Materials Science, Bd. 57, H. 8, S. 1492–1704. DOI: http://dx.doi.org/10.1016/j.pmatsci.2012.03.001

Chen, Y./Chen, H./Shi, J. 2013: In vivo bio-safety evaluations and diagnostic/therapeutic applications of chemically designed mesoporous silica nanoparticles. In: Advanced Materials, Bd. 25, H. 23, S. 3144–3176. DOI: http://dx.doi.org/10.1002/adma.201205292

Chiarabelli, C./Stano, P./Anella, F./Carrara, P./Luisi, P. L. 2012: Approaches to chemical synthetic biology. In: FEBS Letters, Bd. 586, H. 15, S. 2138–2145. DOI: http://dx.doi.org/10.1016/j.febslet.2012.01.014

Chung, H./Kim, T. Y./Lee, S. Y. 2012: Recent advances in production of recombinant spider silk proteins. In: Current Opinion in Biotechnology. DOI: http://dx.doi.org/10.1016/j.copbio.2012.03.013

Church, G. M./Gao, Y./Kosuri, S. 2012: Next-generation digital information storage in DNA. In: Science, Bd. 337, H. 6102, S. 1628. DOI: http://dx.doi.org/10.1126/science.1226355

Church, G. M./Regis, E. 2012: Regenesis How Synthetic Biology Will Reinvent Nature and Ourselves. New York: Basic Books

Clomburg, J. M./Gonzalez, R. 2010: Biofuel Production in Escherichia Coli: The Role of Metabolic Engineering and Synthetic Biology. In: Applied Microbiology and Biotechnology, Bd. 86, H. 2, S. 419–434. DOI: http://dx.doi.org/10.1007/s00253-010-2446-1

Collingridge, D. 1980: The social control of technology. New York: St. Martin's Press

Collins, M. L./Irvine, B./Tyner, D./Fine, E./Zayati, C./Chang, C./Horn, T./Ahle, D./Detmer, J./Shen, L. P./Kolberg, J./Bushnell, S./Urdea, M. S./Ho, D. D. 1997: A branched DNA signal amplification assay for quantification of nucleic acid targets below 100 molecules/ml. In: Nucleic Acids Research, Bd. 25, H. 15, S. 2979–2984. DOI: http://dx.doi.org/10.1093/nar/25.15.2979

Conner, A. J./Glare, T. R./Nap, J.-P. 2003: The release of genetically modified crops into the environment. Part II. Overview of ecological risk assessment. In: Plant Journal, Bd. 33, H. 1, S. 19–46

Connor, M. R./Atsumi, S. 2010: Synthetic Biology Guides Biofuel Production. In: Journal of Biomedicine And Biotechnology, Bd. 2010 Artikel Nr.: 541698. DOI: http://dx.doi.org/10.1155/2010/541698

Cook, M. 2010: Synthetic Life or Cellular Machine? In: Australasian Science, Bd. 31, H. 6, S. 48

Cooney, M. J./Svoboda, V./Lau, C./Martin, G./Minteer, S. D. 2008: Enzyme catalysed biofuel cells. In: Energy & Environmental Science, Bd. 1, H. 3, S. 320–337

Csete, M. E./Doyle, J. C. 2002: Reverse Engineering of Biological Complexity. In: Science, Bd. 295, H. 5560, S. 1664–1669. DOI: http://dx.doi.org/10.1126/Science.1069981

Dana, G. V./Kuiken, T./Rejeski, D./Snow, A. A. 2012: Synthetic biology: Four steps to avoid a synthetic-biology disaster. In: Nature, Bd. 483, H. 7387, S. 29–29

Das, S./Priess, J. A./Schweitzer, C. 2010: Biofuel Options for India-Perspectives on Land Availability, Land Management and Land-Use Change. In: Journal of Biobased Materials and Bioenergy, Bd. 4, H. 3, S. 243–255. DOI: http://dx.doi.org/10.1166/Jbmb.2010.1089

Dassanayake, M./Oh, D.-H./Yun, D.-J./Bressan, R. A./Cheeseman, J. M./Bohnert, J. H. 2012: The scope of things to come. In: Altman, A./Hasegawa, P. M. (Hg.): Plant Biotechnology and Agriculture – Prospects for the 21st Century. Amsterdam: Academic Press S. 19–34

Deans, T. L./Cantor, C. R./Collins, J. J. 2007: A tunable genetic switch based on RNAi and repressor proteins for regulating gene expression in mammalian cells. In: Cell, Bd. 130, H. 2, S. 363–372. DOI: http://dx.doi.org/10.1016/j.cell.2007.05.045

Dellomonaco, C./Fava, F./Gonzalez, R. 2010: The Path to Next Generation Biofuels: Successes and Challenges in the Era of Synthetic Biology. In: Microbial Cell Factories, Bd. 9, H. 3. DOI: http://dx.doi.org/10.1186/1475-2859-9-3

Daele, W. van den /Pühler, A./Sukopp, H. 1996: Grüne Gentechnik im Widerstreit: Modell einer partizipativen Technikfolgenabschätzung zum Einsatz transgener herbizidresistenter Pflanzen. Weinheim: VCH

Dethoff, E. A./Chugh, J./Mustoe, A. M./Al-Hashimi, H. M. 2012: Functional Complexity and Regulation through RNA Dynamics. In: Nature, Bd. 482, S. 322–330. DOI: http://dx.doi.org/10.1038/nature10885

DFG/acatech/Leopoldina. 2009: Stellungnahme Synthetische Biologie. Weinheim:Wiley-VCH

Dhar, M. K./Kaul, S./Kour, J. 2011: Towards the development of better crops by genetic transformation using engineered plant chromosomes. In: Plant Cell Reports, Bd. 30, H. 5, S. 799–806. DOI: http://dx.doi.org/10.1007/s00299-011-1001-6

Dietz, S./Panke, S. 2010: Microbial systems engineering: First successes and the way ahead. In: BioEssays, Bd. 32, H. 4, S. 356–362. DOI: http://dx.doi.org/10.1002/bies.200900174

Doktycz, M. J./Simpson, M. L. 2007: Nano-enabled synthetic biology. In: Molecular Systems Biology, Bd. 3, S. 125. DOI: http://dx.doi.org/10.1038/msb4100165

Drexler, K. E. 1986: Engines of Creation: The Coming Era of Nanotechnology. New York: Anchor

Ducat, D. C./Silver, P. A. 2012: Improving Carbon Fixation Pathways. In: Current Opinion in Chemical Biology, Bd. 16, H. 3–4, S. 337–344. DOI: http://dx.doi.org/10.1016/j.cbpa.2012.05.002

Dunlop, J. W. C./Fratzl, P. 2012: Multilevel architectures in natural materials. In: Scripta Materialia, S. 8–12. DOI: http://dx.doi.org/10.1016/j.scriptamat.2012.05.045

Dupuy, J.-P. 2004: Complexity and Uncertainty: A Prudential Approach to Nanotechnology. In: European Commission – Health and Consumer Protection Directorate General (Hg.): Nanotechnologies: A Preliminary Risk Analysis on the Basis of a Workshop Organized in Brussels on 1–2 March 2004 by the Health and Consumer Protection Directorate General of the European Commission. Commission of the European Communities – Health and Consumer Protection Directorate General, Brussels, S. 71–94

Dupuy, L./Mackenzie, J./Haseloff, J. 2010: Coordination of plant cell division and expansion in a simple morphogenetic system. In: Proceedings of the National Academy of Sciences of the United States of America, Bd. 107, H. 6, S. 2711–2716. DOI: http://dx.doi.org/10.1073/pnas.0906322107

Dupuy, L./Mackenzie, J./Rudge, T./Haseloff, J. 2008: A system for modelling cell-cell interactions during plant morphogenesis. In: Annals of Botany, Bd. 101, H. 8, S. 1255–1265. DOI: http://dx.doi.org/10.1093/aob/mcm235

Dymond, J. S./Richardson, S. M./Coombes, C. E./Babatz, T./Muller, H./Annaluru, N./Blake, W. J./Schwerzmann, J. W./Dai, J./Lindstrom, D. L./Boeke, A. C./Gottschling, D. E./ Chandrasegaran, S./Bader, J. S./Boeke, J. D. 2011: Synthetic chromosome arms function in yeast and generate phenotypic diversity by design. In: Nature. DOI: http://dx.doi.org/10.1038/nature10403

Ebeling, W./Feistel, R. 1994: Chaos und Kosmos. Prinzipien der Evolution. S. 34. DOI: http://dx.doi.org/

EEA – European Environment Agency 2001: Late Lessons from Early Warnings: The Precautionary Principle 1896–2000. (EEA), E. E. A., Copenhagen. Internet: http://www.eea.europa.eu/publications/environmental_issue_report_2001_22 [zuletzt aufgesucht am 10. 07.2012]

Ehrlich, H. 2010: Biomaterials and Biological Materials, Common Definitions, History, and Classification. In: Ehrlich, H. (Hg.): Biological Materials of Marine Origin, Biologically-Inspired Systems 1. Dordrecht u.a.O.: Springer, S. 3–22

Eickenbusch, H./Hoffknecht, A./Holtmannspötter, D./Wagner, V./Zweck, A. (VDI-Technologiezentrum – Zukünftige Technologien Consulting). 2003: Ansätze zur technischen Nutzung der Selbstorganisation. VDI-Technologiezentrum – Zukünftige Technologien Consulting, Düsseldorf. Internet: http://www.vditz.de/fileadmin/media/publications/pdf/bd481 .pdf [zuletzt aufgesucht am 20.3.2014]

Eisoldt, L./Smith, A./Scheibel, T. 2011: Decoding the secrets of spider silk. In: Materials Today, Bd. 14, H. 3, S. 80–86. DOI: http://dx.doi.org/10.1016/s1369-7021(11)70057-8

Eldar, A./Elowitz, M. B. 2010: Functional roles for noise in genetic circuits. In: Nature, Bd. 467, H. 7312, S. 167–173

Elkins, J. G./Raman, B./Keller, M. 2010: Engineered Microbial Systems for Enhanced Conversion of Lignocellulosic Biomass. In: Current Opinion in Biotechnology, Bd. 21, H. 5, S. 657–662. DOI: http://dx.doi.org/10.1016/j.copbio.2010.05.008

Ellis, D. I./Goodacre, R. 2012: Metabolomics-assisted synthetic biology. In: Current Opinion in Biotechnology, Bd. 23, H. 1, S. 22–28. DOI: http://dx.doi.org/10.1016/j.copbio.2011.10.014

Ellis, T./Wang, X./Collins, J. J. 2009: Diversity-Based, Model-Guided Construction of Synthetic Gene Networks with Predicted Functions. In: Nature Biotechnology, Bd. 27, H. 5, S. 465–471. DOI: http://dx.doi.org/10.1038/nbt.1536

Elowitz, M. B./Leibler, S. 2000: A synthetic oscillatory network of transcriptional regulators. In: Nature, Bd. 403, H. 6767, S. 335–338. DOI: http://dx.doi.org/10.1038/35002125

Endy, D. 2005: Foundations for Engineering Biology. In: Nature, Bd. 438, H. 7067, S. 449–453. DOI: http://dx.doi.org/10.1038/nature04342

Engelhard, M. 2010: Biosicherheit in der Synthetischen Biologie. In: Die Politische Meinung, H. 493, S. 17–22

Esvelt, K. M./Smidler, A. L./Catteruccia, F./Church, G. M. 2014: Concerning RNA-guided gene drives for the alteration of wild populations. In: eLife, S. e03401. DOI: http://dx.doi.org/10.7554/eLife.03401

ETAG (European Technology Assessment Group). 2009: Making a perfect life: Bioengineering in the 21st century. European Technology Assessment Group, Rathenau Institute, The Hague

ETC Group. 2007: Extreme Genetic Engineering: An Introduction to Synthetic Biology. ETC Group. Internet: http://www.etcgroup.org/sites/www.etcgroup.org/files/publication/602/01/synbioreportweb.pdf [zuletzt aufgesucht am 22.3.2014]

ETC Group. 2010: The New Biomassters: Synthetic Biology and the Next Assault on Biodiversity and Livelihoods. Internet: http://www.etcgroup.org/sites/www.etcgroup.org/files/biomassters_27feb2011.pdf [zuletzt aufgesucht am 24.3.2014]

EU 1993: Biotechnology and Genetic Engineering, What Europeans think about it in 1993

Evenson, R. E./Gollin, D. 2003: Assessing the impact of the green revolution, 1960 to 2000. In: Science, Bd. 300, H. 5620, S. 758–762. DOI: http://dx.doi.org/10.1126/science.1078710

Evonik. 2013: Synthesegas schmeckt Bakterien. Essen: Evonik Industries AG

Fargione, J./Hill, J./Tilman, D./Polasky, S./Hawthorne, P. 2008: Land clearing and the biofuel carbon debt. In: Science, Bd. 319, H. 5867, S. 1235–1238. DOI: http://dx.doi.org/10.1126/science.1152747

Farr, C./Fantes, J./Goodfellow, P./Cooke, H. 1991: Functional reintroduction of human telomeres into mammalian cells. In: Proceedings of the National Academy of Sciences of the United States of America, Bd. 88, S. 7006–7010

Fast, A. G./Papoutsakis, E. T. 2012: Stoichiometric and energetic analyses of non-photosynthetic CO_2-fixation pathways to support synthetic biology strategies for production of fuels and chemicals. In: Current Opinion in Chemical Engineering, Bd. 1, H. 4, S. 380–395. DOI: http://dx.doi.org/10.1016/j.coche.2012.07.005

Fedoroff, N. V. 2010: The past, present and future of crop genetic modification. In: New Biotechnology, Bd. 27, H. 5, S. 461–465. DOI: http://dx.doi.org/10.1016/j.nbt.2009.12.004

Fehér, T./Papp, B./Pal, C./Pósfai, G. 2007: Systematic genome reductions: theoretical and experimental approaches. In: Chemical Reviews, Bd. 107, H. 8, S. 3498–3513. DOI: http://dx.doi.org/10.1021/cr0683111

Fellermann, H./Rasmussen, S./Ziock, H.-J./Solé, R. V. 2007: Life cycle of a minimal protocell: A dissipative particle dynamics study. In: Artificial life, Bd. 13, H. 4, S. 319–345. DOI: http://dx.doi.org/10.1162/artl.2007.13.4.319

Ferber, D. 2004: Microbes made to Order. In: Science, Bd. 303, H. 5655, S. 158–158. DOI: http://dx.doi.org/10.1126/science.303.5655.158

Feynman, R. P. 2006 (1985): QED: The Strange Theory of Light and Matter (with a new introduction by A. Zee). Princeton University Press, Princeton

Fischbach, M./Voigt, C. A. 2010: Prokaryotic gene clusters: A rich toolbox for synthetic biology. In: Biotechnology Journal, Bd. 5, H. 12, S. 1277–1296. DOI: http://dx.doi.org/10.1002/biot.201000181

Flavell, R. 2010: Knowledge and technologies for sustainable intensification of food production. In: New Biotechnology, Bd. 27, H. 5, S. 505–516. DOI: http://dx.doi.org/10.1016/j.nbt.2010.05.019

FoE (Friends of the Earth). 2010: Synthetic Solutions to the Climate Crisis: The Dangers of Synthetic Biology for Biofuels Production. Internet: http://libcloud.s3.amazonaws.com/93/59/9/529/1/SynBio-Biofuels_Report_Web.pdf [zuletzt aufgesucht am 25.3.2014]

Folcher, M./Fussenegger, M. 2012: Synthetic biology advancing clinical applications. In: Current Opinion in Chemical Biology, Bd. 16, H. 3–4, S. 345–354. DOI: http://dx.doi.org/10.1016/j.cbpa.2012.06.008

Forster, A. C./Church, G. M. 2006: Towards synthesis of a minimal cell. In: Molecular Systems Biology, Bd. 2, S. 45–45. DOI: http://dx.doi.org/10.1038/msb4100090

Forster, A. C./Church, G. M. 2007: Synthetic biology projects in vitro. In: Genome Research, Bd. 17, H. 1, S. 1–6

Fratzl, P./Barth, F. G. 2009: Biomaterial systems for mechanosensing and actuation. In: Nature, Bd. 462, H. 7272, S. 442–448. DOI: http://dx.doi.org/10.1038/nature08603

French, C. E. 2009: Synthetic Biology and Biomass Conversion: A Match Made in Heaven? In: Journal of the Royal Society Interface, Bd. 6, H. S4, S. S547–S558. DOI: http://dx.doi.org/10.1098/rsif.2008.0527.focus

Friedrich, B./Fritsch, J./Lenz, O. 2011: Oxygen-Tolerant Hydrogenases in Hydrogen-Based Technologies. In: Current Opinion in Biotechnology, Bd. 22, H. 3, S. 358–364. DOI: http://dx.doi.org/10.1016/j.copbio.2011.01.006

Fritz, G./Buchler, N. E./Hwa, T./Gerland, U. 2007: Designing sequential transcription logic: A simple genetic circuit for conditional memory. In: Systems and Synthetic Biology, Bd. 1, H. 2, S. 89–98. DOI: http://dx.doi.org/10.1007/s11693-007-9006-8

Fuchs, G. 2006: Phototrophe Lebensweise. In: Fuchs, G. (Hg.): Allgemeine Mikrobiologie (8. Aufl.). Stuttgart: Thieme, S. 405–438

Führ, M. 2011: Praxishandbuch REACH. Köln: Heymann

Fujisawa, M./Takita, E./Harada, H./Sakurai, N./Suzuki, H./Ohyama, K./Shibata, D./Misawa, N. 2009: Pathway engineering of Brassica napus seeds using multiple key enzyme genes involved in ketocarotenoid formation. In: Journal of Experimental Botany, Bd. 60, H. 4, S. 1319–1332. DOI: http://dx.doi.org/10.1093/jxb/erp006

Fukushima, A./Kusano, M./Redestig, H./Arita, M./Saito, K. 2009: Integrated omics approaches in plant systems biology. In: Current Opinion in Chemical Biology, Bd. 13, H. 5–6, S. 532–538. DOI: http://dx.doi.org/10.1016/j.cbpa.2009.09.022

Gaeta, R. T./Masonbrink, R. E./Krishnaswamy, L./Zhao, C./Birchler, J. A. 2012: Synthetic chromosome platforms in plants. In: Annual Review of Plant Biology, Bd. 63, S. 307–330. DOI: http://dx.doi.org/10.1146/annurev-arplant-042110-103924

Gardner, T. S./Cantor, C. R./Collins, J. J. 2000: Construction of a genetic toggle switch in Escherichia coli. In: Nature, Bd. 403, H. 6767, S. 339–342. DOI: http://dx.doi.org/10.1038/35002131

Gentechnikgesetz. 1990: Gentechnikgesetz in der Fassung der Bekanntmachung vom 16. Dezember 1993 (BGBl. I S. 2066), das durch Artikel 4 Absatz 14 des Gesetzes vom 7. August 2013 (BGBl. I S. 3154) geändert worden ist

GenTSV. 1990: Gentechnik-Sicherheitsverordnung in der Fassung der Bekanntmachung vom 14. März 1995 (BGBl. I S. 297), die zuletzt durch Artikel 4 der Verordnung vom 18. Dezember 2008 (BGBl. I S. 2768) geändert worden ist

Ghim, C.-M./Kim, T./Mitchell, R. J./Lee, S. K. 2010: Synthetic Biology for Biofuels: Building Designer Microbes from the Scratch. In: Biotechnology and Bioprocess Engineering, Bd. 15, H. 1, S. 11–21. DOI: http://dx.doi.org/10.1007/s12257-009-3065-5

Gibson, D. G./Glass, J. I./Lartigue, C./Noskov, V. N./Chuang, R. Y./Algire, M. A./Benders, G. A./Montague, M. G./Ma, L./Moodie, M. M./Merryman, C./Vashee, S./Krishnakumar, R./Assad-Garcia, N./Andrews-Pfannkoch, C./Denisova, E. A./Young, L./Qi, Z. Q./Segall-Shapiro, T. H./Calvey, C. H./Parmar, P. P./Hutchison, C. A., 3rd/Smith, H. O./Venter, J. C. 2010: Creation of a bacterial cell controlled by a chemically synthesized genome. In: Science, Bd. 329, H. 5987, S. 52–56. DOI: http://dx.doi.org/10.1126/science.1190719

Gibson, D. G./Young, L./Chuang, R. Y./Venter, J. C./Hutchison, C. A., 3rd/Smith, H. O. 2009: Enzymatic assembly of DNA molecules up to several hundred kilobases. In: Nature Methods, Bd. 6, H. 5, S. 343–345. DOI: http://dx.doi.org/10.1038/nmeth.1318

Giese, B./von Gleich, A. 2015: Hazards, Risks, and Low Hazard Development Paths of Synthetic Biology. In: Giese, B./Pade, C./Wigger, H./von Gleich, A. (Hg.): Synthetic Biology: Character and Impact. Cham: Springer, S. 173–195

Giese, B./Koenigstein, S./Wigger, H./Schmidt, J./Gleich, A. 2013: Rational Engineering Principles in Synthetic Biology: A Framework for Quantitative Analysis and an Initial Assessment. In: Biological Theory, S. 1–10. DOI: http://dx.doi.org/10.1007/s13752-013-0130-2

Giese, B./Pade, C./Wigger, H./von Gleich, A. (Hg.). 2015: Synthetic Biology: Character and Impact. Cham: Springer

Gilbert, L. A./Larson, M. H./Morsut, L./Liu, Z./Brar, G. A./Torres, S. E./Stern-Ginossar, N./Brandman, O./Whitehead, E. H./Doudna, J. A./Lim, W. A./Weissman, J. S./Qi, L. S. 2013: CRISPR-mediated modular RNA-guided regulation of transcription in eukaryotes. In: Cell, Bd. 154, H. 2, S. 442–451. DOI: http://dx.doi.org/10.1016/j.cell.2013.06.044

Gleich, A. von 1989: Der wissenschaftliche Umgang mit der Natur: Über die Vielfalt harter und sanfter Naturwissenschaften. Frankfurt/M., New York: Campus

Gleich, A. von 1998: Ökologische Kriterien der Technik- und Stoffbewertung: Integration des Vorsorgeprinzips – Teil I: Die Bedeutung von Kriterien in der Technik- und Stoffbewertung. In: Umweltwissenschaften und Schadstoff-Forschung, Bd. 10, H. 6, S. 367–373. DOI: http://dx.doi.org/10.1007/bf03037681

Gleich, A. von 1999a: Ökologische Kriterien der Technik- und Stoffbewertung: Integration des Vorsorgeprinzips – Teil II: Kriterien zur Charakterisierung von Techniken und Stoffen. In: Umweltwissenschaften und Schadstoff-Forschung, Bd. 11, H. 1, S. 21–32. DOI: http://dx.doi.org/10.1007/bf03037757

Gleich, A. von 1999b: Ökologische Kriterien der Technik- und Stoffbewertung: Integration des Vorsorgeprinzips – Teil III: Ein Raster ökologischer Bewertungskriterien. In: Umweltwissenschaften und Schadstoff-Forschung, Bd. 11, H. 2, S. 99–102. DOI: http://dx.doi.org/10.1007/bf03037906

Gleich, A. von 1999c: Vorsorgeprinzip. In: Sundermann, K./Bröchler, S./Simonis, G. (Hg.): Handbuch Technikfolgenabschätzung. Berlin: edition sigma

Gleich, A. von 2013: Prospektive Technikbewertung und Technikgestaltung zur Umsetzung des Vorsorgeprinzips. In: Simonis, G. (Hg.): Konzepte und Verfahren der Technikfolgenabschätzung. Wiesbaden: Springer Fachmedien, S. 51–73

Gleich, A. von/Gößling-Reisemann, S./Stührmann, S./Woizeschke, P./Lutz-Kunisch, B. 2010a: Resilienz als Leitkonzept – Vulnerabilität als analytische Kategorie. In: Fichter, K./Gleich, A. v./Pfriem, R./Siebenhüner, B. (Hg.): Theoretische Grundlagen für erfolgreiche Klimaanpassungsstrategien, Bd. 1. Bremen, Oldenburg

Gleich, A. von/Pade, C./Petschow, U./Pissarskoi, E. 2007: Bionik – Aktuelle Trends und zukünftige Potenziale. Bremen

Gleich, A. von/Pade, C./Petschow, U./Pissarskoi, E. 2010b: Potentials and Trends in Biomimetics. Berlin, Heidelberg: Springer

GR/RGO/KNAW (Gesondheidsraad; Raad voor Gezondheidsonderzoek; Koninklijke Nederlandse Akademie van Wetenschappen). 2008: Synthetic Biology: Creating Opportunities. Gezondheidsraad, The Hague. Internet: http://www.gezondheidsraad.nl/sites/default/files/200819E_0.pdf [zuletzt aufgesucht am 15.10.2013]

Greber, D./Fussenegger, M. 2007: Mammalian synthetic biology: engineering of sophisticated gene networks. In: Journal of Biotechnology, Bd. 130, H. 4, S. 329–345. DOI: http://dx.doi.org/10.1016/j.jbiotec.2007.05.014

Gressel, J. 2010: Gene flow of transgenic seed-expressed traits: Biosafety considerations. In: Plant Science, Bd. 179, H. 6, S. 630–634. DOI: http://dx.doi.org/10.1016/j.plantsci.2010.02.012

Grünberg, R./Serrano, L. 2010: Strategies for Protein Synthetic Biology. In: Nucleic Acids Research, Bd. 38, H. 8, S. 2663–2675. DOI: http://dx.doi.org/10.1093/nar/gkq139

Grunwald, I./Rischka, K./Kast, S. M./Scheibel, T./Bargel, H. 2009: Mimicking biopolymers on a molecular scale: nano(bio)technology based on engineered proteins. In: Philosophical Transactions-Series A, Mathematical, Physical, and Engineering Sciences, Bd. 367, H. 1894, S. 1727–1747. DOI: http://dx.doi.org/10.1098/rsta.2009.0012

Guido, N. J./Wang, X./Adalsteinsson, D./McMillen, D./Hasty, J./Cantor, C. R./Elston, T. C./Collins, J. J. 2006: A bottom-up approach to gene regulation. In: Nature, Bd. 439, H. 7078, S. 856–860. DOI: http://dx.doi.org/10.1038/nature04473

Guo, P. 2010: The emerging field of RNA nanotechnology. In: Nature Nanotechnology, Bd. 5, H. 12, S. 833–842. DOI: http://dx.doi.org/10.1038/nnano.2010.231

Guterl, J.-K./Sieber, V. 2013: Biosynthesis „debugged“: Novel bioproduction strategies. In: Engineering in Life Sciences, Bd. 13, H. 1, S. 4–18. DOI: http://dx.doi.org/10.1002/elsc.201100231

Gutterson, N./Zhang, J. Z. 2004: Genomics applications to biotech traits: a revolution in progress? In: Current Opinion in Plant Biology, Bd. 7, H. 2, S. 226–230. DOI: http://dx.doi.org/10.1016/j.pbi.2003.12.002

Han, D./Pal, S./Nangreave, J./Deng, Z./Liu, Y./Yan, H. 2011: DNA origami with complex curvatures in three-dimensional space. In: Science, Bd. 332, H. 6027, S. 342–346. DOI: http://dx.doi.org/10.1126/science.1202998

Hansen, S. F./Carlsen, L./Tickner, J. A. 2007: Chemicals regulation and precaution: does REACH really incorporate the precautionary principle. In: Environmental Science & Policy, Bd. 10, H. 5, S. 395–404. DOI: http://dx.doi.org/10.1016/j.envsci.2007.01.001

Harfouche, A./Meilan, R./Altman, A. 2011: Tree genetic engineering and applications to sustainable forestry and biomass production. In: Trends in Biotechnology, Bd. 29, H. 1, S. 9–17. DOI: http://dx.doi.org/10.1016/j.tibtech.2010.09.003

Harris, D. C./Jewett, M. C. 2012: Cell-free biology: Exploiting the interface between synthetic biology and synthetic chemistry. In: Current Opinion in Biotechnology, Bd. 23, H. 5, S. 672–678. DOI: http://dx.doi.org/10.1016/j.copbio.2012.02.002

Hasty, J./McMillen, D./Collins, J. J. 2002: Engineered gene circuits. In: Nature, Bd. 420, S. 224–230. DOI: http://dx.doi.org/10.1038/nature01257

Hawkins, A. S./McTernan, P. M./Lian, H./Kelly, R. M./Adams, M. W. W. 2013: Biological conversion of carbon dioxide and hydrogen into liquid fuels and industrial chemicals. In: Current Opinion in Biotechnology, Bd. 24, H. 3, S. 376–384. DOI: http://dx.doi.org/10.1016/j.copbio.2013.02.017

Hayashi, C. Y. 2000: Molecular Architecture and Evolution of a Modular Spider Silk Protein Gene. In: Science, Bd. 287, H. 5457, S. 1477–1479. DOI: http://dx.doi.org/10.1126/science.287.5457.1477

Heider, J. 2006: Oxidation anorganischer Verbindungen: Chemolithotrophe Lebensweise. In: Fuchs, G. (Hg.): Allgemeine Mikrobiologie (8. Aufl.). Stuttgart: Thieme, S. 321–346

Heinemann, M./Panke, S. 2006: Synthetic biology – putting engineering into biology. In: Bioinformatics, Bd. 22, H. 22, S. 2790–2799

Hellingwerf, K. J./Teixeira de Mattos, M. J. 2009: Alternative routes to biofuels: Light-driven biofuel formation from CO_2 and water based on the 'photanol' approach. In: Journal of Biotechnology, Bd. 142, H. 1, S. 87–90. DOI: http://dx.doi.org/10.1016/j.jbiotec.2009.02.002

Henry, A. A./Romesberg, F. E. 2003: Beyond A, C, G and T: augmenting nature's alphabet. In: Current Opinion in Chemical Biology, Bd. 7, H. 6, S. 727–733

Herdewijn, P./Marliere, P. 2009: Toward Safe Genetically Modified Organisms through the Chemical Diversification of Nucleic Acids. In: Helvetica Chimica Acta, Bd. 6

Heslop-Harrison, J. S./Schwarzacher, T. 2012: Genetics and genomics of crop domestication. In: Altmann, A./Hasegawa, P. M. (Hg.): Plant Biotechnology and Agriculture – Prospects for the 21st Century. Amsterdam u.a.O.: Elsevier, S. 3–18

Heslop-Harrison, J. S. P./Schwarzacher, T. 2011: Organisation of the plant genome in chromosomes. In: Plant Journal, Bd. 66, H. 1, S. 18–33. DOI: http://dx.doi.org/10.1111/j.1365-313X.2011.04544.x

Heß, D. 2008: Pflanzenphysiologie: Grundlagen der Physiologie und Biotechnologie der Pflanzen (11. Aufl.). Stuttgart: Eugen Ulmer (UTB)

Hilbeck, A./McMillan, J. M./Meier, M./Humbel, A./Schläpfer-Miller, J./Trtikova, M. 2012: A controversy re-visited: Is the coccinellid Adalia bipunctata adversely affected by Bt toxins? In: Environmental Sciences Europe, Bd. 24, H. 1, S. 10. DOI: http://dx.doi.org/10.1186/2190-4715-24-10

Himmel, M. E./Ding, S. Y./Johnson, D. K./Adney, W. S./Nimlos, M. R./Brady, J. W./Foust, T. D. 2007: Biomass Recalcitrance: Engineering Plants and Enzymes for Biofuels Production. In: Science, Bd. 315, H. 5813, S. 804–807. DOI: http://dx.doi.org/10.1126/Science.1137016

Hinman, M. B./Jones, J. A./Lewis, R. V. 2000: Synthetic spider silk: a modular fiber. In: Trends in Biotechnology, Bd. 18, H. 9, S. 374–379. DOI: http://dx.doi.org/10.1016/s0167-7799(00)01481-5

Hockenberry, A. J./Jewett, M. C. 2012: Synthetic In Vitro Circuits. In: Current Opinion in Chemical Biology, Bd. 16, H. 3–4, S. 253–259. DOI: http://dx.doi.org/10.1016/j.cbpa.2012.05.179

Hodgman, C. E./Jewett, M. C. 2012: Cell-free synthetic biology: Thinking outside the cell. In: Metabolic Engineering, Bd. 14, H. 3, S. 261–269. DOI: http://dx.doi.org/10.1016/j.ymben.2011.09.002

Hoesl, M. G./Budisa, N. 2011: In vivo incorporation of multiple noncanonical amino acids into proteins. In: Angewandte Chemie (International ed. in English), Bd. 50, H. 13, S. 2896–2902. DOI: http://dx.doi.org/10.1002/anie.201005680

Hold, C./Panke, S. 2009: Towards the engineering of in vitro systems. In: Journal of the Royal Society Interface, Bd. 6 Suppl. 4, S. S507–521. DOI: http://dx.doi.org/10.1098/rsif.2009.0110.focus

Holmes, M. T./Ingham, E. R./Doyle, J. D./Hendricks, C. W. 1999: Effects of Klebsiella planticola SDF20 on soil biota and wheat growth in sandy soil. In: Applied Soil Ecology, Bd. 11, S. 67–78

Hoshika, S./Chen, F./Leal, N. A./Benner, S. A. 2010: Artificial Genetic Systems: Self-Avoiding DNA in PCR and Multiplexed PCR. In: Angewandte Chemie International Edition, Bd. 49, H. 32, S. 5554–5557. DOI: http://dx.doi.org/10.1002/anie.201001977

Houben, A./Schubert, I. 2007: Engineered plant minichromosomes: a resurrection of B chromosomes? In: The Plant cell, Bd. 19, H. 8, S. 2323–2327. DOI: http://dx.doi.org/10.1105/tpc.107.053603

Huber, J. 2000: Industrielle Ökologie: Konsistenz, Effizienz und Suffizienz in zyklusanalytischer Betrachtung. In: Simonis, U. E. (Hg.): „Global Change“ (VDW-Jahrestagung, Berlin, 28.–29.Oktober 1999). Baden-Baden: Nomos

Hubig, C. 2006: Die Kunst des Möglichen I: Technikphilosophie als Reflexion der Medialität, Bd. 1. Bielefeld: Transcript

Hübner, H. 2002: Integratives Innovationsmanagement: Nachhaltigkeit als Herausforderung für ganzheitliche Erneuerungsprozesse. Erich Schmidt, Berlin

Isaacs, F. J./Dwyer, D. J./Collins, J. J. 2006: RNA Synthetic Biology. In: Nature Biotechnology, Bd. 24, H. 5, S. 545–554. DOI: http://dx.doi.org/10.1038/nbt1208

James, C. 2010. Global status of commercialized biotech/GM crops, 2009. ISAAA Brief No. 41

Jang, Y.-S./Park, J. M./Choi, S./Choi, Y. J./Seung, D. Y./Cho, J. H./Lee, S. Y. 2012: Engineering of Microorganisms for the Production of Biofuels and Perspectives Based on

Systems Metabolic Engineering Approaches. In: Biotechnology Advances, Bd. 30, H. 5, S. 989–1000. DOI: http://dx.doi.org/10.1016/j.biotechadv.2011.08.015

Jarboe, L. R./Zhang, X. L./Wang, X./Moore, J. C./Shanmugam, K. T./Ingram, L. O. 2010: Metabolic Engineering for Production of Biorenewable Fuels and Chemicals: Contributions of Synthetic Biology. In: Journal of Biomedicine and Biotechnology, Bd. 2010 Artikel Nr.: Article ID 761042. DOI: http://dx.doi.org/10.1155/2010/761042

Jewett, M. C./Calhoun, K. a./Voloshin, A./Wuu, J. J./Swartz, J. R. 2008: An integrated cell-free metabolic platform for protein production and synthetic biology. In: Molecular systems biology, Bd. 4, H. 220, S. 220–220. DOI: http://dx.doi.org/10.1038/msb.2008.57

Jewett, M. C./Forster, A. C. 2010: Update on designing and building minimal cells. In: Current Opinion in Biotechnology, Bd. 21, H. 5, S. 697–703. DOI: http://dx.doi.org/10.1016/j.copbio.2010.06.008

Jia, K./Zhang, Y./Li, Y. 2010: Systematic engineering of microorganisms to improve alcohol tolerance. In: Engineering in Life Sciences, Bd. 10, H. 5, S. 422–429. DOI: http://dx.doi.org/10.1002/elsc.201000076

Jonas, H. 1979: Das Prinzip Verantwortung: Versuch einer Ethik für die technologische Zivilisation. Frankfurt/M.: Suhrkamp

Jonas, H. 1985a: Auf der Schwelle der Zukunft: Werte von gestern und Werte für morgen. In: Jonas, H. (Hg.): Technik, Medizin und Ethik: Zur Praxis des Prinzips Verantwortung. Frankfurt/M.: Insel, S. 53–75

Jonas, H. 1985b: Laßt uns einen Menschen klonieren: Von der Eugenik zur Gentechnologie. In: Jonas, H. (Hg.): Technik, Medizin und Ethik: Zur Praxis des Prinzips Verantwortung. Frankfurt/M.: Insel, S. 162–203

Jonas, H. 1985c: Warum die moderne Technik ein Gegenstand für die Philosophie ist. In: Jonas, H. (Hg.): Technik, Medizin und Ethik: Zur Praxis des Prinzips Verantwortung. Frankfurt/M.: Insel, S. 15–41

Jones, R. A. L. 2004: Soft Machines: Nanotechnology and Life. Oxford: Oxford University Press

Joyce, G. F. 1994: Forward. In: Deamer, D./Fleischaker, G. R. (Hg.): Origins of Life: The Central Concept. Boston: Jones and Bartlett, S. xi–xii

Juhas, M./Eberl, L./Glass, J. I. 2011: Essence of life: essential genes of minimal genomes. In: Trends in Cell Biology, Bd. 21, S. 562–568. DOI: http://dx.doi.org/10.1016/j.tcb.2011.07.005

Jungmann, R./Renner, S./Simmel, F. C. 2008: From DNA nanotechnology to synthetic biology. In: HFSP Journal, Bd. 2, H. 2, S. 99–109. DOI: http://dx.doi.org/10.2976/1.2896331

Jungmann, R./Scheible, M./Kuzyk, A./Pardatscher, G./Castro, C. E./Simmel, F. C. 2011: DNA origami-based nanoribbons: assembly, length distribution, and twist. In: Nanotechnology, Bd. 22, H. 27, S. 275301–275301. DOI: http://dx.doi.org/10.1088/0957-4484/22/27/275301

Junker, A./Junker, B. H. 2012: Synthetic gene networks in plant systems. In: Methods in Molecular Biology, Bd. 813, S. 343–358. DOI: http://dx.doi.org/10.1007/978-1-61779-412-4_21

Kaltschmitt, M./Hartmann, H./Hofbauer, H. (Hg.). 2009: Energie aus Biomasse: Grundlagen, Techniken und Verfahren (2. Aufl.). Heidelberg u.a.O.: Springer

Kant, I. 1996 (1790): Kritik der Urteilskraft. Frankfurt/M.: Suhrkamp

Karafyllis, N. C. (Hg.). 2003: Biofakte. Paderborn: Mentis

Keerl, D./Scheibel, T. 2012: Characterization of natural and biomimetic spider silk fibers. In: Bioinspired, Biomimetic and Nanobiomaterials, Bd. 1, H. 2, S. 83–94. DOI: http://dx.doi.org/10.1680/bbn.11.00016

Kemmer, C./Fluri, D. A./Witschi, U./Passeraub, A./Gutzwiller, A./Fussenegger, M. 2011: A designer network coordinating bovine artificial insemination by ovulation-triggered release of implanted sperms. In: Journal of Controlled Release, Bd. 150, H. 1, S. 23–29. DOI: http://dx.doi.org/10.1016/j.jconrel.2010.11.016

Khalil, A. S./Collins, J. J. 2010: Synthetic biology: applications come of age. In: Nature Publishing Group, Bd. 11, H. 5, S. 367–379

Khush, G. S. 2001: Green revolution: the way forward. In: Nature Reviews-Genetics, Bd. 2, S. 815–823

Kiely, P. D./Regan, J. M./Logan, B. E. 2011: The Electric Picnic: Synergistic Requirements for Exoelectrogenic Microbial Communities. In: Current Opinion in Biotechnology, Bd. 22, H. 3, S. 378–385. DOI: http://dx.doi.org/10.1016/j.copbio.2011.03.003

Kim, J./Winfree, E. 2011: Synthetic in vitro transcriptional oscillators. In: Molecular Systems Biology, Bd. 7, S. 465. DOI: http://dx.doi.org/10.1038/msb.2010.119

King, N. P./Sheffler, W./Sawaya, M. R./Vollmar, B. S./Sumida, J. P./André, I./Gonen, T./Yeates, T. O./Baker, D. 2012: Computational Design of Self-Assembling Protein Nanomaterials with Atomic Level Accuracy. In: Science, Bd. 336, H. Juni, S. 1171–1174

Kitano, H. 2002: Systems Biology: A Brief Overview. In: Science, Bd. 295, H. 5560, S. 1662–1664. DOI: http://dx.doi.org/10.1126/science.1069492

Kitney, R./Freemont, P. 2012: Synthetic biology – the state of play. In: FEBS Letters, Bd. 586, H. 15, S. 2029–2036. DOI: http://dx.doi.org/10.1016/j.febslet.2012.06.002

Kittleson, J. T./Wu, G. C./Anderson, J. C. 2012: Successes and failures in modular genetic engineering. In: Current Opinion in Chemical Biology, Bd. 16, H. 3–4, S. 329–336. DOI: http://dx.doi.org/10.1016/j.cbpa.2012.06.009

Knapp, K. G./Goerke, A. R./Swartz, J. R. 2007: Cell-free synthesis of proteins that require disulfide bonds using glucose as an energy source. In: Biotechnology and Bioengineering, Bd. 97, H. 4, S. 901–908. DOI: http://dx.doi.org/10.1002/bit.21296

Kobayashi, H./Kaern, M./Araki, M./Chung, K./Gardner, T. S./Cantor, C. R./Collins, J. J. 2004: Programmable cells: Interfacing natural and engineered gene networks. In: Proceedings of the National Academy of Sciences of the United States of America, Bd. 101, S. 8414–8419. DOI: http://dx.doi.org/10.1073/pnas.0402940101

Köchy, K. 2011: Konstruktion von Leben? Herstellungsideale und Machbarkeitsgrenzen in der Synthetischen Biologie. In: Gerhardt, V./Lucas, K./Stock, G. (Hg.): Evolution: Theorie, Formen und Konseqenzen eines Paradigmas in Natur, Technik und Kultur. Berlin: Akademie Verlag, S. 233–242

Köchy, K. 2012: Sind die Überlegungen von Hans Jonas zum Sonderstatus biologischer Technik angesichts der Entwicklung in der Synthetischen Biologie noch haltbar? In: Bondio, M. B./Siebenpfeiffer, H. (Hg.): Konzepte des Humanen: Ethische und kulturelle Herausforderungen. Freiburg: Verlag Karl Alber, S. 81–101

Kortemme, T./Baker, D. 2004: Computational design of protein-protein interactions. In: Current Opinion in Chemical Biology, Bd. 8, H. 1, S. 91–97. DOI: http://dx.doi.org/10.1016/j.cbpa.2003.12.008

Kotschi, J. 2008: Transgenic Crops and Their Impact on Biodiversity. In: GAIA, Bd. 17, H. 1, S. 1–80

Kraiser, T./Gras, D. E./Gutierrez, A. G./Gonzalez, B./Gutierrez, R. A. 2011: A holistic view of nitrogen acquisition in plants. In: Journal of Experimental Botany, Bd. 62, H. 4, S. 1455–1466. DOI: http://dx.doi.org/10.1093/jxb/erq425

Krinsky, N. I. 1993: Actions of Carotenoids in Biological Systems. In: Annual Review of Nutrition, Bd. 13, H. 34, S. 561–587. DOI: http://dx.doi.org/10.1146/annurev.nu.13.070193.003021

Kroes, P. 2009: Foundational Issues of Engineering Design. In: Meijers, A. (Hg.): Philosophy of Technology and Engineering Sciences. Amsterdam u.a.O.: Elsevier B.V., S. 513–541

Kümmerer, K. 2010: Pharmaceuticals in the Environment. In: Annual Review of Environment and Resources, Bd. 35, H. 1. DOI: http://dx.doi.org/10.1146/annurev-environ-052809-161223

Kurihara, K./Tamura, M./Shohda, K.-I./Toyota, T./Suzuki, K./Sugawara, T. 2011: Self-reproduction of supramolecular giant vesicles combined with the amplification of encapsulated DNA. In: Nature Chemistry, Bd. 3, H. 10, S. 775–781. DOI: http://dx.doi.org/10.1038/nchem.1127

Kuruma, Y./Stano, P./Ueda, T./Luisi, P. L. 2009: A synthetic biology approach to the construction of membrane proteins in semi-synthetic minimal cells. In: Biochimica et Biophysica Acta, Bd. 1788, H. 2, S. 567–574. DOI: http://dx.doi.org/10.1016/j.bbamem.2008.10.017

Laaksonen, P./Walther, A./Malho, J.-M./Kainlauri, M./Ikkala, O./Linder, M. B. 2011: Genetic Engineering of Biomimetic Nanocomposites: Diblock Proteins, Graphene, and Nanofibrillated Cellulose. In: Angewandte Chemie International Edition, S. n/a-n/a. DOI: http://dx.doi.org/10.1002/anie.201102973

Lacroix, R./McKemey, A. R./Raduan, N./Kwee Wee, L./Hong Ming, W./Guat Ney, T./Rahidah, A. A. S./Salman, S./Subramaniam, S./Nordin, O./Hanum, A. T. N./Angamuthu, C./Marlina Mansor, S./Lees, R. S./Naish, N./Scaife, S./Gray, P./Labbe, G./Beech, C./Nimmo, D./Alphey, L./Vasan, S. S./Han Lim, L./Wasi, A. N./Murad, S. 2012: Open field release of genetically engineered sterile male Aedes aegypti in Malaysia. In: PLoS One, Bd. 7, H. 8, S. e42771. DOI: http://dx.doi.org/10.1371/journal.pone.0042771

Lam, C. M. C./Godinho, M./dos Santos, V. A. P. M. 2009: An Introduction to Synthetic Biology. In: Synthetic Biology: The Technoscience and Its Societal Consequences. Dordrecht u.a.O.: Springer, S. 23–48

Lamsen, E. N./Atsumi, S. 2012: Recent progress in synthetic biology for microbial production of C3-C10 alcohols. In: Frontiers in Microbiology, Bd. 3, S. 196. DOI: http://dx.doi.org/

Langridge, P./Fleury, D. 2011: Making the most of 'omics' for crop breeding. In: Trends in Biotechnology, Bd. 29, H. 1, S. 33–40. DOI: http://dx.doi.org/10.1016/j.tibtech.2010.09.006

Larregola, M./Moore, S./Budisa, N. 2012: Congeneric bio-adhesive mussel foot proteins designed by modified prolines revealed a chiral bias in unnatural translation. In: Biochemical and Biophysical Research Communications, Bd. 421, H. 4, S. 646–650. DOI: http://dx.doi.org/10.1016/j.bbrc.2012.04.031

Ledford, H. 2010: Garage biotech: Life hackers. In: Nature, Bd. 467, H. 7316, S. 650–652. DOI: http://dx.doi.org/10.1038/467650a

Lee, B. P./Messersmith, P. B./Israelachvili, J. N./Waite, J. H. 2011: Mussel-Inspired Adhesives and Coatings. In: Annual Review of Materials Research, Bd. 41, S. 99–132. DOI: http://dx.doi.org/10.1146/annurev-matsci-062910-100429

Lenton, T. M./Held, H./Kriegler, E./Hall, J. W./Lucht, W./Rahmstorf, S./Schellnhuber, H. J. 2008: Inaugural Article: Tipping elements in the Earth's climate system. In: Proceedings of the National Academy of Sciences of the United States of America, Bd. 105, H. 6, S. 1786–1793

Lepthien, S./Merkel, L./Budisa, N. 2010: In vivo double and triple labeling of proteins using synthetic amino acids. In: Angewandte Chemie International Edition, Bd. 49, H. 32, S. 5446–5450. DOI: http://dx.doi.org/10.1002/anie.201000439

Lers, A. 2012: Potential application of biotechnology to maintain fresh produce postharvest quality and reduce losses during storage. In: Altman, A./Hasegawa, P. M. (Hg.): Plant Biotechnology and Agriculture – Prospects for the 21st Century. Amsterdam u.a.O.: Academic Press, S. 425–441

Levidow, L./Paul, H. 2008: Land-use, Bioenergy and Agro-biotechnology. In: Berlin: Wissenschaftlicher Beirat der Bundesregierung globale Umweltveränderungen (WBGU)

Li, H./Cann, A. F./Liao, J. C. 2010: Biofuels: Biomolecular Engineering Fundamentals and Advances. In: Annual Review of Chemical and Biomolecular Engineering, Vol 1, Bd. 1, S. 19–36. DOI: http://dx.doi.org/10.1146/annurev-chembioeng-073009-100938

Li, H./Liao, J. C. 2013: Biological conversion of carbon dioxide to photosynthetic fuels and electrofuels. In: Energy & Environmental Science, Bd. 6, H. 10, S. 2892–2899. DOI: http://dx.doi.org/10.1039/c3ee41847b

Li, Y./Horsman, M./Wu, N./Lan, C. Q./Dubois-Calero, N. 2008: Biofuels from Microalgae. In: Biotechnology Progress, Bd. 24, H. 4, S. 815–820. DOI: http://dx.doi.org/10.1021/Bp070371k

Liang, J./Luo, Y. Z./Zhao, H. M. 2011: Synthetic Biology: Putting Synthesis into Biology. In: Wiley Interdisciplinary Reviews-Systems Biology and Medicine, Bd. 3, H. 1, S. 7–20. DOI: http://dx.doi.org/10.1002/wsbm.104

Liebert, W./Schmidt, J. C. 2010: Towards a prospective technology assessment: challenges and requirements for technology assessment in the age of technoscience. In: Poiesis & Praxis, Bd. 7, H. 1–2, S. 99–116. DOI: http://dx.doi.org/10.1007/s10202-010-0079-1

Lienert, F./Lohmueller, J. J./Garg, A./Silver, P. A. 2014: Synthetic biology in mammalian cells: next generation research tools and therapeutics. In: Nature Reviews-Molecular Cell Biology, Bd. 15, H. 2, S. 95–107. DOI: http://dx.doi.org/10.1038/nrm3738

Lin, C./Liu, Y./Rinker, S./Yan, H. 2006: DNA tile based self-assembly: building complex nanoarchitectures. In: Chemphyschem : a European journal of chemical physics and physical chemistry, Bd. 7, H. 8, S. 1641–1647. DOI: http://dx.doi.org/10.1002/cphc.200600260

Lindblad, P./Lindberg, P./Oliveira, P./Stensjo, K./Heidorn, T. 2012: Design, engineering, and construction of photosynthetic microbial cell factories for renewable solar fuel production. In: AMBIO, Bd. 41 Suppl 2, S. 163–168. DOI: http://dx.doi.org/

Ling, M. M./Robinson, B. H. 1997: Approaches to DNA Mutagenesis: An Overview. In: Analytical Biochemistry, Bd. 254, S. 157–178

Liu, K./Jiang, L. 2011: Bio-inspired design of multiscale structures for function integration. In: Nano Today, Bd. 6, H. 2, S. 155–175. DOI: http://dx.doi.org/10.1016/j.nantod.2011.02.002

Liu, R./Zhang, H. Y./Ji, Z. X./Rallo, R./Xia, T./Chang, C. H./Nel, A./Cohen, Y. 2013: Development of structure-activity relationship for metal oxide nanoparticles. In: Nanoscale, Bd. 5, H. 12, S. 5644–5653. DOI: http://dx.doi.org/10.1039/c3nr01533e

Liu, W./Yuan, J. S./Stewart, C. N., Jr. 2013: Advanced genetic tools for plant biotechnology. In: Nature Reviews-Genetics, Bd. 14, H. 11, S. 781–793. DOI: http://dx.doi.org/10.1038/nrg3583

Lorenz, M. G./Wackernagel, W. 1994: Bacterial Gene Transfer by Natural Genetic Transformation in the Environment. In: Microbiological Reviews, Bd. 58, H. 3, S. 563–602

Lorenzo, V. de 2009: Recombinant Bacteria for Environmental Release: What Went Wrong and What We Have Learnt from It. In: Clinical Microbiology and Infection, Bd. 15, H. S1, S. 63–65. DOI: http://dx.doi.org/10.1111/j.1469-0691.2008.02683.x

Lorenzo, V. de 2010: Environmental biosafety in the age of synthetic biology: do we really need a radical new approach? Environmental fates of microorganisms bearing synthetic genomes could be predicted from previous data on traditionally engineered bacteria for in situ biore. In: BioEssays, Bd. 32, H. 11, S. 926–931. DOI: http://dx.doi.org/10.1002/bies.201000099

Lovley, D. R./Nevin, K. P. 2013: Electrobiocommodities: powering microbial production of fuels and commodity chemicals from carbon dioxide with electricity. In: Current Opinion in Biotechnology, Bd. 24, H. 3, S. 385–390. DOI: http://dx.doi.org/10.1016/j.copbio.2013.02.012

Lu, T. K./Collins, J. J. 2009: Engineered Bacteriophage Targeting Gene Networks as Adjuvants for Antibiotic Therapy. In: Proceedings of the National Academy of Sciences of the United States of America, Bd. 106, H. 12, S. 4629–4634. DOI: http://dx.doi.org/10.1073/Pnas.0800442106

Lu, T. K./Khalil, A. S./Collins, J. J. 2009: Next-generation synthetic gene networks. In: Nature Biotechnology, Bd. 27, H. 12, S. 1139–1150. DOI: http://dx.doi.org/10.1038/nbt.1591

Luhmann, N. 2003 (1991): Soziologie des Risikos. Berlin: de Gruyter

Luisi, P. L./Stano, P. 2011: Synthetic biology: minimal cell mimicry. In: Nature Chemistry, Bd. 3, S. 755–756. DOI: http://dx.doi.org/10.1038/nchem.1156

Lynch, S. R./Liu, H./Gao, J./Kool, E. T. 2006: Toward a Designed, Functioning Genetic System With Expanded-size Base Pairs: Solution Structure of the 8-Base xDNA Double Helix. In: Journal of the American Chemical Society, Bd. 128, H. 45, S. 14704–14711. DOI: http://dx.doi.org/10.1021/ja065606n

MacDonald, J. T./Barnes, C./Kitney, R. I./Freemont, P. S./Stan, G.-B. V. 2011: Computational design approaches and tools for synthetic biology. In: Integrative Biology, Bd. 3, H. 2, S. 97–108. DOI: http://dx.doi.org/10.1039/c0ib00077a

Macek, T./Kotrba, P./Svatos, A./Novakova, M./Demnerova, K./Mackova, M. 2008: Novel roles for genetically modified plants in environmental protection. In: Trends in Biotechnology, Bd. 26, H. 3, S. 146–152. DOI: http://dx.doi.org/10.1016/j.tibtech.2007.11.009

Magnus, C. J./Lee, P. H./Atasoy, D./Su, H. H./Looger, L. L./Sternson, S. M. 2011: Chemical and Genetic Engineering of Selective Ion Channel-Ligand Interactions. In: Science, Bd. 333, H. 6047, S. 1292–1296. DOI: http://dx.doi.org/10.1126/science.1206606

Mandell, D. J./Lajoie, M. J./Mee, M. T./Takeuchi, R./Kuznetsov, G./Norville, J. E./Gregg, C. J./Stoddard, B. L./Church, G. M. 2015: Biocontainment of genetically modified organisms by synthetic protein design. In: Nature, Bd. 518, H. 7537, S. 55–+. DOI: http://dx.doi.org/10.1038/nature14121

Marchisio, M. A./Stelling, J. 2008: Computational design of synthetic gene circuits with composable parts. In: Bioinformatics, Bd. 24, H. 17, S. 1903–1910. DOI: http://dx.doi.org/10.1093/bioinformatics/btn330

Marchisio, M. A./Stelling, J. 2009: Computational design tools for synthetic biology. In: Current Opinion in Biotechnology, Bd. 20, H. 4, S. 479–485. DOI: http://dx.doi.org/10.1016/j.copbio.2009.08.007

Marguet, P./Balagadde, F./Tan, C. M./You, L. C. 2007: Biology by Design: Reduction and Synthesis of Cellular Components and Behaviour. In: Journal of the Royal Society Interface, Bd. 4, H. 15, S. 607–623. DOI: http://dx.doi.org/10.1098/rsif.2006.0206

Marliere, P. 2009: The farther, the safer: a manifesto for securely navigating synthetic species away from the old living world. In: Systems and Synthetic Biology, Bd. 3, H. 1–4, S. 77–84. DOI: http://dx.doi.org/10.1007/s11693-009-9040-9

Marliere, P./Patrouix, J./Doring, V./Herdewijn, P./Tricot, S./Cruveiller, S./Bouzon, M./Mutzel, R. 2011: Chemical evolution of a bacterium's genome. In: Angewandte Chemie International Edition, Bd. 50, H. 31, S. 7109–7114. DOI: http://dx.doi.org/10.1002/anie.201100535

Matsumoto, T. K./Gonsalves, D. 2012: Biolistic and other non-Agrobacterium technologies of plant transformation. S. 117–129. DOI: http://dx.doi.org/10.1016/b978-0-12-381466-1.00008-0

Maurer, S. E./Monnard, P. A. 2011: Primitive Membrane Formation, Characteristics and Roles in the Emergent Properties of a Protocell. In: Entropy, Bd. 13, H. 2, S. 466–484. DOI: http://dx.doi.org/10.3390/E13020466

McAllister, C. H./Beatty, P. H./Good, A. G. 2012: Engineering nitrogen use efficient crop plants: the current status. In: Plant Biotechnology Journal. DOI: http://dx.doi.org/10.1111/j.1467-7652.2012.00700.x

McDaniel, R./Weiss, R. 2005: Advances in synthetic biology: on the path from prototypes to applications. In: Current Opinion in Biotechnology, Bd. 16, H. 4, S. 476–483. DOI: http://dx.doi.org/10.1016/j.copbio.2005.07.002

McMinn, D. L./Ogawa, A. K./Wu, Y./Liu, J./Schultz, P. G./Romesberg, F. E. 1999: Efforts toward Expansion of the Genetic Alphabet: □ DNA Polymerase Recognition of a Highly Stable, Self-Pairing Hydrophobic Base. In: Journal of the American Chemical Society, Bd. 121, H. 49, S. 11585-11586. DOI: S0002-7863(99)02515-9

Meyers, M. a./Chen, P.-Y./Lopez, M. I./Seki, Y./Lin, A. Y. M. 2010: Biological materials: A materials science approach. In: Journal of the Mechanical Behavior of Biomedical Materials, Bd. 4, H. 5, S. 626–657. DOI: http://dx.doi.org/10.1016/j.jmbbm.2010.08.005

Miki, W. 1991: Biological functions and activities of animal carotenoids. In: Pure & Applied Chemistry, Bd. 63, H. 1, S. 141–146

Mittler, R./Blumwald, E. 2010: Genetic engineering for modern agriculture: challenges and perspectives. In: Annual Review of Plant Biology, Bd. 61, S. 443–462. DOI: http://dx.doi.org/10.1146/annurev-arplant-042809-112116

Mochida, K./Shinozaki, K. 2011: Advances in Omics and Bioinformatics Tools for Systems Analyses of Plant Functions. In: Plant and Cell Physiology, Bd. 52, H. 12, S. 2017–2038. DOI: http://dx.doi.org/10.1093/pcp/pcr153

Moe-Behrens, G. H./Davis, R./Haynes, K. A. 2013: Preparing synthetic biology for the world. In: Frontiers in Microbiology, Bd. 4, S. 5. DOI: http://dx.doi.org/10.3389/fmicb.2013.00005

Moeller, L./Wang, K. 2008: Engineering with Precision : Tools for the New Generation of Transgenic Crops. In: BioScience, Bd. 58, H. 5, S. 391–401

Moran, S./Ren, R. X. F./Kool, E. T. 1997: A thymidine triphosphate shape analog lacking Watson-Crick pairing ability is replicated with high sequence selectivity. In: Proceedings of the National Academy of Sciences of the United States of America, Bd. 94, H. 20, S. 10506–10511

Morange, M. 2009: Synthetic Biology: A Bridge Between Functional and Evolutionary Biology. In: Biological Theory, Bd. 4, S. 368–377. DOI: http://dx.doi.org/

Moreno-Risueno, M. a./Busch, W./Benfey, P. N. 2010: Omics meet networks – using systems approaches to infer regulatory networks in plants. In: Current Opinion in Plant Biology, Bd. 13, H. 2, S. 126–131. DOI: http://dx.doi.org/10.1016/j.pbi.2009.11.005

Moya, A./Gil, R./Latorre, A./Peretó, J./Garcillán-Barcia, M. P./de la Cruz, F. 2009: Toward Minimal Bacterial Cells: Evolution vs. Design. In: FEMS Microbiology Reviews, Bd. 33, H. 1, S. 225–235. DOI: http://dx.doi.org/10.1111/j.1574-6976.2008.00151.x

Mukhopadhyay, A./Redding, A. M./Rutherford, B. J./Keasling, J. D. 2008: Importance of systems biology in engineering microbes for biofuel production. In: Current Opinion in Biotechnology, Bd. 19, H. 3, S. 228–234. DOI: http://dx.doi.org/10.1016/j.copbio.2008.05.003

Murck, M. 2013: Untersuchung von Perlmutt als Vorbild für die Entwicklung von geklebten Keramik- Polymer-Schichtverbundwerkstoffen. Bremen: Universität Bremen, Fachbereich Produktionstechnik (Dissertation)

Murtas, G. 2009: Artificial Assembly of a Minimal Cell. In: Molecular BioSystems, Bd. 5, H. 11, S. 1292–1297. DOI: http://dx.doi.org/10.1039/B906541e

Mutalik, V. K./Guimaraes, J. C./Cambray, G./Lam, C./Christoffersen, M. J./Mai, Q. A./Tran, A. B./Paull, M./Keasling, J. D./Arkin, A. P./Endy, D. 2013: Precise and reliable gene expression via standard transcription and translation initiation elements. In: Nature Methods, Bd. 10, H. 4, S. 354–360. DOI: http://dx.doi.org/10.1038/nmeth.2404

Nangreave, J./Han, D./Liu, Y./Yan, H. 2010: DNA origami: a history and current perspective. In: Current Opinion in Chemical Biology, Bd. 14, H. 5, S. 608–615. DOI: http://dx.doi.org/10.1016/j.cbpa.2010.06.182

NanoKommission (NanoKommission der deutschen Bundesregierung). 2008: Verantwortlicher Umgang mit Nanotechnologien: Bericht und Empfehlungen der NanoKommission der deutschen Bundesregierung 2008. Bundesministerium für Umwelt, Naturschutz und Reaktorsicherheit (BMU), Berlin. Internet: http://www.bmu.de/fileadmin/bmu-import/files/pdfs/allgemein/application/pdf/nanokomm_abschlussbericht_2008.pdf [zuletzt aufgesucht am 24.3.2014]

NanoKommission (NanoKommission der deutschen Bundesregierung). 2011: Verantwortlicher Umgang mit Nanotechnologien, Bericht und Empfehlungen der NanoKommission 2011. Bundesministerium für Umwelt, Naturschutz und Reaktorsicherheit (BMU), Berlin. Internet: http://www.bmub.bund.de/fileadmin/Daten_BMU/Download_PDF/Nanotechnologie/nanodialog_2_schlussbericht_2011_bf.pdf [zuletzt aufgesucht am 17.9.2015]

Naqvi, S./Farré, G./Sanahuja, G./Capell, T./Zhu, C./Christou, P. 2010: When more is better: multigene engineering in plants. In: Trends in Plant Science, Bd. 15, H. 1, S. 48–56. DOI: http://dx.doi.org/10.1016/j.tplants.2009.09.010

NEST – New and Emerging Science and Technology (NEST) High-Level Expert Group 2005: Synthetic Biology—Applying Engineering to Biology. Commission of the European Communities – Research Directorate General, Brussels. Internet: ftp://ftp.cordis.europa.eu/pub/nest/docs/syntheticbiology_b5_eur21796_en.pdf [zuletzt aufgesucht am 24.3.2014]

Neumann, H./Wang, K./Davis, L./Garcia-Alai, M./Chin, J. W. 2010: Encoding multiple unnatural amino acids via evolution of a quadruplet-decoding ribosome. In: Nature, Bd. 464, H. 7287, S. 441–444. DOI: http://dx.doi.org/10.1038/nature08817

Nicklisch, S. C./Waite, J. H. 2012: Mini-review: the role of redox in Dopa-mediated marine adhesion. In: Biofouling, Bd. 28, H. 8, S. 865–877. DOI: http://dx.doi.org/10.1080/08927014.2012.719023

Nielsen, J./Fussenegger, M./Keasling, J./Lee, S. Y./Liao, J. C./Prather, K./Palsson, B. 2014: Engineering synergy in biotechnology. In: Nature Chemical Biology, Bd. 10, H. 5, S. 319–322. DOI: http://dx.doi.org/10.1038/nchembio.1519

Nielsen, J./Keasling, J. D. 2011: Synergies between synthetic biology and metabolic engineering. In: Nature Biotechnology, Bd. 29, S. 693–695. DOI: http://dx.doi.org/10.1038/nbt.1937

Nielsen, J./Larsson, C./van Maris, A./Pronk, J. 2013: Metabolic engineering of yeast for production of fuels and chemicals. In: Current Opinion in Biotechnology, Bd. 24, H. 3, S. 398–404. DOI: http://dx.doi.org/10.1016/j.copbio.2013.03.023

Nielsen, P. E./Egholm, M. 1999: An introduction to peptide nucleic acid. In: Current Issues in Molecular Biology, Bd. 1, H. 1–2, S. 89–104

Nirenberg, M. W./Matthaei, J. H. 1961: The Dependence of Cell-Free Protein Synthesis in E. Coli Upon Naturally Occurring or Synthetic Polyribonucleotides. In: Proceedings of the National Academy of Sciences of the United States of America, Bd. 47, H. 10, S. 1588–1602

Noireaux, V./Bar-Ziv, R./Libchaber, A. 2003: Principles of cell-free genetic circuit assembly. In: Proceedings of the National Academy of Sciences of the United States of America, Bd. 100, H. 22, S. 12672–12677. DOI: http://dx.doi.org/10.1073/pnas.2135496100

Noireaux, V./Maeda, Y. T./Libchaber, A. 2011: Development of an Artificial Cell, from Self-Organization to Computation and Self-Reproduction. In: Proceedings of the National Academy of Sciences of the United States of America, Bd. 108, H. 9, S. 3473–3480. DOI: http://dx.doi.org/10.1073/pnas.1017075108

Nordmann, A. 2008: Technology Naturalized: A Challenge to Design for the Human Scale. In: Kroes, P./Vermaas, P. E./Light, A./Moore, S. A. (Hg.): Philosophy and Design: From Engineering to Architecture. Berlin: Springer, S. 173–184

Norrby, E. 2011: Prions and protein-folding diseases. In: Journal of Internal Medicine, Bd. 270, H. 1, S. 1–14. DOI: http://dx.doi.org/10.1111/j.1365-2796.2011.02387.x

Nourian, Z./Roelofsen, W./Danelon, C. 2012: Triggered gene expression in fed-vesicle micro-reactors with a multifunctional membrane. In: Angewandte Chemie, Bd. 51, H. 13, S. 3114–3118. DOI: http://dx.doi.org/10.1002/anie.201107123

O'Malley, M./Powell, A./Davies, J. F./Calvert, J. 2008: Knowledge-making distinctions in synthetic biology. In: BioEssays, Bd. 30, H. 1, S. 57–65. DOI: http://dx.doi.org/10.1002/bies.20664

OECD. 1989: Biotechnology. Economic and Wider Impacts, Paris

Okazaki, Y./Saito, K. 2012: Recent advances of metabolomics in plant biotechnology. In: Plant Biotechnology Reports, Bd. 6, H. 1, S. 1–15. DOI: http://dx.doi.org/10.1007/s11816-011-0191-2

Olson, D. G./McBride, J. E./Joe Shaw, A./Lynd, L. R. 2012: Recent Progress in Consolidated Bioprocessing. In: Current Opinion in Biotechnology, Bd. 23, H. 3, S. 396–405. DOI: http://dx.doi.org/10.1016/j.copbio.2011.11.026

Omenetto, F. G./Kaplan, D. L. 2010: New opportunities for an ancient material. In: Science, Bd. 329, H. 5991, S. 528–531. DOI: http://dx.doi.org/10.1126/science.1188936

Orzaez, D./Monforte, A. J./Granell, A. 2010: Using genetic variability available in the breeder's pool to engineer fruit quality. In: GM Crops, Bd. 1, H. 3, S. 120–127

Osbourn, A. E./O'Maille, P. E./Rosser, S. J./Lindsey, K. 2012: Synthetic biology. 4th New Phytologist Workshop, Bristol, UK, June 2012. In: New Phytologist, Bd. 196, H. 3, S. 671–677. DOI: http://dx.doi.org/10.1111/j.1469-8137.2012.04374.x

Ouldridge, T. E./Hoare, R. L./Louis, A. A./Doye, J. P./Bath, J./Turberfield, A. J. 2013: Optimizing DNA Nanotechnology through Coarse-Grained Modeling: A Two-Footed DNA Walker. In: ACS Nano. DOI: http://dx.doi.org/10.1021/nn3058483

Oye, K. A./Esvelt, K./Appleton, E./Catteruccia, F./Church, G./Kuiken, T./Lightfoot, S. B./McNamara, J./Smidler, A./Collins, J. P. 2014: Biotechnology. Regulating gene drives. In: Science, Bd. 345, H. 6197, S. 626–628. DOI: http://dx.doi.org/10.1126/science.1254287

Paddon, C. J./Keasling, J. D. 2014: Semi-synthetic artemisinin: a model for the use of synthetic biology in pharmaceutical development. In: Nature Reviews-Microbiology, Bd. 12, H. 5, S. 355–367. DOI: http://dx.doi.org/10.1038/nrmicro3240

Pade, C./Giese, B./Koenigstein, S./Wigger, H./Gleich, A. von 2015: Characterizing Synthetic Biology Through Its Novel and Enhanced Functionalities. In: Gies, B./Pade, C./Wigger, H./Gleich, A. von (Hg.): Synthetic Biology: Character and Impact. Cham: Springer, S. 71–104

Palm, A./Cousins, I. T./Mackay, D./Tysklind, M./Metcalfe, C./Alaee, M. 2002: Assessing the environmental fate of chemicals of emerging concern: a case study of the polybrominated diphenyl ethers. In: Environmental Pollution, Bd. 117, H. 2, S. 195–213

Pandey, A./Kamle, M./Yadava, M./Kumar, P./Gupta, V./Ashafaque, M./Pandey, B. K. 2010: Genetically modified Food: Its uses, Future Prospects and Safety Assessment. In: Biotechnology, Bd. 9, H. 4, S. 444–458

Pardee, K./Green, A. A./Ferrante, T./Cameron, D. E./DaleyKeyser, A./Yin, P./Collins, J. J. 2014: Paper-based synthetic gene networks. In: Cell, Bd. 159, H. 4, S. 940–954. DOI: http://dx.doi.org/10.1016/j.cell.2014.10.004

Park, N./Um, S. O./Funabashi, H./Xu, J./Luo, D. 2009: A cell-free protein-producing gel. In: Nature Materials, Bd. 8. DOI: http://dx.doi.org/10.1038/nmat2419

Peleg, Z./Walia, H./Blumwald, E. 2012: Integrating genomics and genetics to accelerate development of drought and salinity tolerant crops. In: Altman, A./Hasegawa, P. M. (Hg.): Plant Biotechnology and Agriculture – Prospects for the 21st Century. Amsterdam u.a.O.: Academic Press, S. 271–286

Peralta-Yahya, P. P./Zhang, F./del Cardayre, S. B./Keasling, J. D. 2012: Microbial Engineering for the Production of Advanced Biofuels. In: Nature, Bd. 488, H. 7411, S. 320–328. DOI: http://dx.doi.org/10.1038/nature11478

Perkel, J. M. 2012: Streamlined engineering for synthetic biology. In: Nature Methods, Bd. 10, H. 1, S. 39–42. DOI: http://dx.doi.org/10.1038/nmeth.2304

Peterhansel, C. 2011: Best Practice Procedures for the Establishment of a C4 Cycle in Transgenic C3 Plants. In: Journal of Experimental Botany, Bd. 62, H. 9, S. 3011–3019. DOI: http://dx.doi.org/10.1093/Jxb/Err027

Pilson, D./Snow, A./Rieseberg, L./Alexander, H. 2002: Fittness and population effects of gene flow from transgenic sun flower to wild Helianthus annus (Konferenzband: Ecological and Agronomic Consequences of Gene Flow from Transgenic Crops to Wild Relatives, The University Plaza Hotel and Conference Center, Ohio State University Columbus, OH, S. 58–70. Ecological and Agronomic Consequences of Gene Flow from Transgenic Crops to Wild Relatives)

Pinheiro, A. V./Han, D./Shih, W. M./Yan, H. 2011: Challenges and opportunities for structural DNA nanotechnology. In: Nature Nanotechnology, Bd. 6, H. 12, S. 763–772. DOI: http://dx.doi.org/10.1038/nnano.2011.187

Pinheiro, V. B./Taylor, A. I./Cozens, C./Abramov, M./Renders, M./Zhang, S./Chaput, J. C./ Wengel, J./Peak-Chew, S.-Y./McLaughlin, S. H./Herdewijn, P./Holliger, P. 2012: Synthetic genetic polymers capable of heredity and evolution. In: Science, Bd. 336, S. 341–344. DOI: http://dx.doi.org/10.1126/science.1217622

Pleiss, J. 2006: The Promise of Synthetic Biology. In: Applied Microbiology and Biotechnology, Bd. 73, H. 4, S. 735–739

Pollack, J. 2002: Breaking the Limits on Design Complexity. In: Roco, M. C./Bainbridge, W. S. (Hg.): Converging Technologies for Improving Human Performance: Nanotechnology, Biotechnology, Information Technology and Cognitive Science (NSF/DOC-sponsored Report). Arlington/VA: National Science Foundation (NSF), S. 161–164

Porter, D./Vollrath, F. 2009: Silk as a Biomimetic Ideal for Structural Polymers. In: Advanced Materials, Bd. 21, H. 4, S. 487–492. DOI: http://dx.doi.org/10.1002/adma.200801332

Pottage, A./Sherman, B. 2007: Organisms and manufactures: On the history of plant inventions. In: Melbourne University Law Review, Bd. 31, H. 2, S. 539–568

Prokup, A./Hemphill, J./Deiters, A. 2012: DNA computation: a photochemically controlled AND gate. In: Journal of the American Chemical Society, Bd. 134, H. 8, S. 3810–3815. DOI: http://dx.doi.org/10.1021/ja210050s

Pu, Y./Kosa, M./Kalluri, U. C./Tuskan, G. A./Ragauskas, A. J. 2011: Challenges of the utilization of wood polymers: how can they be overcome? In: Applied Microbiology and Biotechnology, Bd. 91, H. 6, S. 1525–1536. DOI: http://dx.doi.org/10.1007/s00253-011-3350-z

Pühler, A./Müller-Röber, B./Weitze, M.-D. 2011: Synthetische Biologie: Die Geburt einer neuen Technikwissenschaft. DOI: http://dx.doi.org/10.1007/978-3-642-22354-9_15

Puri, A./Loomis, K./Smith, B./Lee, J. H./Yavlovich, A./Heldman, E./Blumenthal, R. 2009: Lipid-based nanoparticles as pharmaceutical drug carriers: from concepts to clinic. In: Critical Reviews in Therapeutic Drug Carrier Systems, Bd. 26, H. 6, S. 523–580

Purnick, P. E. M./Weiss, R. 2009: The second wave of synthetic biology: from modules to systems. In: Nature Reviews Molecular Cell Biology, Bd. 10, H. 6, S. 410–422. DOI: http://dx.doi.org/10.1038/Nrm2698

Puzyn, T./Rasulev, B./Gajewicz, A./Hu, X. K./Dasari, T. P./Michalkova, A./Hwang, H. M./Toropov, A./Leszczynska, D./Leszczynski, J. 2011: Using nano-QSAR to predict the cytotoxicity of metal oxide nanoparticles. In: Nature Nanotechnology, Bd. 6, H. 3, S. 175–178. DOI: http://dx.doi.org/10.1038/Nnano.2011.10

Qi, L. S./Larson, M. H./Gilbert, L. A./Doudna, J. A./Weissman, J. S./Arkin, A. P./Lim, W. A. 2013: Repurposing CRISPR as an RNA-guided platform for sequence-specific control of gene expression. In: Cell, Bd. 152, H. 5, S. 1173–1183. DOI: http://dx.doi.org/10. 1016/j.cell.2013.02.022

Qin, S./Lin, H./Jiang, P. 2012: Advances in genetic engineering of marine algae. In: Biotechnology Advances, Bd. 30, H. 6, S. 1602–1613. DOI: http://dx.doi.org/10.1016/j.biotech adv.2012.05.004

Que, Q./Chilton, M.-D. M./de Fontes, C. M./He, C./Nuccio, M./Zhu, T./Wu, Y./Chen, J. S./Shi, L. 2010: Trait stacking in transgenic crops: challenges and opportunities. In: GM Crops, Bd. 1, H. 4, S. 220–229. DOI: http://dx.doi.org/10.4161/gmcr.1.4.13439

Rabaey, K./Girguis, P./Nielsen, L. K. 2011: Metabolic and Practical Considerations on Microbial Electrosynthesis. In: Current Opinion in Biotechnology, Bd. 22, H. 3, S. 371–377. DOI: http://dx.doi.org/10.1016/j.copbio.2011.01.010

Rasmussen, S./Bedau, M. A./Chen, L./Deamer, D./Krakauer, D. C./Packard, N. H./Stadler, P. F. (Hg.). 2008: Protocells: Bridging Nonliving and Living Matter. Cambridge/MA, London: The MIT Press

Rawis, R. L. 2000: 'Synthetic Biology' Makes Its Debut. In: Chemical & Engineering News Archive, Bd. 78, H. 17, S. 49–53. DOI: http://dx.doi.org/10.1021/cen-v078n017.p049

Richmond, D. L./Schmid, E. M./Martens, S./Stachowiak, J. C./Liska, N./Fletcher, D. a. 2011: Forming giant vesicles with controlled membrane composition, asymmetry, and contents. In: PNAS, Bd. 108, H. 23, S. 9431–9436. DOI: http://dx.doi.org/10.1073/pnas. 1016410108

Rivera-Gil, P./Jimenez De Aberasturi, D./Wulf, V./Pelaz, B./Del Pino, P./Zhao, Y./De La Fuente, J. M./Ruiz De Larramendi, I./Rojo, T./Liang, X.-J./Parak, W. J. 2013: The Challenge To Relate the Physicochemical Properties of Colloidal Nanoparticles to Their Cytotoxicity. In: Accounts of Chemical Research, Bd. 46, H. 3, S. 743–749. DOI: http://dx.doi.org/10.1021/ar300039j

Robins, K. J./Hooks, D. O./Rehm, B. H./Ackerley, D. F. 2013: Escherichia coli NemA is an efficient chromate reductase that can be biologically immobilized to provide a cell free system for remediation of hexavalent chromium. In: PLoS One, Bd. 8, H. 3, S. e59200. DOI: http://dx.doi.org/10.1371/journal.pone.0059200

Roco, M. C. 2002: Coherence and Divergence of Megatrends in Science and Engineering. In: Roco, M. C./Bainbridge, W. S. (Hg.): Converging Technologies for Improving Human Performance: Nanotechnology, Biotechnology, Information Technology and Cognitive Science (NSF/DOC-sponsored Report). Arlington/VA: National Science Foundation (NSF), S. 79–96

Roodbeen, R./van Hest, J. C. M. 2009: Synthetic cells and organelles: compartmentalization strategies. In: BioEssays, Bd. 31, H. 12, S. 1299–1308. DOI: http://dx.doi.org/10.1002/bies.200900106

Ropohl, G. 1991: Technologische Aufklärung : Beiträge zur Technikphilosophie. Frankfurt/M.: Suhrkamp

Rothemund, P. W. K. 2006: Folding DNA to Create Nanoscale Shapes and Patterns. In: Nature, Bd. 440, H. 7082, S. 297–302. DOI: http://dx.doi.org/10.1038/nature04586

Rovner, A. J./Haimovich, A. D./Katz, S. R./Li, Z./Grome, M. W./Gassaway, B. M./Amiram, M./Patel, J. R./Gallagher, R. R./Rinehart, J./Isaacs, F. J. 2015: Recoded organisms engineered to depend on synthetic amino acids. In: Nature, Bd. 518, H. 7537, S. 89–+. DOI: http://dx.doi.org/10.1038/nature14095

Royal Academy of Engineering (The Royal Academy of Engineering, United Kingdom). 2009: Synthetic Biology: Scope, Applications and Implications. London: The Royal Academy of Engineering. Internet: http://www.raeng.org.uk/news/publications/list/reports/Synthetic_biology.pdf [zuletzt aufgesucht am 24.3.2014]

Ruder, W. C./Lu, T./Collins, J. J. 2011: Synthetic Biology Moving into the Clinic. In: Science, Bd. 333, H. 6047, S. 1248–1252. DOI: http://dx.doi.org/10.1126/science.1206843

Ruiz-Mirazo, K./Pereto, J./Moreno, A. 2010: Defining Life or Bringing Biology to Life. In: Origins of Life and Evolution of Biospheres, Bd. 40, S. 203–213. DOI: http://dx.doi.org/10.1007/s11084-010-9201-6

Rupp, S. 2013: Next-generation bioproduction systems: Cell-free conversion concepts for industrial biotechnology. In: Engineering in Life Sciences, Bd. 13, H. 1, S. 19–25. DOI: http://dx.doi.org/10.1002/elsc.201100237

Saccà, B./Niemeyer, C. M. 2012: DNA origami: The Art of Folding DNA. In: Angewandte Chemie International Edition, Bd. 51, S. 58–66. DOI: http://dx.doi.org/10.1002/anie.201105846

Saito, H./Inoue, T. 2009: Synthetic biology with RNA motifs. In: The International Journal of Biochemistry & Cell Biology, Bd. 41, H. 2, S. 398–404. DOI: http://dx.doi.org/10.1016/j.biocel.2008.08.017

Saito, K./Matsuda, F. 2010: Metabolomics for functional genomics, systems biology, and biotechnology. In: Annual Review of Plant Biology, Bd. 61, S. 463–489. DOI: http://dx.doi.org/10.1146/annurev.arplant.043008.092035

Sathitsuksanoh, N./George, A./Zhang, Y.-H. P. 2013: New lignocellulose pretreatments using cellulose solvents: a review. In: Journal of Chemical Technology & Biotechnology, Bd. 88, H. 2, S. 169–180. DOI: http://dx.doi.org/10.1002/jctb.3959

Sauter, A. 2005: TA-Projekt Grüne Gentechnik – Transgene Pflanzen der 2. und 3. Generation (TAB Arbeitsbericht Nr. 104). Internet: http://www.biosicherheit.de/pdf/dokumente/tab_ab104.pdf [zuletzt aufgesucht am 21.9.2015]

Schamel, W. W. A./Reth, M. 2012: Synthetic immune signaling. In: Current Opinion in Biotechnology, Bd. 23, H. 5, S. 780–784. DOI: http://dx.doi.org/10.1016/j.copbio.2012.01.010

Schelling, F. W. J. 1994 (1797): Ideen zu einer Philosophie der Natur (Historisch-kritische Ausgabe, Reihe 1: Werke), Bd. 5. Stuttgart: Frommann-Holzboog

Schmidt, J. C. 2002: Vom Leben zur Technik? Wissenschaftsphilosophische Aspekte der Natur-Nachahmungsthese in der Bionik. In: Dialektik (Zeitschrift für Kulturphilosophie), Bd. 2002, H. 2, S. 129–142

Schmidt, J. C. 2004: Unbounded Technologies: Working Through the Technological Reductionism of Nanotechnology. In: Baird, D./Nordmann, A./Schummer, J. (Hg.): Discovering the Nanoscale. Amsterdam, Washington/D.C.: IOS, S. 35–51

Schmidt, J. C. 2008a: Instabilität in Natur und Wissenschaft: Eine Wissenschaftsphilosophie der nachmodernen Physik. Berlin: De Gruyter

Schmidt, J. C. 2008b: Towards a philosophy of interdisciplinarity: An attempt to provide a classification and clarification. In: Poiesis & Praxis, Bd. 5, H. 1, S. 53–69. DOI: http://dx.doi.org/10.1007/s10202-007-0037-8

Schmidt, J. C. 2011: Challenged by Instability and Complexity...: Questioning Classic Stability Assumptions and Presuppositions in Scientific Methodology. In: Hooker, C. (Hg.): Philosophy of Complex Systems., Bd. 10. Amsterdam: Elsevier B.V., S. 223–254

Schmidt, J. C. 2012a: Quellen des Nichtwissens: Ein Beitrag zur Wissenschafts- und Technikphilosophie des Nichtwissens. In: Janich, N./Nordmann, A./Schebeck, L. (Hg.): Nichtwissenskommunikation in den Wissenschaften: Interdisziplinäre Zugänge. Frankfurt/M.: Peter Lang, S. 93–124

Schmidt, J. C. 2012b: Selbstorganisation als Kern der Synthetischen Biologie. Ein Beitrag zur „Prospektiven Technikfolgenabschätzung“ – 2012. In: Technikfolgenabschätzung – Theorie und Praxis, Bd. 21, H. 2, S. 29–35

Schmidt, J. C. 2013: Das Argument „Zukunftsverantwortung“: Versuch einer analytischen Rekonstruktion der naturphilosophischen Natur- und Technikethik von Hans Jonas. In: Hartung, G./Köchy, K./Schmidt, J. C./Hofmeister, G. (Hg.): Naturphilosophie als Grundlage der Naturethik: Zur Aktualität von Hans Jonas. Freiburg: Verlag Karl Alber, S. 155–186

Schmidt, J. C. 2015a: Das Andere der Natur: Neue Wege zur Naturphilosophie. Stuttgart: Hirzel

Schmidt, J. C. 2015b: Synthetic Biology as Late-Modern Technology. In: Giese, B./Pade, C./Wigger, H./von Gleich, A. (Hg.): Synthetic Biology: Character and Impact. Cham u.a.O.: Springer, S. 1–30

Schmidt, M. 2008: Diffusion of synthetic biology: A challenge to biosafety. In: Systems and Synthetic Biology, Bd. 2, H. 1–2, S. 1–6. DOI: http://dx.doi.org/10.1007/s11693-008-9018-z

Schmidt, M. 2009: Do I Understand What I Can Create? BiosafetyIssues in Synthetic Biology“. In: Schmidt, M./Kelle, A./Gangulli-Mitra, A./de Vriend, H. (Hg.): Synthetic Biology: The Technoscience and Its Societal Consequences. Dordrecht u.a.O.: Springer, S. 81–100

Schmidt, M. 2010: Xenobiology: A new form of life as the ultimate biosafety tool. In: BioEssays, Bd. 32, H. 4, S. 322–331. DOI: http://dx.doi.org/10.1002/bies.200900147

Schmidt, M./Ganguli-Mitra, A./Torgersen, H./Kelle, A./Deplazes, A./Biller-Andorno, N. 2009: A priority paper for the societal and ethical aspects of synthetic biology. In: Systems and Synthetic Biology, Bd. 3, H. 1–4, S. 3–7

Schmidt, M./de Lorenzo, V. 2012: Synthetic constructs in/for the environment: managing the interplay between natural and engineered Biology. In: FEBS Letters, Bd. 586, H. 15, S. 2199-2206. DOI: http://dx.doi.org/10.1016/j.febslet.2012.02.022

Schopfer, P./Brennicke, A. 2006: Pflanzenphysiologie (6. Aufl.). München: Elsevier

Schummer, J. 2011: Das Gotteshandwerk: Die künstliche Herstellung von Leben im Labor. DOI: http://dx.doi.org/

Schwille, P. 2011: Bottom-up synthetic biology: Engineering in a tinkerer's world. In: Science, Bd. 333, H. 6047, S. 1252–1254. DOI: http://dx.doi.org/10.1126/science.1211701

Schwille, P./Diez, S. 2009: Synthetic Biology of Minimal Systems. In: Critical Reviews in Biochemistry and Molecular Biology, Bd. 44, H. 4, S. 223–242. DOI: http://dx.doi.org/10.1080/10409230903074549

Searchinger, T./Heimlich, R./Houghton, R. A./Dong, F./Elobeid, A./Fabiosa, J./Tokgoz, S./Hayes, D./Yu, T.-H. 2008: Use of US croplands for biofuels increases greenhouse gases through emissions from land-use change. In: Science, Bd. 319, H. 5867, S. 1238–1240. DOI: http://dx.doi.org/10.1126/science.1151861

Seeman, N. C. 1982: Nucleic acid junctions and lattices. In: Journal of Theoretical Biology, Bd. 99, H. 2, S. 237–247. DOI: http://dx.doi.org/10.1016/0022-5193(82)90002-9

Seeman, N. C. 2007: An overview of structural DNA nanotechnology. In: Molecular Biotechnology, Bd. 37, H. 3, S. 246–257. DOI: http://dx.doi.org/10.1007/s12033-007-0059-4

Seeman, N. C. 2010: Nanomaterials based on DNA. In: Annual Review of Biochemistry, Bd. 79, S. 65–87. DOI: http://dx.doi.org/10.1146/annurev-biochem-060308-102244

Shchukin, D. G./Sukhorukov, G. B. 2004: Nanoparticle Synthesis in Engineered Organic Nanoscale Reactors. In: Advanced Materials, Bd. 16, H. 8, S. 671–682. DOI: http://dx.doi.org/10.1002/adma.200306466

Sheehy, J. E./Gunawardana, D./Ferrer, A. B./Danila, F./Tan, K. G./Mitchell, P. L. 2008: Systems biology or the biology of systems: routes to reducing hunger. In: New Phytologist, Bd. 179, H. 3, S. 579–582. DOI: http://dx.doi.org/10.1111/J.1469-8137.2008.02407.X

Shen, L./Bao, N./Zhou, Z./Prevelige, P. E./Gupta, A. 2011: Materials design using genetically engineered proteins. In: Journal of Materials Chemistry, Bd. 21, H. 47, S. 18868–18868. DOI: http://dx.doi.org/10.1039/c1jm12238j

Shimizu, Y./Kanamori, T./Ueda, T. 2005: Protein synthesis by pure translation systems. In: Methods, Bd. 36, H. 3, S. 299–304. DOI: http://dx.doi.org/10.1016/j.ymeth.2005.04.006

Shin, J./Noireaux, V. 2012: An E. coli cell-free expression toolbox: application to synthetic gene circuits and artificial cells. In: ACS Synthetic Biology, Bd. 1, H. 1, S. 29–41. DOI: http://dx.doi.org/10.1021/sb200016s

Shiva, V./Barker, D./Lockhart, C. 2011: The GMO Emperor has no clothes: A Global Citizens Report on the State of GMOs—False Promises, Failed Technologies. Internet:

http://www.navdanya.org/attachments/Latest_Publications7.pdf [zuletzt aufgesucht am 19.3.2014]

Shulaev, V./Cortes, D./Miller, G./Mittler, R. 2008: Metabolomics for plant stress response. In: Physiologia plantarum, Bd. 132, H. 2, S. 199–208. DOI: http://dx.doi.org/10.1111/j.1399-3054.2007.01025.x

Sikora, P./Chawade, A./Larsson, M./Olsson, J./Olsson, O. 2011: Mutagenesis as a Tool in Plant Genetics, Functional Genomics, and Breeding. In: International Journal of Plant Genomics, Bd. 2011, S. 1–13. DOI: http://dx.doi.org/10.1155/2011/314829

Sills, D. L./Paramita, V./Franke, M. J./Johnson, M. C./Akabas, T. M./Greene, C. H./Tester, J. W. 2013: Quantitative uncertainty analysis of Life Cycle Assessment for algal biofuel production. In: Environmental Science & Technology, Bd. 47, H. 2, S. 687–694. DOI: http://dx.doi.org/10.1021/es3029236

Silver, P. A./Way, J. C./Arnold, F. H./Meyerowitz, J. T. 2014: Synthetic biology: Engineering explored. In: Nature, Bd. 509, H. 7499, S. 166–167. DOI: http://dx.doi.org/10.1038/509166a

Silverman, H. G./Roberto, F. F. 2007: Understanding marine mussel adhesion. In: Marine Biotechnology, Bd. 9, H. 6, S. 661–681. DOI: http://dx.doi.org/10.1007/s10126-007-9053-x

Singer, S. D./Cox, K. D./Liu, Z. 2011: Enhancer-promoter interference and its prevention in transgenic plants. In: Plant Cell Reports, Bd. 30, H. 5, S. 723–731. DOI: http://dx.doi.org/10.1007/s00299-010-0977-7

Sismour, A. M./Benner, S. A. 2005: The use of thymidine analogs to improve the replication of an extra DNA base pair: a synthetic biological system. In: Nucleic Acids Research, Bd. 33, H. 17, S. 5640–5646. DOI: http://dx.doi.org/10.1093/nar/gki873

Sismour, A. M./Lutz, S./Park, J. H./Lutz, M. J./Boyer, P. L./Hughes, S. H./Benner, S. A. 2004: PCR Amplification of DNA Containing Non-Standard Base Pairs by Variants of Reverse Transcriptase from Human Immunodeficiency Virus-1. In: Nucleic Acids Research, Bd. 32, H. 2, S. 728–735. DOI: http://dx.doi.org/10.1093/nar/gkh241

Skjanes, K./Lindblad, P./Muller, J. 2007: BioCO_2 – A multidisciplinary, biological approach using solar energy to capture CO_2 while producing H_2 and high value products. In: Biomolecular Engineering, Bd. 24, H. 4, S. 405–413. DOI: http://dx.doi.org/10.1016/j.bioeng.2007.06.002

Sohka, T./Heins, R. A./Phelan, R. M./Greisler, J. M./Townsend, C. A./Ostermeier, M. 2009: An externally tunable bacterial band-pass filter. In: Proceedings of the National Academy of Sciences of the United States of America, Bd. 106, H. 25, S. 10135–10140. DOI: http://dx.doi.org/10.1073/pnas.0901246106

Solé, R. V. 2009: Evolution and self-assembly of protocells. In: International Journal of Biochemistry & Cell Biology, Bd. 41, H. 2, S. 274–284. DOI: http://dx.doi.org/10.1016/j.biocel.2008.10.004

Solé, R. V./Munteanu, A./Rodriguez-Caso, C./Macía, J./Sole, R. V./Macia, J. 2007: Synthetic protocell biology: from reproduction to computation. In: Philosophical Transactions of the Royal Society Biological Sciences, Bd. 362, H. 1486, S. 1727–1739. DOI: http://dx.doi.org/10.1098/rstb.2007.2065

Sommer, M. O. A./Church, G. M./Dantas, G. 2010: A Functional Metagenomic Approach for Expanding the Synthetic Biology Toolbox for Biomass Conversion. In: Molecular Systems Biology, Bd. 6, S. 360. DOI: http://dx.doi.org/10.1038/msb.2010.16

Sponner, A./Vater, W./Monajembashi, S./Unger, E./Grosse, F./Weisshart, K. 2007: Composition and Hierarchical Organisation of a Spider Silk. In: PLoS One, Bd. 2, H. 10, S. e998. DOI: http://dx.doi.org/10.1371/journal.pone.0000998

SRU – Sachverständigenrat für Umweltfragen der deutschen Bundesregierung 2004: Umweltpolitische Handlungsfähigkeit sichern (Umweltgutachten 2004). Internet: http://www.umweltrat.de/SharedDocs/Downloads/DE/01_Umweltgutachten/2004_Umweltgutachten_BTD.pdf?__blob=publicationFile [zuletzt aufgesucht am 21.9.2015]

SRU – Sachverständigenrat für Umweltfragen der deutschen Bundesregierung 2008: Umweltgutachten 2008: Kapitel 12 – Gentechnik. Internet: http://www.umweltrat.de/SharedDocs/Downloads/DE/01_Umweltgutachten/2008_Umweltgutachten_HD_Kap12.pdf?__blob=publicationFile [zuletzt aufgesucht am 21.9.2015]

Stamm, P./Ramamoorthy, R./Kumar, P. P. 2011: Feeding the extra billions: strategies to improve crops and enhance future food security. In: Plant Biotechnology Reports, Bd. 5, H. 2, S. 107–120. DOI: http://dx.doi.org/10.1007/s11816-011-0169-0

Stano, P./Carrara, P./Kuruma, Y./de Souza, T. P./Luisi, P. L. 2011: Compartmentalized reactions as a case of soft-matter biotechnology: synthesis of proteins and nucleic acids inside lipid vesicles. In: Journal of Materials Chemistry, Bd. 21, H. 47, S. 18887–18902. DOI: http://dx.doi.org/10.1039/c1jm12298c

Stano, P./Luisi, P. L. 2010: Achievements and open questions in the self-reproduction of vesicles and synthetic minimal cells. In: Chemical Communications, Bd. 46, H. 21, S. 3639–3653. DOI: http://dx.doi.org/10.1039/B913997D

Stanton, B. C./Nielsen, A. A. K./Tamsir, A./Clancy, K./Peterson, T./Voigt, C. A. 2013: Genomic mining of prokaryotic repressors for orthogonal logic gates. In: Nature Chemical Biology, Bd. 10, S. 99–105. DOI: http://dx.doi.org/10.1038/nchembio.1411

Steinhauer, C./Jungmann, R./Sobey, T. L./Simmel, F. C./Tinnefeld, P. 2009: DNA-Origami als Nanometerlineal für die superauflösende Mikroskopie. In: Angewandte Chemie, Bd. 121, H. 47, S. 9030–9034. DOI: http://dx.doi.org/10.1002/ange.200903308

Styring, S. 2012: Solar fuels: vision and concepts. In: AMBIO, Bd. 41 Suppl 2, S. 156–162. DOI: http://dx.doi.org/10.1007/s13280-012-0273-6

Suess, B./Weigand, J. E. 2008: Engineered Riboswitches : Overview, Problems and Trends. In: RNA Biology, Bd. 5, H. 1, S. 24–29. DOI: http://dx.doi.org/10.4161/rna.5.1.5955

Sun, J./Bhushan, B. 2012: Hierarchical structure and mechanical properties of nacre: a review. In: RSC Advances, Bd. 2, H. 20, S. 7617. DOI: http://dx.doi.org/10.1039/c2ra20218b

Swartz, J. R. 2006: Developing cell-free biology for industrial applications. In: Journal of Industrial Microbiology & Biotechnology, Bd. 33, H. 7, S. 476–485. DOI: http://dx.doi.org/10.1007/s10295-006-0127-y

Swartz, J. R. 2012: Transforming Biochemical Engineering with Cell-Free Biology. In: Aiche Journal, Bd. 58, H. 1, S. 5–13. DOI: http://dx.doi.org/10.1002/Aic.13701

Szita, N./Polizzi, K./Jaccard, N./Baganz, F. 2010: Microfluidic approaches for systems and synthetic biology. In: Current Opinion in Biotechnology, Bd. 21, H. 4, S. 517–523. DOI: http://dx.doi.org/10.1016/j.copbio.2010.08.002

Szostak, J. W./Bartel, D. P./Luisi, P. L. 2001: Synthesizing Life. In: Nature, Bd. 409, H. 6818, S. 387–390. DOI: http://dx.doi.org/

Tarakanova, A./Buehler, M. J. 2012: A Materiomics Approach to Spider Silk: Protein Molecules to Webs. In: JOM, Bd. 64, H. 2, S. 214–225. DOI: http://dx.doi.org/10.1007/s11837-012-0250-3

TESSY (Towards a European Strategy for Synthetic Biology). 2008: Synthetic Biology in Europe. Internet: http://www.tessy-europe.eu/public_docs/SyntheticBiology_TESSY-Information-Leaflet.pdf [zuletzt aufgesucht am 23.5.2014]

Teulé, F./Cooper, A. R./Furin, W. A./Bittencourt, D./Rech, E. L./Brooks, A./Lewis, R. V. 2009: A protocol for the production of recombinant spider silk-like proteins for artificial fiber spinning. In: Nature protocols, Bd. 4, H. 3, S. 341–341. DOI: http://dx.doi.org/10.1038/nprot.2008.250.A

Then, C./Hamberger, S. (Testbiotech). 2010: Synthetische Biologie und Künstliches Leben: Eine kritische Analyse (Synthetische Biologie, Teil 1). Testbiotech, München. Internet: http://www.testbiotech.org/sites/default/files/Synthetische Biologie Teil 1_7.Juni 2010.pdf [zuletzt aufgesucht am 24.3.2014]

Then, C./Lorch, A. 2009: Schadensbericht Gentechnik (herausgegeben vom Bund Ökologische Lebensmittelwirtschaft e.V., BÖLW). Berlin: BÖLW. Internet: http://www.boelw.de/uploads/media/pdf/Dokumentation/Dossiers_und_Positionspapiere/BOELW_Schadensbericht_Gentechnik090318.pdf [zuletzt aufgesucht am 21.9.2015]

Thomas, C. M./Nielsen, K. M. 2005: Mechanisms of, and barriers to, horizontal gene transfer between bacteria. In: Nature Reviews-Microbiology, Bd. 3, H. 9, S. 711–721. DOI: http://dx.doi.org/10.1038/nrmicro1234

Tian, J./Ma, K./Saaem, I. 2009: Advancing high-throughput gene synthesis technology. In: Molecular BioSystems, Bd. 5, H. 7, S. 714–722. DOI: http://dx.doi.org/10.1039/b822268c

Toyoda, T. 2011: Methods for Open Innovation on a Genome-Design Platform Associating Scientific, Commercial, and Educational Communities in Synthetic Biology. In: Methods in Enzymology, Bd. 498, S. 189–203. DOI: http://dx.doi.org/10.1016/B978-0-12-385120-8.00009-7

Tucker, J. B./Zilinskas, R. A. 2006: The promise and perils of synthetic biology. In: The New Atlantis, Bd. 12, S. 25–45

Turner, J./Sverdrup, G./Mann, M. K./Maness, P.-C./Kroposki, B./Ghirardi, M./Evans, R. J./Blake, D. 2008: Renewable hydrogen production. In: International Journal of Energy Research, Bd. 32, H. 5, S. 379–407. DOI: http://dx.doi.org/10.1002/er.1372

Uchida, M./Klem, M. T./Allen, M./Suci, P./Flenniken, M./Gillitzer, E./Varpness, Z./Liepold, L. O./Young, M./Douglas, T. 2007: Biological Containers: Protein Cages as Multifunctional Nanoplatforms. In: Advanced Materials, Bd. 19, H. 8, S. 1025–1042

Underwood, K. A./Swartz, J. R./Puglisi, J. D. 2005: Quantitative polysome analysis identifies limitations in bacterial cell-free protein synthesis. In: Biotechnology and Bioengineering, Bd. 91, H. 4, S. 425–435. DOI: http://dx.doi.org/10.1002/bit.20529

Urban, P. L./Goodall, D. M./Bruce, N. C. 2006: Enzymatic microreactors in chemical analysis and kinetic studies. In: Biotechnology Advances, Bd. 24, H. 1, S. 42–57. DOI: http://dx.doi.org/10.1016/j.biotechadv.2005.06.001

Usher, S./Haslam, R. P./Ruiz-Lopez, N./Sayanova, O./Napier, J. A. 2015: Field trial evaluation of the accumulation of omega-3 long chain polyunsaturated fatty acids in transgenic Camelina sativa: Making fish oil substitutes in plants. In: Metabolic Engineering Communications, Bd. 2, H. December 2015, S. 93–98. DOI: http://dx.doi.org/10.1016/j.meteno.2015.04.002

Van der Sloot, A. M./Kiel, C./Serrano, L./Stricher, F. 2009: Protein design in biological networks: from manipulating the input to modifying the output. In: Protein Engineering, Design & Selection, Bd. 22, H. 9, S. 537–542. DOI: http://dx.doi.org/10.1093/protein/gzp032

Vendrely, C./Scheibel, T. 2007: Biotechnological production of spider-silk proteins enables new applications. In: Macromolecular bioscience, Bd. 7, H. 4, S. 401–409. DOI: http://dx.doi.org/10.1002/mabi.200600255

Vincent, J. F. V. 2008: Biomimetic Materials. In: Journal of Materials Research, Bd. 23, H. 12, S. 3140–3147. DOI: http://dx.doi.org/10.1557/jmr.2008.0380

Vinuselvi, P./Lee, S. K. 2011: Engineering Escherichia coli for Efficient Cellobiose Utilization. In: Applied Microbiology and Biotechnology, Bd. 92, H. 1, S. 125–132. DOI: http://dx.doi.org/10.1007/s00253-011-3434-9

Vollrath, F. 2000: Strength and structure of spiders' silks. In: Journal of biotechnology, Bd. 74, H. 2, S. 67–83

Vollrath, F./Knight, D. P. 2001: Liquid crystalline spinning of spider silk. In: Nature, Bd. 410, H. 6828, S. 541–548. DOI: http://dx.doi.org/10.1038/35069000

Vriend, H. de 2006: Constructing Life: Early Social Reflections on the Emerging Field of Synthetic Biology. The Hague: Rathenau Institute. Internet: http://www.rathenau.nl/uploads/tx_tferathenau/WED97_Constructing_Life_2006.pdf [zuletzt aufgesucht am 24.3.2014]

Vries, J. de /Wackernagel, W. 2002: Integration of foreign DNA during natural transformation of Acinetobacter sp. by homology-facilitated illegitimate recombination. In: Proceedings of the National Academy of Sciences of the United States of America, Bd. 99, H. 4, S. 2094–2099. DOI: http://dx.doi.org/10.1073/pnas.042263399

Wackett, L. P. 2011: Engineering Microbes to Produce Biofuels. In: Current Opinion in Biotechnology, Bd. 22, H. 3, S. 388–393. DOI: http://dx.doi.org/10.1016/j.copbio.2010.10.010

Wang, H. H./Church, G. M. 2011: Multiplexed Genome Engineering and Genotyping Methods: Applications for Synthetic Biology and Metabolic Engineering, Bd. 498. In: Methods Enzymology, Bd. 498. Amsterdam: Elsevier Inc., S. 409–426

Wang, L./Xie, J./Schultz, P. G. 2006: Expanding the genetic code. In: Annual Review of Biophysics and Biomolecular Structure, Bd. 35, S. 225–249. DOI: http://dx.doi.org/10.1146/annurev.biophys.35.101105.121507

Waseem, M./Ali, A./Tahir, M./Nadeem, M. A./Ayub, M./Tanveer, A./Ahmad, R./Hussain, M. 2011: Mechanism of Drought Tolerance in Plant and Its Management Through Different Methods. In: Continental J. Agricultural Science, Bd. 5, H. 1, S. 10–25

WBGU. 1998: Welt im Wandel – Strategien zur Bewältigung globaler Umweltrisiken. Berlin: Springer. Internet: http://www.wbgu.de/hauptgutachten/hg-1998-risiken/ [zuletzt aufgesucht am 02.09.2015]

Weber, W./Fussenegger, M. 2010: Synthetic Gene Networks in Mammalian Cells. In: Current Opinion in Biotechnology, Bd. 21, H. 5, S. 690–696. DOI: http://dx.doi.org/10.1016/j.copbio.2010.07.006

Weber, W./Luzi, S./Karlsson, M./Sanchez-Bustamante, C. D./Frey, U./Hierlemann, A./Fussenegger, M. 2009: A synthetic mammalian electro-genetic transcription circuit. In: Nucleic Acids Research, Bd. 37, H. 4, S. e33. DOI: http://dx.doi.org/10.1093/nar/gkp014

Weber, W./Schoenmakers, R./Keller, B./Gitzinger, M./Grau, T./Daoud-El Baba, M./Sander, P./Fussenegger, M. 2008: A Synthetic Mammalian Gene Circuit Reveals Antituberculosis Compounds. In: Proceedings of the National Academy of Sciences of the United States of America, Bd. 105, H. 29, S. 9994–9998. DOI: http://dx.doi.org/10.1073/pnas.0800663105

Weber, W./Stelling, J./Rimann, M./Keller, B./Daoud-El Baba, M./Weber, C. C./Aubel, D./Fussenegger, M. 2007: A synthetic time-delay circuit in mammalian cells and mice. In: Proceedings of the National Academy of Sciences of the United States of America, Bd. 104, H. 8, S. 2643–2648. DOI: http://dx.doi.org/10.1073/pnas.0606398104

Weckwerth, W. 2011: Green systems biology – From single genomes, proteomes and metabolomes to ecosystems research and biotechnology. In: Journal of Proteomics, Bd. 75, H. 1, S. 284–305. DOI: http://dx.doi.org/10.1016/j.jprot.2011.07.010

Wehling, P. 2011: The „technoscientization“ of medicine and its limits: technoscientific identities, biosocialities, and rare disease patient organizations. In: Poiesis & Praxis, Bd. 8, H. 2–3, S. 67–82

Weizsäcker, C. F. von 1974: Die Einheit der Natur. München: DTV

Welch, P./Scopes, R. K. 1985: Studies on cell-free metabolism: Ethanol production by a yeast glycolytic system reconstituted from purified enzymes. In: Journal of Biotechnology, Bd. 2, H. 5, S. 257–273. DOI: http://dx.doi.org/10.1016/0168-1656(85)90029-X

Wenzel, G. 2004: Ein effizienterer Weg zur besseren Pflanze. In: mensch+umwelt, Bd. 17, H. „spezial“, S. 17–25

Wenzel, M./Muller, A./Siemann-Herzberg, M./Altenbuchner, J. 2011: Self-inducible Bacillus subtilis expression system for reliable and inexpensive protein production by high-cell-density fermentation. In: Applied and Environmental Microbiology, Bd. 77, H. 18, S. 6419–6425. DOI: http://dx.doi.org/10.1128/AEM.05219-11

Westerhoff, H. V./Palsson, B. O. 2004: The Evolution of Molecular Biology into Systems Biology. In: Nature Biotechnology, Bd. 22, H. 10, S. 1249–1252. DOI: http://dx.doi.org/10.1038/nbt1020

Whitesides, G. M./Wong, A. P. 2006: The Intersection of Biology and Materials Science. In: MRS Bulletin, Bd. 31, H. 01, S. 19–27. DOI: http://dx.doi.org/10.1557/mrs2006.2

Widmaier, D. M./Tullman-Ercek, D./Mirsky, E. a./Hill, R./Govindarajan, S./Minshull, J./Voigt, C. a. 2009: Engineering the Salmonella type III secretion system to export spider silk monomers. In: Molecular Systems Biology, Bd. 5, S. 309 Artikel Nr.: 309. DOI: http://dx.doi.org/10.1038/msb.2009.62

Wiegemann, M. 2005: Adhesion in blue mussels (Mytilus edulis) and barnacles (genus Balanus): Mechanisms and technical applications. In: Aquatic Sciences, Bd. 67, H. 2, S. 166–176. DOI: http://dx.doi.org/10.1007/s00027-005-0758-5

Wijffels, R. H./Kruse, O./Hellingwerf, K. J. 2013: Potential of industrial biotechnology with cyanobacteria and eukaryotic microalgae. In: Current Opinion in Biotechnology, Bd. 24, H. 3, S. 405–413. DOI: http://dx.doi.org/10.1016/j.copbio.2013.04.004

Williams, E. S./Panko, J./Paustenbach, D. J. 2009: The European Union's REACH regulation: a review of its history and requirements. In: Critical Reviews in Toxicology, Bd. 39, H. 7, S. 553–575. DOI: http://dx.doi.org/10.1080/10408440903036056

Win, M. N./Liang, J. C./Smolke, C. D. 2009: Frameworks for Programming Biological Function through RNA Parts and Devices. In: Chemistry & Biology, Bd. 16, H. 3, S. 298–310. DOI: http://dx.doi.org/10.1016/J.Chembiol.2009.02.011

Wintermute, E. H./Silver, P. A. 2010a: Dynamics in the mixed microbial concourse. In: Genes & Development, Bd. 24, H. 23, S. 2603–2614. DOI: http://dx.doi.org/10.1101/gad.1985210

Wintermute, E. H./Silver, P. A. 2010b: Emergent cooperation in microbial metabolism. In: Molecular Systems Biology, Bd. 6, S. 407. DOI: http://dx.doi.org/10.1038/msb.2010.66

Woolfson, D. N./Bartlett, G. J./Bruning, M./Thomson, A. R. 2012: New currency for old rope: from coiled-coil assemblies to alpha-helical barrels. In: Current Opinion in Structural Biology. DOI: http://dx.doi.org/10.1016/j.sbi.2012.03.002

Wright, O./Stan, G. B./Ellis, T. 2013: Building-in biosafety for synthetic biology. In: Microbiology, Bd. 159, H. Pt 7, S. 1221–1235. DOI: http://dx.doi.org/10.1099/mic.0.066308-0

Wright, S. L./Thompson, R. C./Galloway, T. S. 2013: The physical impacts of microplastics on marine organisms: a review. In: Environmental Pollution, Bd. 178, S. 483–492. DOI: http://dx.doi.org/10.1016/j.envpol.2013.02.031

Xia, X.-X./Qian, Z.-G./Ki, C. S./Park, Y. H./Kaplan, D. L./Lee, S. Y. 2010: Native-sized recombinant spider silk protein produced in metabolically engineered Escherichia coli results in a strong fiber. In: Proceedings of the National Academy of Sciences of the United States of America, Bd. 107, H. 32, S. 14059–14063. DOI: http://dx.doi.org/10.1073/pnas.1003366107

Xie, Z./Wroblewska, L./Prochazka, L./Weiss, R./Benenson, Y. 2011: Multi-Input RNAi-Based Logic Circuit for Identification of Specific Cancer Cells. In: Science, Bd. 333, S. 1307–1311. DOI: http://dx.doi.org/10.1126/science.1205527

Xu, C./Cheng, Z./Yu, W. 2012: Construction of rice mini-chromosomes by telomere-mediated chromosomal truncation. In: Plant Journal, Bd. 70, H. 6, S. 1070–1079. DOI: http://dx.doi.org/10.1111/j.1365-313X.2012.04916.x

Xu, L./Anchordoquy, T. 2011: Drug delivery trends in clinical trials and translational medicine: Challenges and opportunities in the delivery of nucleic acid-based therapeutics. In: Journal of Pharmaceutical Sciences, Bd. 100, H. 1, S. 38–52. DOI: http://dx.doi.org/10.1002/jps.22243

Yang, Z./Chen, F./Alvarado, J. B./Benner, S. A. 2011: Amplification, mutation, and sequencing of a six-letter synthetic genetic system. In: Journal of the American Chemical Society, Bd. 133, H. 38, S. 15105–15112. DOI: http://dx.doi.org/10.1021/ja204910n

Yang, Z./Hutter, D./Sheng, P./Sismour, A. M./Benner, S. A. 2006: Artificially expanded genetic information system: a new base pair with an alternative hydrogen bonding pattern. In: Nucleic Acids Research, Bd. 34, H. 21, S. 6095–6101. DOI: http://dx.doi.org/10.1093/nar/gkl633

Yeh, B. J./Lim, W. A. 2007: Synthetic biology: lessons from the history of synthetic organic chemistry. In: Nature Chemical Biology, Bd. 3, H. 9, S. 521–525

Yong, Y.-C./Yu, Y.-Y./Li, C.-M./Zhong, J.-J./Song, H. 2011: Bioelectricity Enhancement via Overexpression of Quorum Sensing System in Pseudomonas aeruginosa-Inoculated Microbial Fuel Cells. In: Biosensors & Bioelectronics, Bd. 30, H. 1, S. 87–92. DOI: http://dx.doi.org/10.1016/j.bios.2011.08.032

Young, E./Alper, H. 2010: Synthetic Biology: Tools to Design, Build, and Optimize Cellular Processes. In: Journal of Biomedicine and Biotechnology, Bd. 2010, S. 1–13

Yu, W./Birchler, J. A. 2007: Minichromosomes: The Next Generation Technology for Plant Genetic Engineering. In: ISB News Report, Bd. 2007, H. August, S. 4–7

Yu, W./Han, F./Birchler, J. a. 2007a: Engineered minichromosomes in plants. In: Current Opinion in Biotechnology, Bd. 18, H. 5, S. 425–431. DOI: http://dx.doi.org/10.1016/j.copbio.2007.09.005

Yu, W./Han, F./Gao, Z./Vega, J. M./Birchler, J. a. 2007b: Construction and behavior of engineered minichromosomes in maize. In: Proceedings of the National Academy of Sciences of the United States of America, Bd. 104, H. 21, S. 8924–8929. DOI: http://dx.doi.org/10.1073/pnas.0700932104

Yu, W./Lamb, J. C./Han, F./Birchler, J. a. 2006: Telomere-mediated chromosomal truncation in maize. In: Proceedings of the National Academy of Sciences of the United States of America, Bd. 103, H. 46, S. 17331-17336. DOI: http://dx.doi.org/10.1073/pnas.0605750103

Yuan, J. S./Galbraith, D. W./Dai, S. Y./Griffin, P./Stewart, C. N. 2008: Plant systems biology comes of age. In: Trends in Plant Science, Bd. 13, H. 4, S. 165–171. DOI: http://dx.doi.org/10.1016/j.tplants.2008.02.003

Yurke, B./Mills, A. P. 2003: Using DNA to Power Nanostructures. In: Genetic Programming and Evolvable Machines, Bd. 4, S. 111–122

Zawada, J. F./Yin, G./Steiner, A. R./Yang, J./Naresh, A./Roy, S. M./Gold, D. S./Heinsohn, H. G./Murray, C. J. 2011: Microscale to manufacturing scale-up of cell-free cytokine production –a new approach for shortening protein production development timelines. In: Biotechnology and bioengineering, Bd. 108, H. 7, S. 1570–1578. DOI: http://dx.doi.org/10.1002/bit.23103

Zhang, D. Y./Seelig, G. 2011: Dynamic DNA nanotechnology using strand-displacement reactions. In: Nature Chemistry, Bd. 3, H. 2, S. 103–113. DOI: http://dx.doi.org/10.1038/Nchem.957

Zhang, D. Y./Winfree, E. 2009: Control of DNA Strand Displacement Kinetics Using Toehold Exchange. In: Journal of the American Chemical Society, Bd. 131, S. 17303–17314

Zhang, Y.-H. P. 2010: Production of Biocommodities and Bioelectricity by Cell-Free Synthetic Enzymatic Pathway Biotransformations: Challenges and Opportunities. In: Biotechnology and Bioengineering, Bd. 105, H. 4, S. 663–677. DOI: http://dx.doi.org/10.1002/bit.22630

Zhang, Y.-H. P. 2011: Substrate channeling and enzyme complexes for biotechnological applications. In: Biotechnology Advances, Bd. 29, H. 6, S. 715–725. DOI: http://dx.doi.org/10.1016/j.biotechadv.2011.05.020

Zhang, Y.-H. P./Evans, B. R./Mielenz, J. R./Hopkins, R. C./Adams, M. W. W. 2007: High-Yield Hydrogen Production from Starch and Water by a Synthetic Enzymatic Pathway. In: PLoS One, Bd. 2, H. 5, S. e456 (456 pp). DOI: http://dx.doi.org/10.1371/journal.pone.0000456

Zhang, Y.-H. P./Myung, S./You, C./Zhu, Z./Rollin, J. A. 2011: Toward low-cost biomanufacturing through in vitro synthetic biology: bottom-up design. In: Journal of Materials Chemistry, Bd. 21, H. 47, S. 18877–18886. DOI: http://dx.doi.org/10.1039/c1jm12078f

Zhang, Y.-H. P./Sun, J./Zhong, J.-J. 2010: Biofuel production by in vitro synthetic enzymatic pathway biotransformation. In: Current Opinion in Biotechnology, Bd. 21, H. 5, S. 663–669. DOI: http://dx.doi.org/10.1016/j.copbio.2010.05.005

Zurbriggen, M. D./Moor, A./Weber, W. 2012: Plant and bacterial systems biology as platform for plant synthetic bio(techno)logy. In: Journal of Biotechnology, S. 1–11. DOI: http://dx.doi.org/10.1016/j.jbiotec.2012.01.014

Abbildungsverzeichnis

Schlagwortregister

Zeitfracht Medien GmbH
Ferdinand-Jühlke-Straße 7
99095 Erfurt, Deutschland
produktsicherheit@kolibri360.de